Mémoires De La Société D'emulation Du Doubs
by Société D'émulation Du Doubs

Copyright © 2019 by HardPress

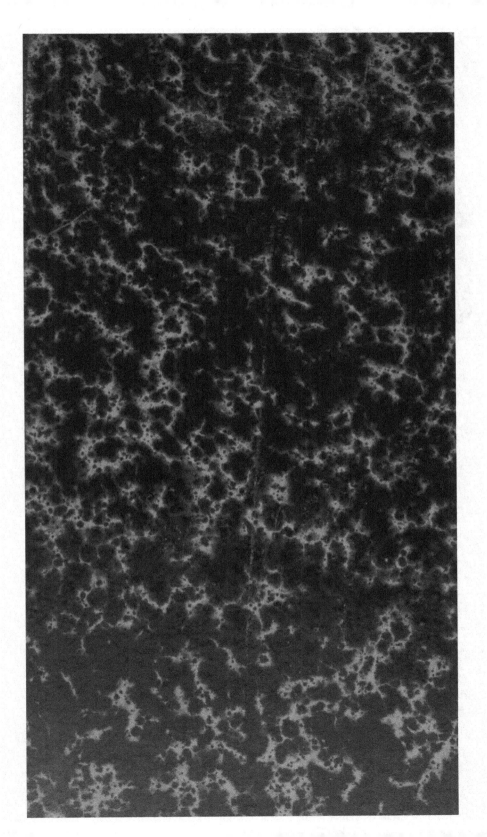

c

Acad.
$20\frac{d}{(\underline{IV}}$, 3

MÉMOIRES

DE LA

SOCIÉTÉ D'ÉMULATION

DU DOUBS.

MÉMOIRES

DE LA

SOCIÉTÉ D'ÉMULATION

DU DOUBS.

QUATRIÈME SÉRIE.
TROISIÈME VOLUME.
1867

BESANÇON
IMPRIMERIE DE DODIVERS ET Cᵉ,
Grande – Rue, 42.
—
1868

MÉMOIRES

DE

LA SOCIÉTÉ D'ÉMULATION

DU DOUBS

1867

PROCÈS-VERBAUX DES SÉANCES.

Séance du 12 janvier 1867.

PRÉSIDENCE DE MM. GRENIER ET VICTOR GIROD.

Sont présents :

BUREAU : MM. *Grenier*, premier vice-président sortant; *Girod* (Victor), deuxième vice-président sortant, élu président; *Gouillaud*, vice-président élu; *Bavoux*, secrétaire honoraire; *Jacques*, trésorier; *Faivre*, vice-secrétaire; *Castan*, secrétaire;

MEMBRES RÉSIDANTS : MM. *Arbey, Bial, Blondon, Courlet de Vregille, Courtot, Delacroix* (Alphonse), *Delacroix* (Emile), *Drapeyron, Ducat, Dunod de Charnage, Faucompré, Fitsch* (Christian), *Jacob, Lebreton, Lhomme, Renaud* (Louis), *Trémolières, Vivier* (Edmond).

La séance s'ouvre sous la présidence de M. Grenier.

Le procès-verbal de la réunion du 20 décembre 1866 est lu et adopté.

En conséquence de la ratification des opérations électorales relatées dans cet acte, M. Grenier appelle au bureau les nouveaux membres du conseil d'administration, et cède la présidence à M. Victor Girod.

a

Il est donné lecture d'une circulaire de M. le Ministre de l'Instruction publique, en date du 28 décembre 1866, par laquelle Son Excellence fait appel au bon vouloir des sociétés savantes pour doter les lycées et collèges de l'Université d'objets d'histoire naturelle pouvant servir aux démonstrations des professeurs de cette science, et aider ainsi « à populariser dans notre pays, où elle est trop négligée, une des études les plus charmantes et tout à la fois les plus utiles. »

La Société qui, depuis sa fondation en 1840, n'a cessé d'enrichir le musée d'histoire naturelle de Besançon, devenu grâce à elle l'un des plus remarquables de France, est heureuse et flattée de trouver dans cette circulaire une approbation de sa constante sollicitude pour la vulgarisation des sciences naturelles; il ne lui reste donc, comme mesure pratique à prendre en vue du désir de Son Excellence, qu'à exprimer le vœu que les collections du musée, dont la presque totalité lui est due, soient mises à la disposition des professeurs spéciaux du lycée pour les besoins de leurs cours.

M. Grenier, l'un des professeurs-conservateurs du musée, est délégué pour se concerter à cet effet avec M. le Recteur de l'Académie, M. le Maire de Besançon et M. le Doyen de la Faculté des sciences, conformément à l'article 3 du traité intervenu, le 16 mai 1861, entre l'Université et la Société d'Emulation, relativement à la gestion du musée d'histoire naturelle.

M. Grenier expose ensuite que, lors de sa récente visite à Besançon, M. le Ministre de l'Instruction publique lui a demandé si, parmi les objets existant en double au musée d'histoire naturelle, quelques pièces ne pourraient pas être détachées en faveur de l'Ecole normale de Cluny, nouvellement instituée; qu'une réponse affirmative ayant été faite à Son Excellence, l'administration de l'établissement a dressé une liste de 169 objets, tous provenant de la Société, qui pourraient recevoir cette utile destination.

La Compagnie, après avoir pris connaissance de ce catalogue, approuve, en ce qui la concerne, la cession dont il s'agit, à la seule condition que chacun des objets ainsi offerts à Son Excellence portera, sur une étiquette, la mention du don qui en est fait par la Société d'Emulation du Doubs.

M. Grenier est chargé de donner suite à cette délibération, dont copie sera adressée à M. le Ministre.

La Société délègue, en outre, M. Grenier pour faire, en son nom, la remise à M. le Recteur de l'Académie de 52 objets nouveaux (1 squelette de lama et 1 de porc, 45 oiseaux empaillés, 1 poisson et 5 fragments d'*elephas* fossile) qu'elle a l'intention de déposer au musée d'histoire naturelle.

M. Alphonse Delacroix donne lecture d'une étude intitulée : *La Séquanie et la Vie de Jules César.*

La Société vote l'impression de ce travail, ainsi que des sept morceaux qui ont rempli la séance publique.

Il est pris une décision semblable, ensuite d'un rapport de M. Castan, au sujet d'une notice sur la *Charte d'affranchissement du bourg d'Oiselay*, par M. Jules Gauthier, membre résidant.

L'ordre du jour appelle l'élection de trois membres étrangers au conseil d'administration, pour vérifier les comptes du trésorier.

L'Assemblée désigne MM. Courlet de Vregille, Bertrand et Bial, ce dernier comme rapporteur.

MM. Varaigne et Castan proposent d'admettre, au titre de membre résidant, M. *Leblanc* (Léon), peintre.

Les présentations faites dans la précédente réunion sont l'objet d'un scrutin secret, à la suite duquel sont proclamés :

Membre résidant,

M. Bodier (Eugène), docteur en médecine ;

Membre correspondant,

M. Prost (Bernard), élève de l'Ecole des Chartes, à Paris.

Le Président,   *Le Secrétaire,*
Victor Girod.   A. Castan.

Séance du 9 février 1867.

PRÉSIDENCE DE M. VICTOR GIROD.

Sont présents :

BUREAU : MM. *Girod* (Victor), président; *Jacques*, trésorier; *Bavoux*, secrétaire honoraire; *Faivre*, vice-secrétaire; *Varaigne*, archiviste; *Castan*, secrétaire;

MEMBRES RÉSIDANTS : MM. *Arbey, Bial, Blondon, Canel, Courlet de Vregille, Delacroix* (Alphonse), *Delacroix* (Emile), *Ducat, Dunod de Charnage, Girolet, Grenier, Lhomme, Marchal, Renaud* (Louis), *Robert* et *Saillard*.

Le procès-verbal de la séance du 12 janvier est lu et adopté.

Il est donné lecture d'une dépêche de M. le Ministre de l'Instruction publique, en date du 12 janvier 1867, informant la Compagnie que le travail manuscrit de M. Cessac sur le *véritable emplacement d'Uxellodunum* a été communiqué, par les ordres de Son Excellence, à la commission d'examen du concours archéologique de 1866.

Il est ensuite communiqué une seconde lettre de Son Excellence, ayant pour objet de remercier la Société du don qu'elle fait à l'Ecole normale de Cluny de 169 objets existant en double au musée d'histoire naturelle, ainsi que des facilités accordées dans ce même établissement aux professeurs spéciaux du lycée de Besançon. L'Assemblée juge convenable d'enregistrer le texte de cette lettre, qui est ainsi conçu :

« Pàris, le 25 janvier 1867.

» Monsieur le secrétaire, j'ai reçu, avec la lettre que vous m'avez fait l'honneur de m'écrire, copie d'une délibération par laquelle la Société d'Emulation du Doubs veut bien mettre à ma disposition 169 objets provenant de dépôts faits par la Société et qui existent en double au musée d'histoire naturelle de Besançon, à la condition que chacun de ces objets portera sur une étiquette la mention du don.

» Je suis vivement touché, Monsieur, de l'empressement avec lequel la Société d'Emulation du Doubs veut bien seconder mes efforts pour doter l'Ecole de Cluny de collections en rapport avec l'importance de son enseignement. Je vous prie de lui en exprimer mes sincères remercîments. J'adhère de grand cœur au désir de la Société : M. le directeur de l'Ecole aura soin de faire indiquer sur chacun des objets le don qui en aura été fait à l'établissement.

» Veuillez, en outre, remercier la Société de vouloir bien mettre les collections du musée à la disposition de MM. les professeurs du lycée. Cette mesure libérale ne pourra qu'avoir les plus heureux résultats pour leur enseignement.

» Recevez, Monsieur le secrétaire, l'assurance de ma considération distinguée.

» *Le Ministre de l'Instruction publique,*

» V. DURUY. »

Par une dépêche, en date du 19 janvier 1867, M. le Recteur de l'Académie remercie la Société du nouveau groupe d'objets dont elle veut bien enrichir le musée d'histoire naturelle, et commet M. le Doyen de la Faculté des sciences pour procéder, en son nom, à la réception de ce dépôt.

M. Grenier, délégué par la Société pour en faire la remise, déclare qu'il a rempli cette mission, le 23 janvier, et qu'un double du procès-verbal dressé en conséquence sera délivré à la Compagnie pour ses archives.

Par une lettre du 29 janvier, M. l'Inspecteur d'Académie nous demande de coopérer à une souscription ouverte, sous les auspices de M. le Ministre de l'Instruction publique, dans le but de procurer la visite de l'Exposition universelle à quelques instituteurs primaires des plus méritants.

La Compagnie, heureuse d'avoir cette occasion nouvelle de s'associer, dans la mesure de ses modestes ressources, aux idées généreuses et progressives dont M. le Ministre poursuit la réalisation, vote une somme de cinquante francs au profit de la souscription ouverte par Son Excellence.

M. Marchal met sous les yeux de l'Assemblée une série d'échantillons représentant les diverses phases de la fabrication du rouge à polir l'or et l'argent, à laquelle il se livre depuis deux années par des procédés qui lui appartiennent.

Les membres compétents constatent que les échantillons de M. Marchal présentent bien le caractère d'infime division qui est spécialement désiré par les polisseurs.

A cette occasion, M. le président rappelle que le rouge à polir, connu sous le nom de *rouge d'Angleterre*, est un produit essentiellement bisontin, notre ville fournissant la plus grande partie de ce qui s'en consomme dans le monde entier. Il constate avec intérêt les efforts de M. Marchal pour perfectionner cette industrie spéciale et augmenter le chiffre de ses affaires.

M. Marchal termine en invitant les membres de la Société à visiter ses appareils, au moyen desquels il peut fabriquer de 50 à 60 kilogrammes de rouge en douze heures de travail.

Le secrétaire dépose sur le bureau une série de 69 feuilles de dessins reproduisant les formes et les couleurs d'un très grand nombre de *pollen* de fleurs et de *microsoaires*, tels que les uns et les autres apparaissent au microscope. M. le juge de paix Langlois, auteur de ce recueil, en fait hommage à la Société.

M. Grenier, qui a examiné ces dessins, pense qu'ils constituent une suite intéressante de documents, capable même de faire l'objet d'une publication si l'auteur y avait introduit un classement systématique. Il estime donc que la Compagnie doit accepter avec reconnaissance le recueil de M. Langlois et le faire relier pour lui donner place dans sa bibliothèque.

Ces conclusions sont adoptées.

M. Grenier rend également compte d'un mémoire de M. Leclerc, membre correspondant, dont l'examen lui a été confié par le conseil d'administration. Ce travail, intitulé *Monographie de l'appareil fructifère de l'Ipomœa purpurea*, offre une heureuse application des principes qui font l'objet d'un opuscule du même auteur imprimé par la Société. L'honorable rapporteur propose de faire un semblable accueil à cette nouvelle production.

L'Assemblée vote en conséquence l'impression du mémoire de M. Leclerc.

M. le président instruit la Compagnie que le local qui lui a été concédé par la ville, dans le palais Granvelle, est à la veille d'être disponible; mais il fait observer que l'accès n'en sera possible qu'après des réparations assez considérables et l'achat d'un mobilier nécessaire à la tenue des séances.

La Société, considérant que son budget annuel est presque totalement absorbé tant par ses publications que par le concours qu'elle prête au recrutement des collections publiques, se reconnaît dans l'impossibilité de faire face aux dépenses dont il s'agit; mais elle espère que le Conseil municipal voudra bien lui venir en aide et compléter sa gracieuse concession par le vote d'une somme qui permette d'en jouir immédiatement. Il est décidé qu'une demande sera écrite dans ce sens à M. le Maire de la ville.

Parmi les dons arrivés à la Société depuis sa dernière réunion, le secrétaire fait remarquer l'*Annuaire du Doubs et de la Franche-Comté pour* 1867; cette publication, due à notre savant confrère M. Paul Laurens, continue à se recommander par des qualités de méthode et de conscience qui la placent au premier rang des meilleurs livres du genre. Le secrétaire mentionne également de la manière la plus honorable l'*Etude sur le pilum de l'infanterie romaine*, par M. Jules Quicherat : grâce à ce lumineux mémoire, on suivra désormais les transformations de l'arme la plus terrible des guerres antiques, aussi nettement que nous connaissons les modifications subies par notre moderne baïonnette.

MM. Delacroix (Alphonse) et Castan demandent le titre de membre résidant pour M. *Stehlin*, professeur de musique à l'Ecole normale du Doubs.

MM. Gauthier et Castan proposent d'admettre comme

membre correspondant, M. *Robinet* (Paul), peintre-paysagiste, rue du Vieux-Colombier, 4, à Paris.

Un scrutin secret ayant eu lieu sur la candidature posée dans la précédente séance, M. le président proclame :

Membre résidant,

M. Leblanc (Léon), peintre, à Besançon.

Le Président,   *Le Secrétaire,*

Victor Girod.   A. Castan.

Séance du 9 mars 1867.

Présidence de MM. Emile Delacroix et Victor Girod.

Au moment d'ouvrir la séance, les membres présents du conseil d'administration constatent l'absence de MM. les président et vice-présidents; ils décident, conformément à l'art. 7 du règlement, qu'en attendant l'arrivée de l'un de ces dignitaires, le fauteuil sera occupé par M. Emile Delacroix, l'un des fondateurs de la Société.

Sont présents :

Bureau : MM. *Delacroix* (Emile), chargé de la présidence; *Jacques*, trésorier; *Faivre*, vice-secrétaire; *Varaigne*, archiviste; *Castan*, secrétaire;

Membres résidants : MM. *Arbey, Bial, Delacroix* (Alphonse), *Drapeyron, Faucompré, Girolet, Hory, Lancrenon, Lebreton, Lhomme, Marchal, Renaud* (Louis), *Rollot* et *Tournier* (Paul).

Le procès-verbal de la séance du 9 février est lu et adopté.

Il est donné lecture d'une circulaire de Son Excellence M. le Ministre de l'Instruction publique notifiant les dispositions suivantes : la distribution des récompenses accordées aux sociétés savantes des départements, à la suite du concours de

1866, aura lieu à la Sorbonne le samedi 27 avril 1867, à midi ; cette solennité sera précédée de quatre jours de lectures publiques, les mardi 23, mercredi 24, jeudi 25 et vendredi 26 avril ; aucun mémoire ne sera admis à ces séances s'il n'a été préalablement lu devant une société savante et jugé digne par celle-ci d'être proposé pour la lecture publique ; cette mesure ne concerne que les travaux d'histoire et d'archéologie, ceux de l'ordre des sciences pouvant être présentés directement par leurs auteurs ; enfin, les manuscrits des mémoires relatifs à l'histoire ou à l'archéologie devront être transmis au ministère le 5 avril au plus tard, et ils devront être suffisamment courts pour que la lecture de chacun d'eux ne dépasse pas vingt minutes.

Il résulte de l'appel fait par le conseil d'administration, en conséquence de cette circulaire, que MM. Drapeyron et Castan sont disposés à aller faire chacun une lecture à la Sorbonne, le premier devant la section d'histoire, le second devant la section d'archéologie du Comité impérial des sociétés savantes. Mais ces deux délégués pensent que leurs travaux ne pourront être prêts qu'au dernier moment ; et comme la Société doit en entendre la lecture, ils proposent de fixer dans ce but au 3 avril l'époque de la séance du mois prochain.

Cette proposition est adoptée.

Une circulaire de l'Institut des provinces informe la Compagnie que le congrès des délégués des sociétés savantes s'ouvrira cette année à Paris, rue Bonaparte, 44, le jeudi 21 avril ; mais que cette assemblée ne s'occupera que des questions de l'ordre des sciences, l'histoire et l'archéologie devant avoir leurs assises spéciales dans le congrès archéologique de France, qui se tiendra au même lieu dès le 15 avril prochain.

M. de Chardonnet, qui nous a si bien représenté jusqu'à présent dans les congrès de l'Institut des provinces, sera prié cette fois encore d'accepter le même mandat, et, dans le cas où cet honorable membre se trouverait empêché, le conseil d'administration aviserait à procurer un autre délégué.

Le secrétaire annonce qu'il a reçu de M. le colonel fédéral de Mandrot l'épreuve d'une carte du siége d'Alaise, qui serait tirée en trois couleurs par la lithographie Furrer, de Neuchâtel, et se distinguerait autant par l'exactitude topographique que par le charme de l'exécution. M. de Mandrot fournirait, à des conditions de prix modérées, un tirage de ce spécimen de son beau talent pour nos *Mémoires*.

La Société pense qu'il y a lieu d'accepter la proposition de son honorable correspondant, et elle décide que la carte qui en est l'objet sera jointe à l'étude de M. Alphonse Delacroix, dont l'impression a été votée dans la dernière séance.

Il est ensuite décidé que la Société de statistique de Marseille, qui nous a fait parvenir plusieurs fascicules de ses publications, comptera désormais parmi les compagnies correspondantes.

Le secrétaire fait connaître qu'en retour d'une demande à M. le Maire de la ville, délibérée dans la dernière séance, le Conseil municipal a alloué à la Société une somme de 600 fr. pour subvenir aux frais d'appropriation du local qui nous est concédé au palais Granvelle.

L'Assemblée se montre particulièrement flattée de ce subside, dans lequel elle voit avant tout un encouragement donné à ses efforts pour l'accroissement des collections publiques et la divulgation des connaissances utiles; elle vote en conséquence des remercîments unanimes au Conseil municipal.

M. l'architecte Delacroix, chargé par le conseil d'administration de pourvoir à l'emploi de la subvention dont il s'agit, rend un compte sommaire des dispositions qu'il a prises pour arriver à un aménagement économique et convenable, qui satisfasse à la tenue des séances mensuelles et à l'installation de la bibliothèque sociale.

La Compagnie remercie M. Delacroix de ses bons offices et le prie de les continuer dans l'esprit qu'il a indiqué.

M. Marchal demande et obtient la parole pour une double communication.

Il présente d'abord un petit appareil destiné à prévenir les surprises dans les cas, si fréquents à Besançon, de l'inondation des caves. Il creuse dans celles-ci un petit puits de sept centimètres de profondeur, y introduit un cylindre en zinc, environné de charbon, percé de nombreux trous et contenant un flotteur de même métal dont la tige seule dépasse le niveau du sol. Dès que l'eau arrive par dessous terre, la tige du flotteur s'exhausse et le propriétaire est averti.

M. Marchal décrit ensuite un procédé pour la préparation des huiles servant au jeu des petites machines et particulièrement des montres : il s'agit d'assurer à ce produit un degré de fluidité qui défie jusqu'à un certain point les abaissements de température. Au lieu d'employer à cet effet les agents chimiques qui modifient toujours plus ou moins la constitution de l'huile, M. Marchal se borne à retirer par une action mécanique une partie de la margarine contenue dans l'huile d'olive. Il se sert pour cela d'une turbine dans le cylindre de laquelle il introduit l'huile figée par le froid : en imprimant au système un mouvement giratoire, la partie la plus fluide de l'huile s'échappe en vertu de la force centrifuge. Cette portion du liquide est ensuite logée dans de petits récipients ayant la forme d'une seringue, disposition qui permet de les maintenir constamment pleins et de préserver leur contenu des causes ambiantes de détérioration. Si l'on veut avoir une huile complètement blanche, pour obéir à un préjugé de pure fantaisie, mais généralement admis, M. Marchal recommande l'emploi du charbon de sucre, seul agent de cette catégorie qui n'introduise dans le liquide à décolorer ni alcali, ni sels solubles.

Pendant cet exposé, M. Girod vient prendre la présidence de l'Assemblée ; il remercie M. Marchal de ses intéressantes recherches et fait décider qu'elles seront relatées au procès-verbal.

M. Emile Delacroix présente l'analyse de la partie historique d'une étude sur *la ville, l'abbaye et les bains de Luxeuil.*

La Société juge qu'elle ne saurait trop contribuer à faire connaître une station thermale de premier ordre et qui a toujours joué un rôle important dans l'économie hygiénique de la Franche-Comté; elle vote donc l'impression du travail de M. Emile Delacroix, ainsi que l'exécution en lithographie d'un plan des bains de Luxeuil qui doit accompagner ce mémoire.

M. le président, reprenant la question de l'aménagement du nouveau local de la Société, demande s'il n'y aurait pas lieu de l'éclairer au moyen du gaz, la dépense qui en résulterait ne paraissant pas devoir dépasser 200 francs.

M. le trésorier ayant été consulté et estimant que l'état de la caisse permet de réaliser cette amélioration, l'Assemblée émet un vote affirmatif sur la question posée par M. le président.

Sont proposés pour faire partie de la Société comme membres correspondants :

Par MM. Delacroix (Emile) et St-Eve (Charles), M. *Perrier* (Francis), manufacturier, à Thervay (Jura);

Par MM. Delacroix (Alphonse) et Castan, M. *Garnier* (Georges), avocat, à Bayeux (Calvados).

Puis, à la suite d'un scrutin secret ouvert sur le compte des candidats présentés dans la dernière séance, M. le président proclame :

Membre résidant,

M. STEHLIN (Charles), professeur de musique à l'Ecole normale du Doubs ;

Membre correspondant,

M. ROBINET (Paul), peintre-paysagiste, à Paris.

Le Président,
VICTOR GIROD.

Le Secrétaire,
A. CASTAN.

Séance du 3 avril 1867.

PRÉSIDENCE DE M. VICTOR GIROD.

Sont présents :

BUREAU : MM. *Girod* (Victor), président; *Jacques*, trésorier; *Faivre*, vice-secrétaire; *Castan* (Auguste), secrétaire;

MEMBRES RÉSIDANTS : MM. *Arbey, Canel, Delacroix* (Alphonse), *Drapeyron, Dunod de Charnage, Grenier, Jacob, Lancrenon, Machard, Renaud* (François), *Renaud* (Louis) et *Robert*;

MEMBRE CORRESPONDANT : M. *Castan* (Francis).

Le procès-verbal de la séance du 9 mars est lu et adopté.

Le secrétaire met sous les yeux de l'Assemblée un exemplaire de la carte du siège d'Alaise, exécutée en chromolithographie par M. le colonel de Mandrot et destinée, conformément à une délibération prise dans la précédente séance, à accompagner la nouvelle étude de M. Alphonse Delacroix sur le débat d'Alesia.

Le conseil d'administration ayant déjà félicité M. de Mandrot de l'habileté dont il a fait preuve dans ce travail, témoignage auquel s'associe l'Assemblée, le savant colonel fédéral a répondu en ces termes : « Je suis fort aise que vous soyez contents de ma carte; elle me sera très utile, parce que je prouve par elle que je puis, à Neuchâtel, faire aussi bien qu'à Paris et à beaucoup meilleur marché, et c'est sur cette considération que je base mes espérances de doter les pays de langue française d'un atlas géographique de même valeur artistique que ceux des éditeurs de Gotha et de Stuttgard. Ces messieurs établissent au prix de 20 francs des atlas fort supérieurs, pour l'exactitude et l'exécution, aux ouvrages similaires qui s'exécutent à Paris et se vendent 80 francs. »

La Société applaudit d'avance à cette entreprise et lui promet le concours de toutes ses sympathies.

L'ordre du jour appelle l'audition préalable des mémoires préparés par MM. Drapeyron et Castan pour les prochaines assises scientifiques de la Sorbonne.

M. Castan lit une notice sur la *Statue de Charles-Quint à Besançon.*

L'Assemblée décide que ce travail lui paraît digne d'être proposé à Son Excellence le Ministre de l'Instruction publique pour être lu publiquement devant la section d'archéologie du Comité impérial des sociétés savantes.

M. Drapeyron lit l'introduction et trois fragments d'une étude sur *Ebroïn et saint Léger.*

Il est pareillement arrêté que ces extraits seront proposés pour être lus en Sorbonne devant la section d'histoire du Comité impérial.

La Société se réserve, en outre, de publier dans ses *Mémoires* la totalité de ce travail, ainsi que la notice de M. Castan.

M. le président et le secrétaire appuient la candidature, au titre de membre correspondant, de M. *de Rattier de Susvalon* (Ernest), littérateur, rue de la Paix, 10, à Bordeaux.

Un scrutin secret ayant eu lieu sur les présentations faites dans la dernière séance, M. le président proclame :

Membres correspondants,

MM. Garnier (Georges), avocat, à Bayeux (Calvados) ;

Perrier (Francis), manufacturier à Thervay (Jura).

Le Président,	*Le Secrétaire,*
Victor Girod.	A. Castan.

Séance du 11 mai 1867.
Présidence de M. Grenier.

L'absence de MM. les président et vice-présidents étant constatée avant l'ouverture de la séance, le conseil d'administration, conformément à l'article 7 du règlement, appelle

M. Grenier, l'un des membres fondateurs, à occuper le fauteuil.

BUREAU : MM. *Grenier*, chargé de présider la séance ; *Jacques*, trésorier ; *Faivre*, vice-secrétaire ; *Varaigne*, archiviste ; *Castan*, secrétaire ;

MEMBRES RÉSIDANTS : MM. *Arbey*, *Delacroix* (Alphonse), *Lancrenon*, *Lhomme*, *Machard*, *Renaud* (Louis), *Saillard* et *Tournier* (Paul).

Le procès-verbal de la séance du 3 avril est lu et adopté.

Le secrétaire fait un compte-rendu verbal de la part prise par la Société d'Emulation du Doubs aux réunions de la Sorbonne du mois d'avril dernier. Il relate que sa notice sur la *Statue de Charles-Quint* a ouvert la série des lectures de l'ordre archéologique, puis que, dans la section d'histoire, l'étude sur *Ebroïn et saint Léger* de M. Drapeyron, après avoir reçu de chaleureux applaudissements, a été, ce qui vaut mieux encore, l'objet des félicitations publiques et privées de M. Amédée Thierry, qui a expressément recommandé que son opinion sur l'œuvre du jeune et érudit professeur fût exprimée à ses anciens compatriotes de Besançon. Le rapport sur les travaux envoyés au concours d'archéologie, fait par M. le marquis de La Grange, a proclamé, dans les termes les plus flatteurs, tout le mérite de la démonstration, désormais acquise à la science, de l'identité du Puy-d'Ussolud et de l'Uxellodunum des *Commentaires :* l'éminent orateur a constaté les droits de la Société d'Emulation du Doubs sur cette belle entreprise, le succès en étant entièrement dû tant à la démonstration insérée par M. Bial, dès 1858, dans nos *Mémoires,* qu'aux nombreuses campagnes de polémique et de fouilles poursuivies, avec une habileté et un dévouement au-dessus de tous les éloges, par notre confrère M. Cessac.

Le secrétaire termine en demandant à la Société un témoignage exceptionnel de gratitude pour M. Amédée Thierry, non-seulement en raison du charmant accueil qu'il a fait aux délégués de Besançon, mais, avant tout, afin de consigner, une fois de plus, dans les fastes de la cité le souvenir des applaudissements qu'elle a eu l'insigne honneur de décerner la première aux savantes pages par lesquelles l'illustre historien préludait à la reconstitution de notre Genèse nationale.

M. Grenier rappelle à ce propos les termes si bienveillants dans lesquels M. Emile Blanchard avait motivé, l'an dernier, la récompense obtenue par la Compagnie au concours scientifique de la Sorbonne; il revient en outre sur l'intérêt que ce savant porte à nos collections d'histoire naturelle, qui bientôt lui devront une série de poissons de ce département, classés et étiquetés de sa main; il conclut en exprimant le désir que la Société aille au-devant des gracieuses intentions de M. Blanchard envers elle, en lui offrant une place dans la catégorie supérieure de ses membres.

Les deux propositions qui précèdent ayant été agréées par acclamation et à l'unanimité, M. le président proclame élus :

Membres honoraires,

M. Amédée Thierry, sénateur, membre de l'Institut, président de la section d'histoire du Comité impérial des sociétés savantes ;

Et M. Emile Blanchard, membre de l'Institut, professeur au muséum d'histoire naturelle, secrétaire de la section des sciences du Comité impérial des sociétés savantes.

M. Grenier présente l'analyse de deux mémoires de botanique envoyés par M. François Leclerc, membre correspondant. Il expose que la conclusion du premier de ces travaux est une vérité aujourd'hui généralement admise par les naturalistes, et que celle du second n'a d'autre objet que de substituer un terme nouveau à une appellation qui étymologiquement peut être contestable, mais sur le sens pratique de laquelle tout le monde est parfaitement d'accord.

Conformément aux propositions de l'honorable rapporteur,

l'Assemblée vote des remercîments à M. Leclerc pour sa double communication.

La Société des sciences physiques et naturelles de Bordeaux ayant demandé à entrer en relations d'échanges avec nous, l'Académie des sciences, belles-lettres et arts de Marseille nous ayant adressé son volume récemment publié, et la Société d'encouragement pour l'industrie nationale nous ayant fait parvenir le programme des prix et médailles qu'elle met au concours, il est décidé que ces trois associations seront inscrites sur la liste des compagnies correspondantes.

Il est délibéré en outre que l'attention de la Société d'encouragement sera appelée sur l'invention de l'étamage à fil courant des fils de fer, qui est due à notre confrère M. le docteur Delacroix et qui paraît à l'Assemblée de nature à figurer dans les concours industriels dont le programme est sous nos yeux.

MM. Grenier et Jacques proposent de recevoir, au titre de membre correspondant, M. *Deis* (Jules), architecte, rue du Pont-Louis-Philippe, 4, à Paris.

Puis, à la suite d'un vote favorable de la Société, M. le président proclame :

Membre correspondant,

M. DE RATTIER DE SUSVALON (Ernest), littérateur à Bordeaux.

Le Président délégué,	*Le Secrétaire,*
CH. GRENIER.	A. CASTAN.

Séance du 8 juin 1867.
PRÉSIDENCE DE M. VICTOR GIROD.

Sont présents :

BUREAU : MM. *Girod* (Victor), président; *Jacques*, trésorier; *Bavoux*, secrétaire honoraire; *Faivre*, vice-secrétaire; *Castan*, secrétaire;

MEMBRES RÉSIDANTS : MM. *Alexandre, Arbey, Canel, Delacroix* (Alphonse), *Delavelle* (professeur), *Dunod de Charnage, Girolet, Grenier, Lebreton, Lhomme, Marchal, Paillot* et *Pétey.*

Le procès-verbal de la séance du 11 mai est lu et adopté.

La Société se réunissant pour la première fois au palais Granvelle, M. le président croit devoir marquer cette circonstance par une chaleureuse allocution. Il remercie d'abord l'administration municipale d'avoir placé l'œuvre de la Compagnie sous le patronage des grands souvenirs de cette demeure princière des Granvelle, qui fut, au XVIe siècle, un sanctuaire des sciences, des lettres et des arts. A ces trois mobiles de l'émulation des sociétés savantes, le XIXe siècle a ajouté l'industrie, et notre Association, qui veut être de son temps, lui a fait une large place dans ses préoccupations. M. le président engage la Société à se maintenir dans cet esprit qui lui permet d'intéresser à son développement toutes les forces vives de la contrée; il la félicite d'avoir rompu avec les idées d'exclusivisme qui semblaient faire autrefois la puissance des corporations, et d'ouvrir au contraire ses portes à tous les hommes d'honneur et de bonne volonté, car, dans une action collective, tous les genres de concours sont à désirer.

Les dernières paroles de M. le président ayant été couvertes par les applaudissements de l'Assemblée, le secrétaire communique la réponse que lui a faite M. Amédée Thierry en retour de l'envoi du diplôme de membre honoraire; puis la Compagnie décide l'insertion au procès-verbal de cette dépêche, qui est ainsi conçue :

« Paris, le 28 mai 1867.

» Monsieur le secrétaire, je ne pouvais avoir une surprise plus honorable et plus douce que celle que m'a causée votre lettre du 15 de ce mois, et le diplôme de membre honoraire de la Société d'Emulation du Doubs qui s'y trouvait joint.

» Vous voyez, Monsieur, que j'ai raison d'aimer la Franche-Comté qui veut bien se rappeler, au bout de quarante ans, les humbles débuts de ma carrière, et n'a point cessé de me donner, dans les lettres comme dans la politique, les marques d'une affection maternelle. Veuillez être, près de la Société d'Emulation du Doubs, l'interprète de ces sentiments.

» J'accepte avec une profonde reconnaissance le titre de membre honoraire que daigne me décerner votre savante Compagnie, dont j'ai de fréquentes occasions de connaître et d'apprécier les excellents travaux. Il me reste un regret pourtant, celui de ne pouvoir y coopérer de si loin. J'espère néanmoins que, ma bonne étoile me ramenant quelque jour à Besançon, je pourrai occuper un instant la place à laquelle vous m'avez appelé, et renouveler verbalement à la Société d'Emulation du Doubs l'hommage de ma gratitude et de mon respect.

» Agréez, je vous prie, Monsieur le secrétaire, l'assurance de ma haute considération et de mes sentiments les plus affectueux.

» AMÉDÉE THIERRY.

» P. S. Je vous prie encore, Monsieur, d'offrir en mon nom à la Société l'ouvrage que j'ai publié tout récemment sous le titre de *Saint-Jérôme.* »

Procédant à l'énumération des dons reçus depuis la dernière séance, le secrétaire signale, en dehors du savant ouvrage offert par M. Amédée Thierry pour son cadeau de bienvenue, le *Regeste genevois*, splendide volume in-4° orné de planches, envoyé par la Société d'histoire et d'archéologie de Genève. Cette analyse méthodique et consciencieuse de tous les documents imprimés relatifs à la ville et au diocèse de Genève, antérieurement à l'année 1312, est une source de précieuses analogies pour notre histoire locale, en même temps qu'un modèle à suivre au point de vue d'un dépouillement semblable à exécuter dans l'intérêt des annales de la Franche-Comté. Il y a donc tout à la fois à féliciter la Société genevoise de son utile entreprise et à la remercier de nous en avoir communiqué l'excellent résultat.

Cette proposition est mise aux voix et adoptée.

Le secrétaire fait remarquer en outre que la livraison de février-mars de la *Revue des sociétés savantes*, organe officiel du Comité impérial des travaux historiques, contient un compte-rendu très bienveillant de M. Alfred Darcel sur notre recueil de l'année 1865. Le savant rapporteur veut bien y appeler notre Compagnie « l'une des sociétés les plus actives et le plus fructueusement actives de la province. »

La Société des lettres, sciences et arts des Alpes-Maritimes, à Nice, nous ayant fait parvenir le premier volume de ses travaux, il est décidé que cette compagnie recevra dorénavant un exemplaire de nos publications.

M. Girod donne lecture d'une *Notice sur la fabrication de l'horlogerie à Besançon et dans le département du Doubs*, travail rédigé par l'honorable président pour être présenté au jury de l'Exposition universelle, à l'appui de l'envoi collectif de notre groupe horloger. Il résulte de ce lucide document que sur un total de 310,849 montres contrôlées l'année dernière par les bureaux de garantie de l'Empire, la fabrication de Besançon figure à elle seule pour un chiffre de 305,435, ce qui démontre surabondamment que notre ville est le seul centre de l'établissement des montres en France. « Nous ajouterons, dit en terminant la *Notice*, que ces montres sont de plus en plus estimées sur le marché français, qu'elles alimentent presque en totalité, et qu'elles commencent à jouir d'une grande réputation à l'étranger. C'est ce fait commercial, ignoré d'une grande partie du public à l'étranger, que l'exposition collective du Doubs a pour but de mettre en évidence. »

La Société, se souvenant et se félicitant de nouveau d'avoir contribué à ce brillant résultat en organisant l'exposition bisontine de 1860, remercie vivement M. le président de sa bonne communication.

M. Marchal entretient l'assemblée d'une application à donner au silicate de soude que prépare M. Kulmann : elle consiste à utiliser ce produit pour la peinture des cheminées de chaudières à vapeur. Trois parties égales de silicate de soude à la consistance de sirop, d'oxyde jaune de fer et d'eau, forment un encaustique inaltérable : il est bon d'en revêtir à trois reprises l'intérieur et l'extérieur du tube à préserver, en laissant sécher complètement chaque couche avant de donner la suivante.

Le même membre, ayant remarqué que les cendres de monteurs de boîtes de montres renferment de notables quantités de sulfure alcalin, propose un moyen de combattre l'obstacle qu'apporte cet agent à l'absorption des métaux précieux par le mercure : il verse dans les cendres une forte dose d'acide sulfurique et d'acide hydrochlorique, ce qui produit une décomposition des sulfures et des bases alcalines, ainsi qu'un décapage des parcelles métalliques; il conseille également de faire intervenir la chaleur, car le mercure agit beaucoup plus énergiquement quand il est tiède qu'à l'état froid. Dans la distillation de l'amalgame, il arrive souvent que le mercure se tourne en poussière onctueuse : ce phénomène provient de ce que le mercure a retenu des parcelles oxydées de métaux volatils, tels que le zinc ou le plomb, ce qui a empêché ses molécules de se rejoindre. Pour éviter cet inconvénient, il suffit de recouvrir l'amalgame d'une couche de poussière de charbon : on chauffe modérément tant que la distillation se soutient, et l'on termine par un bon coup de feu. Si l'on a cependant du mercure divisé à l'état de poussière, il ne faut pas le jeter, car, en le traitant par un bain d'acides sulfurique et hydrochlorique dilué et tiède, on le ramène aisément à l'état fluide.

La Compagnie remercie M. Marchal de ses intéressantes observations, et en retient une analyse pour le procès-verbal de la séance.

Sont présentés comme candidats au titre de membre résidant :

Par MM. Girod et Castan, M. *Bossy* (Xavier), fabricant d'horlogerie ;

Par MM. Delacroix (Alphonse) et Castan, M. *Gassmann* (Emile), rédacteur du *Courrier franc-comtois.*

La Société élit enfin :

Membre correspondant,

M. DEIS (Jules), architecte à Paris.

Le Président,   *Le Secrétaire,*

VICTOR GIROD.   A. CASTAN.

Séance du 6 juillet 1867.

PRÉSIDENCE DE M. VICTOR GIROD.

Sont présents :

BUREAU : MM. *Girod* (Victor), président ; *Jacques*, trésorier ; *Faivre*, vice-secrétaire ; *Varaigne*, archiviste ; *Castan*, secrétaire ;

MEMBRES RÉSIDANTS : MM. *Arbey, Bial, Delacroix* (Alphonse), *Ducat, Girolet, Grenier, Hory, Lancrenon, Lhomme, Renaud* (François), *Renaud* (Louis), *Rollot, Saillard* et *Tournier* (Paul).

Le procès-verbal de la séance du 8 juin est lu et adopté.

Une lettre de M. le président de la Société d'agriculture nous remercie de l'envoi fait à cette compagnie du volume récemment paru de nos *Mémoires.* « Les publications de la Société d'Emulation, dit l'honorable président, se recommandent hautement à l'attention des hommes d'étude ; elles renferment toujours une foule de documents d'un grand intérêt, et, sous ce rapport, le 2e volume de votre 4e série l'emporte peut-être sur ceux qui l'ont précédé. »

M. le président annonce que, dans sa séance du 28 juin dernier, le Comité départemental de l'Exposition universelle a décidé qu'il serait proposé à la Société d'Emulation du Doubs

d'accepter, pour ses *Mémoires,* une étude du concours du
Champ-de-Mars rédigé, au point de vue de la région franc-
comtoise, par MM. Victor Fontaine, Résal, Cuvinot, Sire et
Castan.

Le secrétaire développe ensuite les motifs qui justifient cette
démarche. Il démontre que le Comité n'a plus les ressources
suffisantes pour éditer l'œuvre collective dont il s'agit, ses
fonds ayant été employés dans une large mesure à procurer
la visite de l'Exposition aux ouvriers méritants du pays; il fait
ressortir aussi la valeur qu'aura cette solennelle constatation
de la part qui revient à la Franche-Comté dans la puissance
industrielle et artistique de la France. Il résulte de ces deux
considérations que s'il importe à l'honneur du pays que le
travail du Comité départemental puisse voir le jour, il y a
également pour la Société d'Emulation un bénéfice moral
sérieux à recueillir de la publication qui lui est proposée : la
Compagnie a déjà fait d'ailleurs une heureuse expérience de
ce genre d'entreprise, en ouvrant ses *Mémoires* à la collection
des documents relatifs au concours agricole de 1865.

M. Grenier insiste à son tour sur l'intérêt qu'a la Société
d'Emulation à ne pas limiter son activité, et à intervenir au
contraire dans toutes les questions d'utilité publique.

La Compagnie, adoptant les raisons qui précèdent, délibère
à l'unanimité que l'étude du Comité départemental entrera
dans ses *Mémoires.*

M. Delacroix donne connaissance d'un travail envoyé par
M. Charles Toubin, membre correspondant, intitulé : *Recherches sur la langue Bellau, argot des peigneurs de chanvre
du haut Jura.*

L'Assemblée juge qu'il est intéressant de mettre au jour ce
tableau d'un argot local qui n'avait pas encore été étudié; elle
vote, en conséquence, l'impression du travail de M. Toubin.

M. Bial lit ensuite une note intitulée : *Formes et dimensions
des camps romains au temps de César,* écrite à propos d'une
découverte récente qui justifie les calculs du savant officier

sur l'espace nécessaire à l'installation et au séjour des diverses subdivisions du corps légionnaire.

La Société, considérant cette note comme un corollaire de l'important ouvrage du même auteur qu'elle a publié en 1862, décide que la communication de M. Bial fera partie de ses *Mémoires*.

Sous ce titre : *Un cachet inédit d'oculiste romain*, M. Castan présente la description d'une pierre sigillaire possédée par la ville de Besançon, mais provenant de la trouvaille d'un groupe de ces monuments qui fut faite à Nais-en-Barrois, en 1808. M. Castan fait remarquer que le principal intérêt de ce cachet réside dans les caractères cursifs qui couvrent ses deux plats; il estime dès lors que, dans le cas où la Société imprimerait son opuscule, une planche serait indispensable pour mettre ces *graffiti* à la disposition des philológues capables d'en essayer le déchiffrement.

La Compagnie, accueillant cette manière de voir, vote l'impression du travail de M. Castan, et l'autorise à faire exécuter une planche pour accompagner son texte.

M. le président Girod instruit l'assemblée de la part insuffisante qui a été faite à l'horlogerie du département du Doubs dans la distribution des récompenses de l'Exposition universelle. Il oppose à ce jugement erroné diverses appréciations de la presse spéciale qui témoignent des progrès immenses accomplis par notre belle et vaillante industrie, laquelle est bien reconnue par tous comme le seul centre important de la production des montres en France.

En retour de l'envoi d'un exemplaire complet de ses publications qui nous a été fait par la Société des sciences physiques et naturelles de Bordeaux, il est décidé que cette compagnie recevra un exemplaire de la 3e série de nos *Mémoires*.

La Société de climatologie algérienne nous ayant adressé un fascicule de ses travaux, il est arrêté que cette association sera portée sur la liste des compagnies correspondantes.

Sur la proposition du secrétaire, l'assemblée autorise son

conseil d'administration à tenter de lui ouvrir des relations d'échanges avec la Société des antiquaires de France et avec la Société de l'histoire de France.

MM. Girod et Jacques demandent le titre de membre résidant pour M. *Bailly*, pharmacien, à Besançon.

MM. Delacroix (Alphonse), Hugon (Charles) et Castan proposent d'admettre comme membres correspondants : M. le baron Henri *de Kavanagh-Ballyanne*, à Graz (Styrie), Schüzenhof, 608, et M. *Hugon* (Gustave), adjoint au maire et premier suppléant du juge de paix de Nozeroy (Jura).

La Société élit ensuite :

Membres résidants,

MM. Bossy (Xavier), fabricant d'horlogerie ;
    Gassmann (Emile), rédacteur du *Courrier franc-comtois*.

Le Président,	*Le Secrétaire,*
Victor Girod.	A. Castan.

Séance du 10 août 1867.

Présidence de M. Grenier.

M. le président et MM. les vice-présidents étant absents au début de la séance, les membres du conseil d'administration, se conformant à l'article 7 du règlement, défèrent la présidence à M. Grenier, l'un des fondateurs de la Société.

Sont présents :

Bureau : MM. *Grenier,* chargé de la présidence ; *Jacques,* trésorier; *Bavoux,* secrétaire honoraire ; *Faivre,* vice-secrétaire ; *Varaigne,* archiviste ; *Castan,* secrétaire ;

Membres résidants : MM. *Alexandre, Bertrand, Canel, Courlet de Vregille, Hory, Lancrenon, Marchal, Renaud* (François), *Renaud* (Louis), *Rollot* et *Stehlin.*

Le procès-verbal de la séance du 6 juillet est lu et adopté.

L'ordre du jour appelle le rapport de la commission chargée de vérifier les comptes du trésorier.

En l'absence de M. Bial, rapporteur, M. Bertrand, l'un des membres de la commission, s'exprime en ces termes :

« La commission a examiné les comptes de M. le trésorier de la Société d'Emulation. Elle a constaté :

» 1° Que les écritures des livres sont régulièrement tenues;

» 2° Qu'il y a exacte correspondance entre ces livres et les pièces de dépense.

» Il résulte de cette vérification que la situation financière de la Société, au 31 décembre 1866, était la suivante :

» En caisse au 31 décembre 1865	2,532 f. 75 c.
» Recettes pendant l'année 1866.	5,249 »
» Avoir de l'année 1866.	7,781 75
» A déduire le capital inaliénable des cotisa- » tions rachetées	2,670 »
» Restait disponible	5,111 75
» Dépenses de l'année 1866	5,172 10
» Excédant de dépenses au 21 décembre 1866.	60 f. 35 c.

» Ainsi les dépenses ont excédé les recettes de 60 fr. 35 c., et le budget voté de 1,132 fr. 10 c. Cela a tenu à deux dépenses extraordinaires, que la Société ne regrette pas d'ailleurs, dépenses faites pour les impressions de volumes et pour le moulage des bas-reliefs de *Porte-Noire*.

» Cette situation a néanmoins fait réfléchir la commission, non point sur les comptes du trésorier dont elle vous propose d'approuver la gestion, en lui votant les remercîments dûs à son zèle et à son dévouement, mais sur la conduite générale de nos finances..... »

Le rapport se termine par l'exposé d'une méthode de comptabilité qui comporterait, pour l'ordonnancement de tout mandat, deux signatures : celle du membre du bureau dans les attributions duquel rentrerait la dépense, puis celle du président de la Société.

L'Assemblée s'empresse de donner décharge à M. le trésorier de sa gestion pendant l'exercice 1866, en lui votant à l'unanimité les remercîments demandés par la commission ; mais, quant aux réformes proposées par le rapport, elle juge convenable d'en renvoyer l'examen à son conseil d'administration.

Le secrétaire communique deux notes concernant les sciences physiques, adressées par M. Berthaud, membre correspondant, et accompagnées d'un avis de M. le vice-président Gouillaud déclarant que ces opuscules offrent une utilité réelle au point de vue de l'enseignement.

La Société vote l'impression de ces deux notes qui sont intitulées : *Sur la démonstration du principe d'Archimède* et *Sur les nombres de vibrations des sons de la gamme.*

Il est ensuite donné lecture d'une lettre de M. Quiquerez, membre correspondant, présentant le résultat des sondages comparatifs opérés par lui sur les voies gauloise et romaine qui passaient par Pierre-Pertuis pour se rendre à Augusta-Rauracorum. Ce travail, qui vient compléter l'étude du même auteur publiée l'an dernier par nos soins, est accompagné de deux feuilles de vues, plans et coupes des tronçons de chemins explorés par l'habile ingénieur.

La Société retient pour le prochain volume de ses *Mémoires* le texte et les planches de cette nouvelle communication de M. Quiquerez.

M. Marchal obtient la parole pour l'exposé de deux perfectionnements industriels.

Il s'agit d'abord d'un expédient, imaginé par MM. Bourdy et Marchal, pour éviter les mouvements brusques de dilatation ou de retrait qui occasionnent si souvent la brisure des creusets. Les meilleurs de ces ustensiles sont composés de silice, d'alumine et de magnésie : or l'alumine est attaquée lorsqu'on emploie un flux acide, tel que le salpêtre, et la silice ne résiste pas aux flux alcalins. Pour remédier tout à la fois à l'action délétère du contenu et aux contractions résultant d'un feu trop brusque, on donne une épaisseur considérable aux parois du creuset et on le chauffe modérément et graduellement, ce qui occasione une perte de temps énorme. Un moyen plus simple et plus rapide consisterait, suivant les ingénieux inventeurs, à immerger extérieurement le creuset, une minute avant de s'en servir, dans de l'eau, ou, mieux encore, dans de l'acide sulfurique dilué. Le creuset ainsi préparé peut être immédiament porté dans le foyer le plus ardent : tant qu'il existe dans ses parois une goutte d'eau, il arrive régulièrement à une température de cent degrés; cette température passe et se maintient à deux cents degrés tant qu'il reste de l'acide; dès lors le creuset est en état d'arriver au rouge sans accidents. Il est entendu que ce procédé ne s'applique ni aux creusets que l'eau désagrége, tels que ceux en graphite, ni à ceux qui n'absorbent pas le liquide, tels que ceux en biscuit.

M. Marchal décrit ensuite, en son nom personnel, un mode particulier de fabrication d'une colle pour fixer les étiquettes des horlogers. La gomme arabique offre l'inconvénient de se transformer bien vite en acide mucique, et quant à la colle forte, comme on la prépare à l'acide nitrique pour qu'elle se maintienne en état de dissolution, elle détruit promptement les couleurs de l'encre et du papier. M. Marchal traite sa colle par l'hydrochlorate d'ammoniaque. L'acide hydrochlorique a la propriété de dissoudre la gélatine, mais étant combiné avec l'ammoniaque, il n'est plus susceptible d'altérer l'encre ni les couleurs. Pour empêcher le bouchon d'adhérer au col du flacon, il suffit de l'avoir fait bouillir dans un bain de suif.

L'Assemblée exprime le vœu que la double communication qui précède soit analysée dans le procès-verbal de la séance.

Sont présentés pour faire partie de la Société :

Comme membres résidants,

Par MM. Jacques et Canel, M. *Boiteux*, inspecteur du service des enfants assistés;

Par MM. Girod et Castan, M. *Pieard* (Arthur), banquier :
Et comme membres correspondants,

Par MM. Girod et Castan, M. le marquis *de Marmier*, membre du conseil général du Doubs ;

Par MM. Jacques et Castan, M. *Pillod* (Félix), notaire à Pontarlier (Doubs) ;

Par MM. Delacroix (Alphonse) et Castan, M. *Roy* (Jules), professeur à l'Ecole des Carmes, à Paris.

Sont élus enfin, à la suite d'un vote au scrutin secret :

Membre résidant,

M. BAILLY, pharmacien, à Besançon ;

Membres correspondants,

MM. le baron Henri DE KAVANAGH - BALLYANE, à Graz (Styrie) ;

HUGON (Gustave), adjoint au maire et premier suppléant du juge de paix de Nozeroy.

Le Président délégué,	*Le Secrétaire,*
CH. GRENIER.	A. CASTAN.

Séance du 16 novembre 1867.

PRÉSIDENCE DE M. VICTOR GIROD.

Sont présents :

BUREAU : MM. *Girod* (Victor), président ; *Jacques*, trésorier ; *Bavoux*, secrétaire honoraire ; *Faivre*, vice-secrétaire ; *Varaigne*, archiviste ; *Castan*, secrétaire ;

MEMBRES RÉSIDANTS : MM. *Arbey, Canel, Chotard, Courtot, Delacroix* (Alphonse), *Delacroix* (Emile), *Dietrich, Drapeyron, d'Estocquois, Grenier, Hory, Renaud* (François), *Renaud* (Louis) et *Tailleur;*

MEMBRE CORRESPONDANT : M. *Petit.*

Le procès-verbal de la séance du 10 août est lu et adopté.

Le secrétaire rappelle à la Compagnie que, depuis sa dernière séance, M. le président Girod a été élevé aux fonctions d'adjoint au maire de la ville; il ajoute que l'administration supérieure ayant toujours grandement égard, dans les choix de ce genre, au vœu de la population, la Société a le droit de se flatter d'avoir contribué à cette promotion en plaçant à sa tête M. Girod; il prie enfin ses confrères de l'autoriser à consigner au procès-verbal l'expression d'un sentiment de satisfaction qui a été partagé par la cité tout entière.

Cette proposition ayant été accueillie par acclamation, M. le président remercie l'assemblée et l'assure que tous ses efforts tendront à justifier la distinction dont il a été l'objet.

Le secrétaire donne ensuite lecture d'une dépêche de M. le Ministre de l'Instruction publique, notifiant que, par arrêté du 19 août, il a accordé à la Société une allocation de 400 fr.

L'Assemblée ratifie et réitère les remercîments adressés à ce sujet à Son Excellence par le conseil d'administration.

Est également communiquée une dépêche de M. le préfet du Doubs informant la Société que, par décision du 12 octobre, Son Excellence le Ministre de l'Instruction publique l'autorise à rendre solennelle sa séance du mois de décembre.

Par une circulaire du 3 octobre dernier, M. le président de l'Association scientifique de France annonce la création, par les soins de cette compagnie, d'une double collection d'instruments et de livres pouvant être prêtés aux travailleurs des provinces par l'intermédiaire des sociétés savantes. En échange de ces services, l'Association demande que les sociétés veuillent bien lui adresser, au profit de son *Bulletin* devenu hebdomadaire, des résumés de chacune des communications scientifiques qu'elles recevraient.

La Société décide qu'elle fera son possible pour seconder les intentions généreuses de l'Association scientifique, et qu'afin de lui donner un gage de cette disposition, elle complétera, par l'envoi du volume de 1865, l'exemplaire de la 4e série de nos *Mémoires* dont cette compagnie possède déjà le second tome.

Sur la demande faite par M. le président de la Société Dunoise, ayant son siége à Châteaudun, il est délibéré que cette corporation recevra les deux volumes parus de la 4e série de nos *Mémoires* et sera portée sur la liste des compagnies correspondantes.

Le secrétaire fait part du désir qu'a l'un des membres correspondants, M. Alfred Gevrey, juge impérial à Mayotte, de procurer à la Société des échantillons de la flore et de la faune de cette colonie française.

L'Assemblée se montre très sensible au bon souvenir de M. Gevrey; puis elle charge M. Grenier de s'entendre avec le secrétaire pour transmettre à l'honorable correspondant les instructions qu'il réclame dans l'intérêt de sa patriotique entreprise.

M. Delacroix (Alphonse) présente l'analyse d'un très court mémoire transmis à la Société par M. François Leclerc, membre correspondant. Dans cet opuscule, intitulé : *Encore quelques mots au sujet de Vercingétorix et de sa statue,* l'auteur, qui est l'un des rares bourguignons acquis à la cause d'Alaise, résume les principales objections topographiques que soulève le mont Auxois au point de vue de sa prétendue identité avec l'Alesia des *Commentaires :* éloignement trop considérable des collines du pourtour, ce qui n'est pas d'accord avec le *mediocri interjecto spatio* du texte; plaine absolument plate et aussi longue que large, au lieu d'une *planities intermissa collibus quæ in longitudinem patebat;* existence de trois cours d'eau, dont l'historien latin aurait omis le principal, la Brenne; sol ne présentant que deux niveaux uniformes, contrairement au récit historique qui dépeint un terrain rempli d'accidents, ainsi qu'en témoignent les expressions *prærupta loca, demissi loci, campestres loci, superiores loci;* circuit d'*oppidum* ne mesurant que 4,000 pas environ, tandis que celui d'Alaise fournit exactement les 11,000 pas des *Commentaires;* vestiges de siége qui ne répondent, ni comme caractère d'époque ni comme importance, à ceux qui devraient résulter de l'investissement d'Alesia.

M. Leclerc insiste également sur la différence essentielle qui sépare le nom antique du mont Auxois, Alisia, de celui qui fut porté par le célèbre *oppidum*. Puis il fait remarquer qu'autant les traditions d'Alaise parlent de combats et du culte druidique, autant les lieux-dits de l'Auxois sont insignifiants pour l'histoire; c'est ainsi que le nom de la plaine des Laumes, auquel on voulait faire signifier *plaine des Larmes*, n'est autre chose qu'un vocable communément employé dans le pays pour désigner une terre de vallée fertile en céréales. Quant à la rencontre de César et de Vercingétorix qui eut le siège d'Alesia pour conséquence, M. Leclerc constate que les historiens modernes les plus autorisés, acceptant les témoignages formels de Dion Cassius et de Plutarque, placent cet événement en Séquanie. M. Amédée Thierry est de ce nombre : « Les Arvernes, dit-il (*Histoire des Gaulois*, édit. de 1828, t. III, p. 238), avaient déposé dans un de leurs temples l'épée que César avait perdue dans sa grande bataille *en Séquanie* contre Vercingétorix. » La conclusion de M. Leclerc est que la statue élevée sur le mont Auxois à la mémoire de Vercingétorix n'occupe pas sa véritable place : elle serait beaucoup mieux à Gergovie, le seul endroit où le généralissime des Gaules triompha de la stratégie romaine; mais si l'on tient à conserver à ce monument le caractère expiatoire qu'il affecte, c'est à Alaise du Doubs, l'Alesia des Mandubiens, qu'on devra le transporter.

La Société remercie M. Leclerc de sa savante et sincère protestation, dont elle décide qu'un résumé sera retenu pour le procès-verbal de la séance.

Le secrétaire donne lecture des passages de la *Revue des sociétés savantes* ayant trait aux lectures faites en Sorbonne par les délégués de la Compagnie, puis au résultat du concours d'archéologie de 1866, en ce qui concerne les découvertes de nos confrères MM. Bial et Cessac à Uxellodunum.

Il est arrêté que ces passages entreront dans le prochain volume des *Mémoires*.

L'ordre du jour appelle la discussion du projet de budget pour 1868, préparé par le conseil d'administration.

M. le président fait remarquer tout d'abord que les charges de la Société ont été énormément accrues pendant les derniers exercices, par trois dépenses extraordinaires qui sont : 1° le moulage des bas-reliefs de Porte-Noire ; 2° le surcroît d'impressions résultant à la fois du beau volume de 1866 et de la publication supplémentaire de la *Flore du Jura ;* 3° l'appropriation du nouveau local, dont les frais dépassent de 1,328 fr. le subside accordé par la ville pour cet objet. Or, en prélevant sur les ressources présumées de 1868 de quoi solder l'arriéré et pourvoir aux dépenses d'administration, il manquerait environ 2,000 francs pour acquitter les sommes dues à l'imprimeur et pourvoir à la confection du volume de 1867. Le conseil a pensé que cette situation ne devait pas être prolongée : il propose en conséquence d'emprunter, sur le fonds inaliénable des cotisations rachetées, une somme de 2,000 francs qui serait inscrite au chapitre des impressions dans le budget de 1868, et que la Compagnie reconstituerait au plus tôt par des remboursements annuels.

La Société, considérant que l'article 20 de son règlement lui permet de déterminer elle-même le placement à assigner au capital provenant du rachat des cotisations, délibère à l'unanimité : 1° qu'une somme de 2,000 fr. sera empruntée sur ce capital et portée au chapitre des impressions dans le budget de 1868 ; 2° que cette somme sera reformée, à partir de 1869, au moyen de six remboursements annuels et consécutifs, dont cinq de 300 fr. et le dernier de 500 fr.

Ensuite de quoi le budget de 1868 est arrêté de la manière suivante :

Recettes présumées.

1° Subvention de l'Etat.			400 f.
2°	Id.	du département.	300
3°	Id.	de la ville.	600
		A reporter . . .	1,300 f.

	Report . . .	1,300 f.
4° Cotisations des membres résidants		1,800
5° Id. des membres correspondants . . .		500
6° Emprunt fait au capital inaliénable des cotisations rachetées, et remboursable, à partir de 1869, en six termes annuels.		2,000
7° Intérêts de la partie non empruntée de ce capital.		30
8° Droits de diplôme, recettes accidentelles. . . .		40
	Total . . .	5,670 f.

Dépenses.

1° Impressions, gravures et lithographies . .	3,741 f. 96 c.	
2° Frais de bureau, de chauffage et d'éclairage	150	»
3° Indemnité aux personnes chargées de l'entretien de la salle et des courses de la Société	200	»
4° Solde des dépenses d'appropriation de la salle des séances	1,378	04
5° Solde de l'acquisition d'un herbier exotique	200	»
Total des dépenses égal à celui des recettes.	5,670 f.	» c.

Au sujet de la séance publique et du banquet annuel, l'Assemblée délibère : que cette double solennité aura lieu le jeudi 19 décembre prochain, la séance dans la grande salle de l'hôtel de ville et le banquet dans les salons du palais Granvelle; que la souscription au banquet demeure fixée à 10 fr. par convive; que les membres honoraires y seront invités et les sociétés correspondantes du voisinage priées d'y déléguer chacune deux personnes; que les membres correspondants seront avisés du tout par une circulaire.

Des pouvoirs sont donnés en outre au conseil d'administration, tant pour l'organisation du banquet que pour le choix des lectures qui devront rémplir la séance publique.

Il est enfin décidé qu'une séance administrative, consacrée principalement aux élections du bureau de 1868, aura lieu le mercredi 18 décembre, à quatre heures du soir.

Parmi les dons arrivés à la Société depuis sa dernière réunion, M. le président fait remarquer un moulage en plâtre d'un autel gallo-romain de Luxeuil, dont l'inscription votive associe le nom d'Apollon à celui d'une divinité toute locale, la déesse Sirona. M. le président exprime les remercîments de la Compagnie à M. le docteur Delacroix, l'un de ses fondateurs, qui a exécuté et offert cette intéressante reproduction.

Le secrétaire dépose à son tour, au nom de M. le capitaine d'artillerie Castan, membre correspondant, une hache en silex et un poinçon en os provenant des tourbières du Bouchet, commune de Vert-le-Petit (Seine-et-Oise), gisement d'objets de l'industrie primitive qui n'avait point encore été signalé.

Des remercîments seront transmis à M. Francis Castan.

L'assemblée en vote également à M. le président Girod, qui a fait don de deux montres style Louis XV, ainsi qu'à M. Louis Renaud, membre résidant, qui a offert des fragments de momie.

Sont présentés pour entrer dans la Société :

Comme membre résidant, par MM. Canel et Castan, M. *Tailleur* (Louis), professeur de langue allemande;

Comme membre correspondant, par MM. Girod et Castan, M. *Devarenne* (Ulysse), capitaine de frégate de la marine impériale.

Sont élus, à la suite d'un scrutin secret :

Membres résidants,

MM. BOITEUX, inspecteur du service des enfants assistés;
PICARD (Arthur), banquier;

Membres correspondants,

M. le marquis DE MARMIER, membre du Conseil général du Doubs;

MM. PILLOD (Félix), notaire, à Pontarlier;
ROY (Jules), professeur, à l'Ecole des Carmes, à Paris.

Le Président,   Le Secrétaire,
VICTOR GIROD.   A. CASTAN.

Séance du 18 décembre 1867.

PRÉSIDENCE DE M. BRETILLOT.

Sont présents :

BUREAU : MM. *Bretillot*, premier vice-président; *Jacques*, trésorier; *Bavoux*, secrétaire honoraire; *Faivre*, vice-secrétaire; *Varaigne*, archiviste; *Castan*, secrétaire.

MEMBRES RÉSIDANTS : MM. *Alexandre*, *Bertin*, *Bial*, *Canel*, *Courtot*, *Delacroix* (Alphonse), *Delacroix* (Emile), *Dodivers*, *Drapeyron*, *Ducat*, *Dunod de Charnage*, *Ethis* (Edmond), *Faucompré*, *Fitsch* (Christian), *Fitsch* (Léon), *Gassmann*, *Gérard* (Jules), *Grenier*, *Lancrenon*, *Lebreton*, *Lhomme*, *Marchal*, *Mairot* (Edouard), *Micaud*, *Michel* (Brice), *Perrier*, *Renaud* (François), *Renaud* (Louis), *Saint-Eve* (Charles), *Vivier* (Edmond).

Le procès-verbal de la séance du 16 novembre est lu et adopté.

Sont communiquées les réponses des membres honoraires et des sociétés correspondantes du voisinage, en retour des invitations qui leur avaient été faites d'assister à la séance publique et de prendre part au banquet.

La Compagnie apprend ainsi, avec une vive satisfaction, que les principales autorités de la ville siégeront parmi ses auditeurs et compteront au nombre de ses convives : elle est également flattée de posséder dans les mêmes circonstances MM. les présidents de la Société d'histoire de Neuchâtel, de la Société d'Emulation de Montbéliard et de l'Association des bibliothèques communales de cet arrondissement; elle est d'avis de considérer comme présent M. le président de la Société d'Emulation du Jura, empêché par une indisposition, mais représenté par une lettre des plus cordiales et le précieux envoi de l'un des trois exemplaires photographiés des bronzes de la fonderie celtique découverte à Larnaud.

Le secrétaire expose que son frère, le capitaine d'artillerie Castan, a reconnu, dans le voisinage du Bouchet (Seine-et-Oise), sur un versant de la seule colline de cette région qui soit ombragée par des chênes, un ensemble de monuments druidiques des plus remarquables : un *menhir* d'au moins sept mètres de haut, trois *dolmens* dont les tables mesurent de 25 à 30 mètres cubes, et enfin une niche creusée dans un gros bloc de grès. Cette trouvaille-étant une conséquence des notions acquises par son auteur dans sa collaboration aux recherches d'Alaise, le conseil d'administration a jugé que la Société d'Emulation du Doubs avait qualité pour s'en faire honneur. En conséquence MM. Henri Martin et Jules Quicherat ont été délégués pour repérer les monuments signalés par M. Francis Castan et en consigner une première description dans nos *Mémoires*. Cette mission a été gracieusement acceptée, et M. Henri Martin a bien voulu se charger du rapport.

La Société ratifie cette mesure prise d'urgence par son conseil d'administration : elle vote des remercîments unanimes à MM. Francis Castan et Henri Martin ; elle se félicite de pouvoir ouvrir ses publications à l'étude qui lui est promise par le plus populaire des historiens français.

Le secrétaire rend compte d'un nouveau travail de M. Quiquerez, membre correspondant, sur *l'ameublement des châteaux et maisons nobles au milieu du* XVI⁰ *siècle*. Cet opuscule, rempli de curieux détails, est retenu pour les *Mémoires* de la Société.

Il est donné lecture d'une note de M. Travelet, membre correspondant, sur *quelques souvenirs des temps celtiques dans les cantons de Vitrey et de Champlitte (Haute-Saône)*. Cette note, dont l'Assemblée décide l'insertion au procès-verbal, est ainsi conçue :

« *La Pierre-qui-vire de Molay*. — Elle fait partie d'une chaîne de collines qui commence à Bourguignon et s'étend jusqu'au delà de Suaucourt. Plus large au sommet qu'à la base, elle surplombe de sept mètres un aride vallon.

» *La Dame noire de Lavigney*. — Elle habitait une carrière de pierres à bâtir, au bois de la *Rieppe*. Elle avait la spécialité de récompenser les enfants bien sages, comme aussi le don de prendre toutes les formes : un jour qu'elle affectait celle d'une grosse araignée, un méchant garçon l'écrasa sous son pied.

» *Les Dames blanches de Larret*. — C'étaient des fées bienfaisantes qui, lorsqu'on les appelait par leur nom, venaient en aide aux malheureux. Quand on abattit le *Chêne de la Vierge*, près duquel elles se montraient, le dernier coup de hache fut suivi de gémissements prolongés : c'était le cri d'adieu des Dames blanches.

» *Le Chêne de la Vierge à Cintrey*. — Ce chêne séculaire, situé sur le bord de la route qui relie Cintrey à Vaite, est en vénération de temps immémorial. Son écorce s'est, dit-on, refermée sur bien des madones ; mais à la suite de chaque absorption, une nouvelle entaille est pratiquée dans l'arbre et une statuette neuve reprend la place de celle qui a disparu. »

M. Tuetey, membre correspondant, a trouvé, dans les minutes de la Cour des monnaies de Paris, le procès-verbal, en date du 8 mars 1579, de l'essai de deux pièces alors nouvellement émises par la monnaie municipale de Besançon, ainsi que la lettre d'envoi de ce document à la juridiction compétente. Cette lettre relate avec étonnement la singularité, aujourd'hui bien connue, de la présence du type de Charles-Quint sur des pièces frappées longtemps après la mort de cet empereur ; mais elle rend hommage à la bonne fabrication des espèces bisontines : « Si les Savoysiens, dit-elle, et ceux du Genefve et Montferrat battoient leur monnoye aussy loyale que ceux du Besançon, nous n'aurions pas occasion de craindre si fort le cours de leur monnoye. »

M. Tuetey sera remercié de son intéressante communication, et un extrait de celle-ci entrera dans le procès-verbal.

Le secrétaire entretient l'Assemblée d'un ingénieux mémoire de M. de Rochas, membre correspondant, sur cette question : *Ce que pourrait bien avoir été le cheval de Troie.*

La Société exprime le désir de comprendre ce nouveau travail dans ses publications.

Sur la proposition de M. Grenier, des remercîments sont votés à M. le conseiller Proudhon, à l'occasion de son offrande d'une belle série de coquillages provenant des mers de la Chine; il est fait de même à l'égard de M. Muess-Rebillet, qui a donné trois remarquables échantillons minéralogiques.

Après un vote favorable sur les candidatures posées dans la précédente séance, M. le président proclame :

Membre résidant,

M. TAILLEUR (Louis), professeur de langue allemande ;

Membre correspondant,

M. DEVARENNE (Ulysse), capitaine de frégate de la marine impériale.

L'ordre du jour appelle la Société à élire son conseil d'administration pour l'année 1868.

Six scrutins, successivement ouverts à cet effet, donnent les résultats suivants :

Pour le président, 33 votants :

M. Faucompré, 28 voix ;
M. Vézian, 4 voix ;
M. Grenier, 1 voix.

Pour le premier vice-président, 32 votants :

M. Girod (Victor), 25 voix ;
M. Boullet, 6 voix ;
M. Vézian, 1 voix.

Pour le deuxième vice-président, 33 votants :

M. Boullet, 25 voix ;

M. Girod (Victor), 8 voix.

Pour le vice-secrétaire, 33 votants :

M. Faivre, 31 voix ;

M. Jacques, 1 voix ;

M. Marchal, 1 voix.

Pour le trésorier, 34 votants :

M, Jacques, 31 voix ;

M. Arbey, 1 voix ;

M. Faivre, 1 voix ;

M. Varaigne, 1 voix.

Pour l'archiviste, 34 votants :

M. Varaigne, 32 voix ;

M. Ducat, 1 voix ;

M. Faivre, 1 voix.

Aucune réclamation ne s'étant produite contre ces résultats, M. le président déclare le conseil d'administration de 1868 ainsi composé :

Président	MM. FAUCOMPRÉ ;
Premier vice-président . . .	GIROD (Victor) ;
Deuxième vice-président. . .	BOULLET ;
Secrétaire décennal	CASTAN ;
Vice-secrétaire.	FAIVRE ;
Trésorier.	JACQUES ;
Archiviste	VARAIGNE.

Sont présentés pour entrer dans la Société :

Comme membres résidants,

Par MM. Girod (Victor) et Picard (Arthur), M. *de Bigot*, chef-d'escadron d'état-major ;

Par MM. Girod (Victor) et Alexandre, M. *Brelin* (Félix), sculpteur ;

Par MM. Girod (Victor) et Castan, M. *Gros* (Jules), avocat ;

Par MM. Bretillot et Faucompré père, M. *Faucompré* (Philippe), professeur d'agriculture du département du Doubs ;

Par MM. Girod (Victor) et Vivier (Edmond), M. *Tissot,* économe de l'asile départemental du Doubs ;

Comme membre correspondant,

Par MM. Lancrenon et Castan, M. *Sandras,* inspecteur d'Académie à Poitiers.

Le Vice-Président,

L. Bretillot.

Le Secrétaire,

A. Castan.

Séance publique du 19 décembre 1867.
Présidence de M. Victor Girod.

La séance s'ouvre extraordinairement, à deux heures un quart de l'après-midi, dans la grande salle de l'hôtel de ville de Besançon.

Prennent place au bureau :

M. *Girod* (Victor), président annuel; MM. le Général commandant la 7ᵉ division militaire, le Préfet du Doubs, le Procureur général près la Cour impériale, le Maire de la ville, le Recteur de l'Académie, membres honoraires de la Société; M. *Bretillot* (Léon), premier vice-président annuel; MM. *Faucompré* et *Boullet,* président et vice-président élus pour 1868; M. le colonel *de Mandrot,* président de la Société d'histoire du canton de Neuchâtel; M. *Duvernoy,* président de la Société d'Emulation de Montbéliard; M. *Bouthenot-Peugeot,* président de l'Association des bibliothèques communales du même arrondissement; MM. *Jacques,* trésorier de la Société d'Emulation du Doubs; *Bavoux,* secrétaire honoraire; *Varaigne,* archiviste; *Faivre,* vice-secrétaire; *Bial* et *Gérard* (Jules) membres résidants; *Castan,* secrétaire décennal.

Prennent séance sur les sièges réservés aux membres résidants :

MM. *Adler, Bellair, Bourcheriette, Boysson d'Ecole, Canel, Carlet, Chotard, Delacroix* (Alphonse), *Delacroix* (Emile), *Dodivers, Drapeyron, Dunod de Charnage, Ethis* (Edmond), *Gassmann, Grangé, Grenier, Lancrenon, Lhomme, Lieffroy, Machard, Mairot* (Félix), *Marchal, Noiret, Pétey, Percerot, Renaud* (François), *Renaud* (Louis), *Stehlin, Tailleur* (Louis), *Veil-Picard.*

Le reste de la salle est occupé par un nombreux public.

Le secrétaire énumère les lectures qui vont remplir la séance.

M. le président Girod esquisse l'histoire de l'horlogerie à Besançon, industrie à laquelle il reporte l'honneur que lui a fait la Société; puis il résume les travaux qui ont occupé la Compagnie pendant l'année 1867.

Le secrétaire donne lecture d'une étude de M. de Rochas d'Aiglun, membre correspondant, sur l'organisation des armes spéciales chez les Romains.

M. Jules Gérard fait l'histoire intime du philosophe Théodore Jouffroy, en empruntant quelques données nouvelles à la correspondance de l'illustre penseur avec le bibliothécaire Charles Weiss.

M. Bial décrit les restes des Halles des rois de Tara, palais d'une dynastie de race celtique qui gouverna l'Irlande.

M. le colonel de Mandrot démontre que les armoiries ne sont point l'apanage exclusif de la noblesse, tout homme libre, au moyen-âge, pouvant avoir un sceau et le décorer d'emblèmes de son choix.

M. Castan expose sa découverte de l'emplacement et des ruines du Capitole de Vesontio, au centre de la presqu'île qui renfermait l'*oppidum* gallo-romain.

La séance est levée à quatre heures.

Le Président,	*Le Secrétaire,*
VICTOR GIROD.	A. CASTAN.

BANQUET DE 1867.

Cette réunion s'est tenue le jeudi 19 décembre, à six heures du soir, dans le grand salon du palais Granvelle.

Sur des groupes de drapeaux aux couleurs de la France, de la Suisse et de la ville de Besançon, ressortaient les armoiries de la Société d'Emulation du Doubs (l'aigle bisontine en regard du lion franc-comtois, avec une abeille en pointe), ainsi que les écussons de Neuchâtel, de Lons-le-Saunier et de Montbéliard. Cette décoration avait été dirigée par M. Varaigne, archiviste de la Société.

La table, qui comprenait soixante couverts, supportait un parterre d'élégants arbustes, disposés avec un goût exquis par M. Lépagney, membre de la Société : des lustres, des lampes et des candélabres, fournis par M. Mathey, projetaient une éblouissante lumière sur la riche vaisselle du restaurateur Colomat, le continuateur des habiles traditions de M. Klein.

La fête était présidée par M. Victor Girod, président annuel, ayant à ses côtés M. le premier président Loiseau et M. d'Arnoux, préfet du Doubs.

En face, était M. Faucompré, président élu pour 1868, assis entre M. Blanc, procureur général, et M. Proudhon, maire de la ville.

Les autres places d'honneur étaient occupées par MM. Caresme, recteur de l'Académie; de Mandrot, président de la Société d'histoire de Neuchâtel; Duvernoy et Bouthenot-Peugeot, présidents de la Société d'Emulation de Montbéliard et de l'œuvre des bibliothèques communales de cet arrondissement; Boysson d'Ecole, Delacroix (Alphonse), Grenier et Lancrenon (de l'Institut), anciens présidents de la Société d'Emulation du Doubs; Reynaud-Ducreux et Delacroix (Emile), membres fondateurs de cette Compagnie; Mairot, président du tribunal de commerce; le baron Daclin, membre du Conseil général; Jacquard et Veil-Picard, membres du

Conseil municipal; Lamy, bâtonnier des avocats; les commandants Bial et de Bigot; Arthur Picard, président de la commission administrative du culte israélite; Vivier, directeur de l'asile départemental; Gérard, professeur de philosophie au lycée impérial; Faucompré fils, professeur d'agriculture du département, etc.

Le moment du dessert arrivé, M. le Préfet du Doubs a le premier pris la parole. Il a rappelé en excellents termes les titres que comptaient l'Empereur et l'Impératrice à la reconnaissance publique; il a dit les justes espérances que fondait la nation sur le Prince impérial. Prononcé avec l'accent du cœur, ce toast a été chaleureusement accueilli.

M. le président Girod s'est ensuite levé et s'est exprimé en ces termes :

Messieurs,

Après la parole autorisée et sympathique de M. le Préfet qui vient de porter un toast à notre auguste Souverain, j'ai l'honneur de proposer, Messieurs, pour me conformer à nos usages, la santé de tous les membres de notre chère Société. Puissent vos travaux se multiplier, vos recherches fournir à la science de nouvelles notions incontestées et incontestables, et vos idées trouver dans le pays de nombreux adeptes !

Que l'année prochaine, ce banquet, auquel préside une si franche gaîté, nous réunisse de nouveau tous pour boire comme en ce jour :

A la prospérité de la Société d'Emulation du Doubs!

Puis M. Castan, secrétaire de la Société, a porté le toast suivant :

Messieurs,

Les emblèmes qui décorent cette salle sont assez expressifs pour ne laisser aucun doute sur le sens de la présente réunion.

En organisant ces agapes confraternelles, votre but a été de resserrer de plus en plus le faisceau de vos efforts pour l'avancement intellectuel, moral et matériel de cette province de Séquanie que César, après l'avoir conquise, appelait le meilleur terroir de la Gaule.

Mais si l'association des individus est une force, combien plus puissante encore est l'union de groupes animés du même souffle, ayant même devise et semblables tendances!

Bannissant donc l'égoïsme de votre programme, vous considérez les sociétés savantes de la région jurassique, celles du moins qui ne dédaignent pas d'être de leur temps et de leur pays, non comme des rivales, mais comme des amies; et c'est toujours une joie pour vous de tendre une main cordiale aux représentants qu'elles délèguent à vos fêtes.

Habituellement chargé d'exprimer en votre nom ce sentiment, permettez-moi de porter un toast aux savants voisins qui nous font aujourd'hui l'honneur d'être nos convives:

A M. le colonel de Mandrot, président de la Société d'histoire du canton de Neuchâtel, à cet hôte d'élite qui réunit en sa personne les qualités de l'érudit, de l'artiste, du militaire et de l'homme du monde; qui, renouant avec des traditions vingt fois séculaires, aime à payer le tribut de ses rares talents à la cité que ses aïeux regardaient comme leur métropole!

A MM. Duvernoy et Bouthenot-Peugeot, l'un président de la Société d'Emulation de Montbéliard, l'autre directeur de l'œuvre des bibliothèques communales du même arrondissement, dévoués tous deux à la cause de l'émancipation des intelligences, travaillant avec une ardeur égale à conserver au département du Doubs la place éminente qu'il occupe sur la carte de l'instruction publique!

A M. Rebour, retenu loin de nous par une indisposition, mais représenté par l'envoi d'un rarissime exemplaire de la photographie des bronzes celtiques de Larnaud; à ce continuateur des Perrin et des Désiré Monnier, dont l'esprit d'initiative a su faire revivre, pour le grand profit des études comtoises, la Société d'Emulation du Jura!

A ces nobles ouvriers du progrès, à la prospérité des compagnies dont ils sont les âmes, à la continuation des rapports intimes de la Société d'Emulation du Doubs avec ses sœurs de Neuchâtel, de Montbéliard et de Lons-le-Saunier !

Ce toast appelant des réponses, M. le colonel de Mandrot fit la suivante :

Messieurs,

Je vous remercie des paroles cordiales qui viennent d'être prononcées en votre nom : je vous en rends grâce pour moi et pour la Société d'histoire de Neuchâtel que j'ai l'honneur de représenter ici. Soyez assurés, Messieurs, que nous tenons beaucoup à entretenir avec nos voisins de l'autre côté du Jura des relations qui datent de loin et que votre hospitalité tend à rendre plus intimes : aussi, pour affirmer nos sentiments à votre égard, viens-je vous proposer un toast *à l'annexion*...... Entendons-nous bien, Messieurs, je ne parle pas d'*annexion politique;* celle-là serait peu goûtée en Suisse : il s'agit, au contraire, de l'*annexion intellectuelle* qui profite à tous, en respectant l'indépendance de chacun.

Je bois à l'annexion intellectuelle !

M. Duvernoy, président de la Société d'Emulation de Montbéliard, fit entendre à son tour ces paroles :

Messieurs,

C'est avec joie que je viens aujourd'hui représenter au milieu de vous la Société d'Emulation de Montbéliard.

J'ai toujours considéré ces réunions toutes sympathiques qui nous rassemblent comme étant, non pas seulement pleines de charme et d'agréments, mais comme ayant une très réelle utilité.

En effet, si elles ravivent l'activité des sociétaires, stimulent leur zèle et les rattachent plus directement à l'œuvre qui les occupe, elles créent en même temps entre les sociétés voisines des rapports de bonne et cordiale entente, parfois de véritables amitiés; et en permettant un plus libre échange des idées, en rendant les communications plus nombreuses, elles facilitent le travail et hâtent le progrès.

Pour ma part, Messieurs, j'ai été heureux de nouer, avec plusieurs des membres de la Société d'Emulation de Besançon, des relations qui me sont infiniment précieuses.

Et pourquoi, lorsqu'on a concouru dans les champs communs du travail et de la science, ne deviendrait-on pas frères d'armes, comme après avoir combattu sur un même champ de bataille ?

Je remercie infiniment M. le secrétaire des paroles gracieuses qu'il a bien voulu adresser à la Société d'Emulation de Montbéliard.

Il y a quelques mois, nous avions le plaisir de recevoir à Montbéliard les délégués de Besançon : aujourd'hui, c'est nous qui, à notre tour, venons nous inspirer de vos exemples, nous éclairer de vos lumières; et, croyez-bien, Messieurs, qu'en vous adressant les vœux et les félicitations de la Société d'Emulation de Montbéliard, c'est de tout cœur que je bois au maintien de nos bonnes et cordiales relations.

M. Faucompré, président nouvellement élu, prononça l'allocution que l'on va lire :

Messieurs,

L'honneur que vous me faites en me nommant votre président pour l'année 1868, m'impose l'obligation d'accepter une charge qui me semble bien lourde.

Mes nombreuses occupations, les missions agricoles que le Ministre veut bien me confier, ne me permettant pas une résidence continuelle dans la ville de Besançon, ma patrie adoptive, j'avais d'abord pensé à décliner l'honneur insigne que vous voulez bien me faire; mais mon ancien métier ne m'a pas habitué à reculer. J'irai donc en avant, et, avec l'aide des bons et valeureux collègues que vous m'avez donnés, j'espère encore élargir la brèche que vous avez déjà faite à la routine et à l'ignorance.

En me plaçant cette année à votre tête, Messieurs, vous avez voulu sans doute honorer l'agriculture que presque seul je représente parmi vous ; je vous en remercie du fond du cœur.

Il est bon que des esprits éclairés comme les vôtres cherchent à remettre à sa véritable place une profession qui, honorée et respectée dès la plus haute antiquité, n'est maintenant plus pratiquée que par ces populations des campagnes auxquelles un célèbre orateur vient d'infliger l'épithète d'*aveugles*.

S'il en est ainsi, ne faut-il pas, par tous les moyens possibles, ouvrir leurs yeux à la lumière ? Et c'est par l'instruction primaire et professionnelle qu'on y arrivera certainement. Le gouvernement s'occupe très activement de la répandre, mais seul il ne peut pas tout faire ; nous devons donc tous, Messieurs, nous piquer d'émulation pour vulgariser la science, non-seulement dans les villes, mais encore dans les campagnes.

L'agronomie a fait de grands progrès depuis un certain nombre d'années, depuis surtout que les Elie de Beaumont, les Liebig, les Boussingault, les Paul Thénard et tant d'autres ont appliqué leurs connaissances à découvrir les lois qui régissent la production du sol ; mais ces lois ne sont encore connues que par quelques hommes d'élite : il est fort à désirer qu'elles soient répandues dans toutes les classes de cultivateurs.

Je vous signale là, Messieurs, un des vœux le plus généralement exprimés dans l'enquête agricole ; car, vous le savez, le métier d'agriculteur, qui exige les connaissances les plus étendues et les plus variées, est le seul qui habituellement n'est point enseigné : chaque cultivateur hérite de la pratique et souvent de l'ignorance de son père, comme il hérite de son champ.

Un prochain avenir, espérons-le, Messieurs, changera cet état de choses, et alors, et seulement alors, on pourra compter que la terre cultivée d'une manière plus intelligente et avec des moyens plus puissants, découverts tous les jours par la science, donnera des récoltes plus abondantes et surtout plus régulières.

Une agriculture honorée et florissante a toujours fait la force des Etats.

Dans l'antiquité, Rome n'avait-elle pas atteint l'apogée de sa puissance à l'époque où ses généraux, après avoir triomphé, descendaient du Capitole pour retourner à la charrue ?

De nos jours, ce ne sont pas les fusils à aiguille, croyez-le bien, Messieurs, qui ont donné à la Prusse les moyens de reconstituer l'empire d'Allemagne; ce sont les immenses progrès que son agriculture a faits dans une longue paix de cinquante ans, qui lui ont formé de bonnes finances et de vigoureux soldats.

Mais, Messieurs, je me laisse entraîner à vous soumettre des idées qui, toutes justes que je les croie, ne sont peut-être pas toutes opportunes : aussi je m'arrête, et, me soumettant à vos excellentes traditions, je viens porter deux santés que vous accueillerez sans doute avec autant de plaisir que j'en éprouve à les proposer.

La première, c'est celle de notre président, M. Victor Girod, de ce rude travailleur qui, tout en suivant la carrière de ses pères, a prouvé que la noblesse de cœur et l'intelligence existent tout aussi bien sous le sarrau de l'ouvrier que sous le frac du gentilhomme; de M. Victor Girod que vos suffrages de l'an dernier ont certainement désigné au choix que le gouvernement a su faire de lui !

A Monsieur l'adjoint Victor Girod, notre honorable président !

La seconde santé que je vais porter, Messieurs, un devoir de reconnaissance collective m'engage à le faire en votre nom, et je suis certain d'avance de votre unanime assentiment : cette santé c'est celle de la ville de Besançon qui nous comble de ses bienfaits, c'est celle de son nouveau Maire qui la représente si dignement à ce banquet fraternel. A la santé de M. Proudhon qui, après avoir longtemps labouré la mer pour protéger notre commerce et défendre l'honneur de notre pavillon, a déposé l'épée du combat pour prendre celle de l'administrateur. Sous sa haute et habile direction, la ville suivra jusqu'au bout la voie de progrès où l'avait fait entrer son regretté prédécesseur.

A Monsieur le maire Proudhon !

A la ville de Besançon !

De justes applaudissements couronnèrent le souhait de bienvenue du nouveau président de la Société.

M. le président Girod se leva de nouveau et, au milieu du silence de l'Assemblée, s'exprima ainsi :

Messieurs,

Permettez-moi, en terminant, de porter la santé des membres honoraires de notre Société, qui viennent chaque année embellir cette fête annuelle de leur présence. Je porte spécialement la santé de M. le Préfet, dont l'administration paternelle et bienveillante est hautement appréciée de notre population, et celle de madame d'Arnoux, cette digne émule de notre Souveraine dans le champ de la charité. Je crois, Messieurs, me rendre l'interprète de votre pensée en exprimant le désir qui, j'espère, se réalisera, de les voir de longues années au milieu de nous.

Ce toast de M. Girod reçut le plus chaleureux accueil. Il valut au premier magistrat de notre département une véritable ovation. Visiblement ému, M. d'Arnoux remercia l'assistance en peu de mots. Il lui dit qu'il n'oublierait jamais un témoignage si spontané d'affectueux dévouement ; il ajouta qu'il était fier d'avoir conservé jusqu'à ce jour l'estime de ses concitoyens, et que la marque si précieuse qui venait de lui en être donnée était la meilleure récompense qu'il pût désirer. Quand on n'a que le bien public en vue, on peut du reste être sûr, a-t-il dit en finissant, de ne jamais démériter de l'opinion publique.

Les conversations, qui n'avaient cessé d'être aussi animées que cordiales, se prolongèrent jusqu'à dix heures du soir.

MÉMOIRES

LA

SOCIÉTÉ D'ÉMULATION DU DOUBS

A LA RÉUNION ANNUELLE

DES SOCIÉTÉS SAVANTES

ET A LA

DISTRIBUTION DES RÉCOMPENSES EN 1867.

(Extraits de la *Revue des sociétés savantes*, n° de juillet 1867.)

RÉUNION DES DÉLÉGUÉS.

Le mercredi 23 avril, à midi, a eu lieu, dans la grande salle de la Sorbonne, la réunion des délégués des sociétés savantes des départements. La séance était présidée par M. Le Verrier, sénateur, président de la section des sciences, assisté de MM. Amédée Thierry, sénateur, président de la section d'histoire et de philologie; le marquis de La Grange, sénateur, président de la section d'archéologie; Léon Renier et Milne Edwards, vice-présidents; Hippeau, Chabouillet et Blanchard, secrétaires.

Parmi les membres du Comité et les représentants des sociétés savantes présents à la séance, on remarquait MM. Mourier, vice-recteur de l'Académie de Paris; Théry, recteur de l'Académie de Caen; Payen, l'abbé Cochet, Julien Travers, Peigné-Delacourt, Jourdain, Boutaric, Cocheris, Marty-Laveaux, Caillemer, Valentin-Smith, Bellaguet, Servaux, de La Ville-gille, Barry, Charma, P. Gervais, Le Jolis, Eichhoff, Godard-Faultrier, Nicklès, Isidore Pierre, Buignet, J. Desnoyers, L. Figuier, de Quatrefages, Raulin, Combes, Maggiolo, Belin de Launay, Marion, Castan, Rosenzweig, l'abbé Dehaisnes,

1

Servois, Bertsch, Douët-d'Arcq, Gustave Bertrand, comte Clément de Ris, A. de Montaiglon, P. Meyer, Rathery, d'Arbois de Jubainville.

. . . .

Après avoir donné lecture des actes officiels relatifs aux réunions des délégués, à la distribution des prix et à la composition des bureaux, M. Le Verrier a pris la parole et a signalé, au moyen de quelques exemples empruntés à l'histoire ancienne, les secours mutuels que se sont toujours donnés et peuvent se donner encore les différentes branches des connaissances humaines.

Les trois sections se sont ensuite rendues dans leurs salles respectives, pour entendre la lecture des mémoires présentés par MM. les délégués.

. . . .

Compte-rendu des lectures faites à la section d'archéologie, par M. CHABOUILLET, *secrétaire de la section.*

SÉANCE DU 23 AVRIL 1867.

M. Castan, membre de la Société d'Emulation du Doubs, a donné lecture d'un travail intitulé : *La Statue de Charles-Quint à Besançon.* Il s'agit, dans ce mémoire, d'un monument élevé à ce prince après sa mort, et non pas alors qu'on pouvait le craindre ou attendre de lui des faveurs. Ecrit avec un patriotisme bisontin que M. Castan sait allier avec l'amour de la France moderne, cette notice est un tableau en raccourci, mais coloré et parfaitement exact, des phases politiques traversées par l'antique Vesontio. La statue de Charles-Quint n'existe malheureusement plus, et malgré les recherches les plus actives, M. Castan n'a pu en retrouver d'autre souvenir figuré qu'une pauvre vignette. « On n'en connaissait pas le moindre croquis, dit M. Castan, lorsque le hasard nous le révéla tout entier dans la marque typographique d'un libraire qui, en 1591, tenait boutique vis-à-vis l'hôtel de ville de Besançon. »

. Ce sont là de ces hasards qui n'arrivent qu'à ceux qui savent chercher, et il faut féliciter M. Castan de sa découverte. C'en est une, en effet, et des plus intéressantes, que la résurrection d'un monument regretté par une cité. Si modeste que soit la représentation de la fontaine votée par la ville en 1566, et dont le sujet devait être « une figure en bronze d'un César assise sur une aigle impériale, tirée du portrait de feu de très heureuse mémoire l'empereur Charles cinquième, » M. Castan a dû être bien heureux lorsqu'il la retrouva. Nous ne manquerons pas de reproduire ce précieux vestige de l'art bisontin du XVIe siècle, que M. Castan a si bien décrit et commenté.

. . . .

Compte-rendu des lectures faites à la section d'histoire et de philologie, par M. HIPPEAU, secrétaire de la section.

. . . .

SÉANCE DU 25 AVRIL 1867.

. . . .

M. Drapeyron, professeur d'histoire au lycée impérial de de Besançon, membre de la Société d'Emulation du Doubs, expose d'abord les causes qui ont donné naissance à la mémorable rivalité de la société gallo-romaine et de l'aristocratie germanique. Les Mérovingiens amollis s'étant fixés en Neustrie, l'Austrasie demande un prince du sang de Clovis qui règne et un maire du palais qui commande et combatte. En vain Dagobert et son ministre saint Eloi réagissent contre la féodalité ecclésiastique, déjà maîtresse du bassin de la Saône, en fondant à l'abbaye de Solignac un Luxeuil plébéien. Leurs réformes déterminent une scission radicale entre les deux royaumes, et la célèbre lutte d'Ebroïn et de saint Léger. L'un triomphe, dit en terminant le jeune et habile professeur, mais son œuvre, le despotisme neustrien, disparaît avec lui; l'autre succombe, mais par son prestige affermit la féodalité ecclésiastique. La bataille de Testry ouvre une ère nouvelle. L'Austrasie va créer l'Allemagne, la Neustrie préparera la France.

. . . .

DISTRIBUTION DES RÉCOMPENSES.

Le samedi 27 avril a eu lieu à la Sorbonne la distribution des récompenses aux membres des sociétés savantes des départements, à la suite du concours de 1866.

. . . .

S. Exc. M. Duruy, ayant déclaré la séance ouverte, a donné la parole à M. Blanchard, secrétaire de la section des sciences, qui a fait le rapport sur les travaux scientifiques.

M. Amédée Thierry, sénateur, président de la section d'histoire, a ensuite présenté le compte-rendu des études historiques.

Après ce rapport, M. le marquis de La Grange, sénateur, président de la section d'archéologie, a lu son rapport sur les travaux et les découvertes archéologiques.

. . . .

Discours de M. LE MARQUIS DE LA GRANGE, *sénateur, membre de l'Institut, président de la section d'archéologie.*

. . . .

Le véritable emplacement d'Uxellodunum, par M. Jean-Baptiste CESSAC, sous les auspices de la SOCIÉTÉ D'ÉMULATION DU DOUBS.

La question de l'emplacement d'*Uxellodunum* est traitée par d'Anville dans sa *Notice des Gaules;* réfutant péremptoirement les attributions de Cahors et de Capdenac, il repousse l'hypothèse de Luzech comme inadmissible, attendu que cette dernière ville, dominée par des coteaux, ne peut représenter l'*oppidum cadurque* d'Hirtius, escarpé de tous côtés; il se prononce jusqu'à preuve contraire pour le *Puech d'Issolu (Podium Uxelli)*, montagne abrupte au pied de laquelle coule une petite rivière nommée *la Tourmente*, qui va rejoindre la Dordogne;

enfin il inscrit sur sa carte le nom d'*Uxellodunum* sur l'emplacement même du *Puy-d'Issolu*. On aurait pu croire qu'après cela les recherches se dirigeraient sur le point indiqué par le célèbre géographe, mais les dissentiments et la lutte des localités voisines se prolongèrent jusqu'à nos jours; les savants mêmes les partageaient; il n'y a pas longtemps que M. Valkenaër qualifiait *Uxellodunum* de *situation inconnue*, et tout récemment encore *Luzech* et *Ussel* avaient leurs partisans.

M. Paul Bial, capitaine d'artillerie, qui avait fait son apprentissage aux fouilles d'Alaise, visita le Puy-d'Issolu en 1858, et dans un mémoire publié par la Société d'Emulation du Doubs, frappé de la ressemblance des travaux du Puy-d'Issolu et de ceux d'Alaise, il affirma l'attribution d'*Uxellodunum* au *Puy-d'Issolu*.

Il fit plus encore : s'appuyant sur les traditions et sur les opinions du passé, confrontant avec les lieux mêmes le texte d'Hirtius, il déclara que la fontaine de Loulié était la source détournée par César, et dans les mouvements des terrains il reconnut les travaux du siége.

A M. le capitaine Bial revient donc l'honneur de la conception et de la mise en lumière de sa découverte;

A M. J.-B. Cessac l'honneur de la réalisation;

Au premier l'idée génératrice, au second le bras intelligent qui exécute.

Il ne faut pas croire cependant que le but, quoique indiqué et bien connu, fût si facile à atteindre; il restait encore des dificultés à surmonter. Si l'opinion du capitaine Bial rencontrait des adhérents, elle soulevait de vives objections de la part des prétentions locales ou des amours-propres engagés. La Commission de la carte des Gaules, traduisant peut-être un peu librement un passage d'Hirtius, en conclut qu'il fallait chercher dans une presqu'île l'emplacement d'*Uxellodunum*, et se prononça pour *Luzech* (¹).

(¹) *Revue des sociétés savantes*, t. III, 2ᵉ série, 1860, p. 187-192, 199-207

La Commission de la carte des Gaules est une autorité respectable et puissante; une conviction profonde pouvait seule lutter avec elle. Une polémique s'engagea. M. J.-B. Cessac ne s'y épargna point. Il soutint dans plusieurs mémoires la cause du *Puy-d'Issolu;* mais ce dont on doit lui tenir compte, c'est qu'il comprit bientôt que le moyen le plus efficace de convaincre ses adversaires était de chercher sa démonstration dans le sol même, et de lui arracher, la pioche à la main, le secret qu'il recélait. Des souscriptions s'ouvrirent, un vote du Conseil général du Lot les compléta, et M. Cessac se mit à l'œuvre résolument. Le récit de cette campagne, car c'en était une véritable, est aussi accidenté qu'émouvant. Les fouilles, habilement dirigées, mirent à découvert le bassin de la source, la galerie souterraine qui servit de canal de dérivation pour détourner les eaux, les vestiges de la terrasse ou de l'*agger* des Romains, les débris d'armes et d'instruments, les entailles creusées dans le tuf pour les bois qui soutenaient les mantelets, enfin jusqu'aux blocs de rocher lancés du haut des murs contre les travaux des assiégeants.

L'Auteur de *César* ne pouvait rester indifférent à la constatation de l'emplacement d'*Uxellodunum*, ce dernier rempart de l'indépendance gauloise; il se fit rendre un compte exact des fouilles. L'Empereur témoigna sa satisfaction à M. Jean-Baptiste Cessac, et ordonna que les objets trouvés à *Uxellodunum* fussent déposés au Musée de Saint-Germain.

CHARTE D'AFFRANCHISSEMENT

DU BOURG D'OISELAY

(FRANCHE-COMTÉ)

PUBLIÉE ET ANNOTÉE

Par M. Jules GAUTHIER

Élève de l'Ecole impériale des Chartes.

Séance du 12 janvier 1867.

La période des affranchissements, commencée vers le xiii⁰ siècle en Franche-Comté, dura près de deux cents ans, et quand le mouvement communal, qui s'était déjà ralenti sur la fin du xiv⁰ siècle, cessa complètement dans les premières années du xv⁰, plus de soixante villes ou bourgades de notre province avaient reçu des lettres d'affranchissement et s'étaient constituées en communes. Un certain nombre de ces chartes de communes furent accordées par les seigneurs aux vives et pressantes instances de leurs sujets, quelquefois même à la contrainte résultant de leurs rébellions; d'autres, et il en existe un certain nombre dans nos archives, furent de la part de ceux qui les concédèrent un acte libre et spontané. Il ne faut pourtant pas croire que ces dernières ont été dictées par la philanthropie, car on n'y reconnaît d'ordinaire que des actes de bonne politique, ou plutôt des spéculations; et le seigneur, tout en paraissant soigner les intérêts de ses vassaux, s'y préoccupe presque uniquement de ses avantages personnels. Tel est le caractère que ces chartes présentent en général, et celui que l'on retrouve entre autres dans l'une des dernières chartes du xv⁰ siècle, la charte d'affranchissement donnée aux habitants d'Oiselay par Jean et Antoine, seigneurs de ce lieu, le 18 novembre 1429 (¹).

Jusque là les habitants du bourg d'Oiselay avaient été soumis pour la plupart à la servitude et à la main-morte (²), et en outre à une foule de tailles, de corvées et d'impôts. De plus, le territoire du lieu qu'ils habitaient était, durant les chaleurs de l'été, peu propre à la culture; et, à cette époque de l'année, le manque d'eau, qui s'y faisait fréquemment sentir, obligeait les paysans à des courses lointaines et pénibles pour abreuver leurs ménages. Grevés d'impôts et de charges de toutes sortes et par suite accablés de misère, chaque jour quelque sujet de la terre d'Oiselay abandonnait la seigneurie pour aller dans l'une des bourgades voisines (³) jouir des droits et des immunités qu'y garantissaient des chartes de franchise. Les émigrations devenaient de plus en plus fréquentes, et Oiselay, perdant constamment quelques habitants, menaçait de devenir désert.

Ce fut alors que les sires d'Oiselay, voulant porter remède au mal et arrêter une émigration qui les eût laissés sans vassaux, se décidèrent à affranchir leurs sujets.

Grâce à ces franchises qu'ils vont promulguer, les maisons se relèveront dans leur seigneurie, leurs vassaux reviendront en foule, de nouveaux habitants se presseront dans l'enceinte devenue trop étroite du Bourg-du-Château, du Bourg-Dessous et du Bourg-l'Eglise; ils travailleront *plus volontiers et de meilleur cœur* et paieront au seigneur leurs redevances, ce que, dit naïvement la charte, ils ne faisaient point auparavant.

Tel est le mobile qui donna naissance aux franchises d'Oiselay, et que les seigneurs n'hésitèrent pas à avouer dans les considérants de leur charte.

(¹) Le 14 septembre 1436, les mêmes sires d'Oiselay affranchirent encore deux autres de leurs terres, celles de Pont-de-Planche et de Neufvelle.

(²) Les habitants du Bourg-Dessous, alors fortifié, étaient déjà à cette époque affranchis de la main-morte, dont ils s'étaient rachetés par le paiement annuel d'une certaine somme.

(³) Gy affranchi en 1348, Marnay en 1354, Pesmes en 1416, etc.

Moyennant une redevance annuelle de quarante écus d'or vieux, l'aide aux quatre cas, l'ost et la chevauchée, des corvées à certains jours et à certaines occasions, et différentes autres obligations qu'ils s'engagent à remplir, les habitants d'Oiselay seront désormais affranchis de la main‑morte et de toutes autres servitudes.

La concession de ces franchises eut‑elle un heureux effet sur la prospérité du bourg ? C'est ce que tout nous porte à croire ; car, dans les années et les siècles qui suivirent, Oiselay fut longtemps considéré comme une des bourgades les plus importantes et les mieux peuplées de cette partie de notre province.

La charte d'affranchissement d'Oiselay, conservée aux archives de la Haute-Saône, étant encore complètement inédite, nous avons cru qu'elle méritait d'être publiée intégralement.

CHARTE D'AFFRANCHISSEMENT.

En nom de Dieu, nostre Seigneur, Amen.

L'an de la Incarnacion d'icellui nostre Seigneur mil quatre cens vingt et nuef, le jour du vanredi après feste Saint-Martin d'ivers, que fut le dix-huitième jour du mois de novembre, heure d'icellui jour de prime ou environ, la indicion huitième, en l'an trezième du pontifiement de très saint père en Dieu et seigneur, monseigneur Martin, par la divine pourvéance, pape cinquième, en la citey de Besançon, c'est assavoir en la rue de Granges d'icelle citey, en l'osté de moy Jéhan, seigneur d'Oiseillart, chevalier, c'est assavoir en la chambre basse derrier dudit hostel, en la présence des notaires publiques cy dessoubz suscrips et des tesmoins cy après nomez, Nous Jehan, seigneur d'Oiseillart (¹), et Anthoine d'Oiseillart (²), escuier, filz dudit

---

(¹) Jean II d'Oiselay, seigneur d'Oiselay et de Frasne‑le‑Château, chef de cette famille de 1400 à 1442.

(²) Antoine son fils, né de son mariage avec Marguerite de Vergy, sire d'Oiselay et de Frasne-le-Château, 1442-1472.

monsieur Jehan, espécialment je ledit Anthoinne de l'auctoritei, loux, licence, consentement et voluntei dudit monsieur
Jehan, mon sieur et père, à moy donnez en tant comme
besoing est, et que je ledit Jehan, seigneur d'Oiseillart, ay
donnez à mondit filz présent et acceptant pour faire louher,
stipuler, passer et promettre toutes et singulaires les choses cy
après escriptes et devisées, faisons savoir à tous ceulx quilz
varront et orront ces présentes lettres :

Que comme aucuns des habitans dudit Oiseillart, c'est assavoir ceulx demeurans et quilz demoirent ou fort bourg dudit
Oisellart (¹), fuissent et soient frans et de franche condicion
sens main-morte, méant certainne somme d'argent et autres
servitutes à nous dehuees chascum an perpétuelment par lesdiz
habitans dudit bourg; et les autres habitans dudit Oisellart,
demourans hors dudit bourg, soient noz hommes de main-
morte et serve condiecion, taillables deux fois l'an à voluntei,
et aussi corvéables et de plusours autres servitutes chargiez et
obligiez à nous comme seigneurs dudit Oisellart; et desquels
habitans, tant dudit bourg comme des autres demourans hors
d'icelli bourg, pluseurs d'iceulx s'en soient départis, alez et
diffuis ledit lieu, tant pour les sommes d'argent à nous comme
dessus par eulx dehuees, censes, tailles, prises, quises et autres
servitutes à nous comme dessus par eulx dehuees chascum
an, comme pour la malvaise aisance dudit lieu qu'est troupt
hault, auquel lieu chascum an, pour la plus grant partie du
temps, espécialment en estez, pour occasion de la saiche-
resse d'estez, l'on ne puet semer ne havoir aigue, tant pour
la necessitez desdiz habitans comme pour leurs bestes, ençois
convient de necessitez audit temps d'estez aler querre l'aigue
par lesdiz habitans ès fontainnes et autres lieux lointains dudit
Oiseillart, qu'est chose moult penable, difficille et de grant
travail pour lesdiz habitans; et tellement que pour occasion des

---

(¹) Oiselay (*Mons avium*) a eu ces diverses formes françaises de son nom :
Oiseler, Oiseillart, Oiselet, avant d'arriver à l'ortographe actuelle.

choses dessus dictes, mesmement des dictes sommes d'argent, censes, rentes, tailles, prises, quises, subsides, aides et autres servitutes à nous dehuees chascum an par lesdiz habitans, et aussi pour la malvaise aisance dudit lieu, lesdiz habitans demourans de présent audit Oisellart, et tant audit bourg comme dehors, sont tellement poures et appovris des biens mondains que à grant peine ilz puent avoir leurs vies ne passer lours temps dessoubz nous; et, que pis est, pour occasion des choses dessus dictes, ladite ville d'Oisellart, pour deffalt de habitans, et que de jour en jour ung chascun delaisse et deffuent, le lieu vient en désercion et comme lieu inhabitable, et saira encour plus ou temps advenir, se par nous, méant l'adjutoire de Nostre Seigneur, n'y est pourveu de remide convenable, lequel remide, méant l'adjutoire que dessus, pour nostre très grant et évidant proffit et de noz hoirs, désirons et davons désirer de toute nostre puissance.

Pour ce est-y, que nous lesdiz Jehan et Anthoine, et chascun de nous, mesmement je ledi Anthoinne de l'auctoritei que dessus, ehue premièrement mehuie et grande délibéracion à noz parens et amis, advisez aussi et bien conseilliez par chevalliers, clercs saiges en droit costumiers et autres de noz parens et amis, dissectans et considérans, comme davons de tout nostre pouvoir, l'amendement, accroissance et maintenement de ladite ville et bourg, et qu'elles se repairoient et pueplent de gens ou temps advenir, et aussi que plus de legier et volunter ceulx quilz s'en sont alez diffuir et dégurpir le lieu pour les causes que dessus ils reveignent et retornent, ensamble tous autres esquelz il plaira ou temps advenir de y venir demourer, et aussi que les voisins du pais entour merrient leurs enffans plus tost en ladite ville, demourent et retrahient leurs corps et biens plus sé`gurement en cas de nécessitei, et aussi que plus tost aucuns ils viengnent demourer en ladicte ville et édiffier là où bon leur semblera, et que lesdiz bourgois et habitans de ladicte ville plus voluntier et de meilleur cuer gardient leurs biens et plus fort se travaillient d'acquérir, quant icy seront combien ilz devront à nous et à nos hoirs, ce qu'ilz ne faisoient avant la date de ces présentes;

Nous lesdiz Jehan et Anthoine, c'est assavoir je ledit Anthoinne de l'auctoritei que dessus, et chascum de nous pour le tout, non controins, deceuz ou baretez, mais de noz bonnes et franches voluntey et certaines sciences, et aussi pour nostre très grant et évidant proffit et de noz hoirs, pour les causes que dessus desquelles nous fumes bien informez, cerciorez et certifiez de la véritey d'icelles, et lesquelles nous confessons et affirmons par ces présentes, par noz fois et sàiremens de nos corps, estre vrayes et véritables comme dessus sont déclaraées, escriptes et devisées, et pour pluseurs autres causes ad ce nous movans justement;

Pour ce, nous lesdiz Jehan et Anthoinne, c'est assavoir je ledit Anthoine de l'auctoritei que dessus, et chascun de nous seul et pour le tout, pour nous, noz hoirs et successeurs et ayans cause de nous ou temps advenir, seigneurs et dames dudit Oisellart et desdiz bourg et ville, yceulx habitans dudit Oisellart quilz de présent sont et tous autres habitans dudit lieu quilz ou temps advenir icy sairont, pour eulx et leurs hoirs et ceulx quilz de leurs et d'ung chascum de leurs auront cause ou temps advenir, avons affranchiz et affranchissous par ces présentes lettres de toutes rentes, censes, quises, prises, tailles, courvées, gaiz, gaistes, subsides, aides et autres servitutes quelcunques, quels qu'ilz soient et par quelque nom qu'elles soient dictes, nommées ou appellées, ou que ilz davoient ou poient davoir et estoient obligiez ou attenuz à nous pour quelcunque cause que ce fut, soit avant la date de ces présentes, méant tant seullement les choses cy après escriptes et devisées; c'est assavoir :

Premièrement que lesdiz habitans d'Oisellart, c'est assavoir du bourg fert de murs, ou bourg dessoubz le chastel dudit Oisellart., et en la ville d'Oisellart après de l'église dudit Oisellart, doires en avant, paieront et sairont tenuz de paier à nous et à noz hoirs ou nostre receveur dudit Oisellart, chascun an perpétuelment, le jour de feste Saint Nycolas d'ivers, la somme de quarante escuz d'or viez et de poiz, en monoie à la valeur d'iceulx, par enssin que lesdiz habitans geteront et deviseront et égualeront entre eulx bien et léaulment la dicte somme selon leurs facultés et d'ung chascun d'eulx, et la dicte somme getée, devisée et égualée, ilz la lèveront et raisonnablement controindront ung chascum desdiz habitans de paier ce que lui en saira distribuer toutes fois qu'ilz leurs plaira, et chascum an devant la dicte feste Saint Nycolas en yvers, sens préjudice et sens prendre licence de nous ou de l'ung de nous ou de noz hoirs, et sens requérir, somer ou appeller nous ou noz hoirs et successeurs seigneurs dudit lieu ou aultres officiers; et de ce faire havons donner et donnons pour nous et noz hoirs puissance, povoir, auctoritei, mandement et commandement espécial esdiz habitans présens et advenir et à leurs hoirs et successeurs ou à ceulx ou à cellui qui sairont ou sairoit élis ou commis par sairement par les dessus diz bourgois et habitans présens et advenir, ou leurs hoirs et successeurs, pour geter et lever ladicte somme d'or, affin d'estre paiez au terme, de gaigier, barrer et vendre les gaiges de ceulx quils ne vouldront paier, et que de ladicte somme leur saira getié et imposez par les proudomes et commis ad ce pour paier ladicte somme desdiz quarante escuz d'or ou monoie à la valeur, la justice dudit lieu d'Oisellart ad ce appellée et requise esdiz gaigemens et vendue; et en cas que ladicte somme d'or ne sairoit par lesdiz habitans ou aucun d'eulx paiée à nous ou à noz hoirs au terme dessus dit ou huit jours après suigvans ledit terme, ilz lesdiz habitans encharront à nous et à noz hoirs et commettront la peinne de sexante solz d'estevenans, pour peine et émende commise, et en nom de peine commise de paier et rendre à noz et à nosdiz hoirs par lesdiz habitans, toutes et quantéffois qu'ilz deffauldront de paier ladicte somme d'escuz d'or ou la monoie à la valeur aux termes dessus diz; et en oultre, ou cas que ladicte somme d'or ne sairoit par lesdiz habitans ou leurs commis getée devant ladicte feste Saint Nicolas en yvers ou devant l'uitave après, nous ou nosdiz hoirs la geterons pour celle foy tant seullement quilz deffauldront, ladicte feste premièrement passée, et la feriens lever tant de foys qu'ilz deffauldrient; et se emssin estoit que nous la getissiens ou feissiens lever ou noz hoirs aussi une foy ou plusours au deffault desdiz habitans quilz ne lairoient paier et geter audit terme, pour ce ne perdroient-ilz pas leurs libertey de geter et lever par leurs ou leurs commis chascum an devant ledit terme et toutes foys que meilleur leurs semblera; laquelle rente ou cense desdiz quarante escuz d'or, pour la pouretey desdiz habitans et pour ce qu'ilz remaingnent plus tost en bonne prospéritey et en augmentacion et habundance de biens, nous lesdiz Jehan et Anthoine, pour nous et noz hoirs et successeurs quilz hauront cause de nous, leurs avons donnez et donnons par ces présentes ladicte somme de et pour les termes de quatre ans prochainnement venans, en telle manière que eulx sont et demourent quictes de ladicte somme pour les termes de quatre ans prochainnement venans;

Item, davront et sairont tenuz chascum desdiz habitans quilz auront cheval, pour leurs et leurs hoirs chascum an perpétuelment, de faire une courvée en moisson de froment et charroier à leurs chevalx, et une autre courvée en moisson d'avenne, toutes et quanteffoys que nous lesdiz seigneurs ou cellui de noz hoirs leur commandera; et cellui ou ceulx desdiz habitans chief d'ostel quilz n'auront chevalx pour aidier à charroier lesdictes moissons, saira tenu de faire une courvée à la facille en la moisson d'avenne; et aussi davront et sairont tenuz chascum chief d'ostel desdiz habitans, pour chascum fue, faire une courvée en vandange tant seullement;

Item, davront et sairont tenuz lesdiz habitants, pour leurs et leurs hoirs à tousiourmais, de mettre à leurs despens une gaite tant seullement ou chastel dudit Oisellart pour gaitie de nuyt;

Item, paieront et sairont tenuz de paier perpétuelment lesdiz habitans le droiz de cellui quil doit garder la porte du bourg, c'est assavoir chascum fue selon ce qu'il a acostumez de paier ;

Item, que toutes et quanteffoys que le seigneur dudit Oisellart mariera sa fille, ou son filz devaura chevallier, ou fera le vouaige d'oultre-mer, ou la prise du corps dudit seigneur, lesdiz habitans sont et sairont tenuz de lui aidier, chascum d'iceulx habitans modérément et selon sa puissance et faultey et sens lui engrever ;

Item, davront lesdiz habitans audit seigneur l'ost et la chevalchie, pour son propre fait et non autrement, aux missions et despens dudit seigneur.

Et parmy ce, et moiennans les choses dessus dictes, nous lesdiz Jehan et Anthoinne, c'est. assavoir je ledit Anthoinne de l'auctoritey que dessus, havons volu et consentu, et par ces présentes lettres volons et consentons, pour nous et noz hoirs et ceulx quilz auront cause de nous, que doires en avant à tousjourmais lesdiz habitans puissent demorer et demourent et faire résidance et havoir leurs domicilles ung ou plusours là où leurs plaira et bon leurs semblera, c'est assavoir ou bourg fert de murs, ou bourg dessoubs le chastel d'Oisellart, ou en laditte ville laquelle est près de l'église dudit lieu.

Et yceulx habitans et ung chascum d'eulx, pour leurs et leurs hoirs et successeurs habitans et aussi ceulx quilz vanront ou temps advenir demourer esdiz lieux, nous lesdiz Jehan et Anthoinne, en tant comme à ung chascun de nous toiche ou puet toichie et appartenir, pour nous et noz hoirs et successeurs seigneurs et dames dudit lieu, havons affranchiz et affranchissons par ces présentes de la morte-main pour eulx et leurs hoirs à tousjourmais, en ceste manière que lesdiz habitans quilz ausdiz lieux demouront sairont frans et quictes de toutes autres charges et servitutes quelcunques, par quelques noms qu'elles soient nommez ou appellées, en quelcunque manière que ce soit que seigneur puet ou doit de droit ou de voluntey à son homme ou subjez, en demourant lesdiz habitans et leurs successeurs perpétuelment frans et quictes envers nous, noz hoirs et ceulx quilz de nous hauront cause ou temps advenir, seigneurs et dames desdiz lieux, méans les choses dessus dictes.

Et aussi avons voluz et consentuz, et par ces présentes lettres volons et consentons, nous lesdiz Jehan et Anthoinne, pour nous et nosdiz hoirs et de ceulx quilz de nous hauront cause ou temps advenir, que lesdiz habitans demeurans et résidans esdiz lieux, et ceulx quilz voudront demourer ou temps advenir, soient et sairont hoirs les ungs des autres, tant en meubles comme en héritaiges, et succéderont de grez en grez, de ligne en ligne, jusque au nuevième degrez de lignaige, ou tant qu'ilz se pouront en lignaigie.

Item, aussi havons voluz et consentuz, nous lesdiz Jehan et Anthoinne, c'est assavoir je ledit Anthoinne de l'auctoritey que dessus, volons et consentons par ces présentes, pour nous et nosdiz hoirs, que lesdiz habitants et résidans esdiz lieux et en chascum d'iceulx puissent vendre, aliéner et haient puissance de vendre et aliéner leurs héritaiges, c'est assavoir terres arables, priez, vignes et autres choses quelcunques, les ungs aux autres estans de leurs franchises et condictions, c'est assavoir estans des finaiges et territoires desdiz lieux et non autrepart, parmy ce que nous et nosdiz hoirs en pourterons et en davrons pourter, et en pourtera et en devra pourter ledit seigneur d'Oisellart, de cellui ou ceulx quil vendra ou vendront, pour chascune livre, douze deniers estevenans pour nostre droit, et de cellui ou ceulx quilz achéteront, cinq solz pour le scel dudit territoire.

Et se aucuns desdiz habitans vuillient faire change ou eschange de leurs terres, de leurs vignes, ou de leurs maix, maisons et curtilz, les ungs contre les autres ou li ung à l'autre, nous, ou ledit seigneur dudit Oisellart, empourterons ou empourtera cinq solz estevenans d'ung chascum desdiz permutans ou eschangeans, pour le droit de scel du territoire; et se li avoit point d'argent de suite, ledit seigneur dudit

Oissellart en pourtera et en davra pourter, pour son droit d'une chascune livre, douze deniers estevenans.

Item, se aucun estrangier venoit ou temps advenir demourer en l'ung desdiz lieûx cy dessus nommez avec lesdiz habitans et en leurs franchises, il ledit devant demourer saira de la franchise et condiction desdiz habitans et poura acquérir et aicheter desdiz habitans terres, vignes, maix et maisons, parmy paiant audit seigneur d'Oisellart, comme dessus est dict, douze deniers de chascune livre, et pour le scel du territoire cinq solz estevenanz.

Item, se aucun des habitans desdiz lieux se vouloit départir de ladicte franchise pour aler demourer autrepart, la succession d'icellui départant, tant en meubles comme héritaiges, vanra et demoura et davra venir et demourer à son plus prouchain de lignaige quil demoura en ladicte franchise.

Et ou cas que cellui quil enssin -s'en ira dudit lieu davoit rien audit seigneur, cellui quil tanra les héritaiges de cellui qui s'en ira saira tenu de paier audit seigneur ce que ledit départant davroit audit seigneur.

Item, et que lesdiz habitans et résidans ausdiz lieux hauront, tanront et possideront, ou davront tenir et possider leurs franchises, usaiges et libertez quilz ont d'anciennetey et de loing temps, c'est assavoir l'usaige des bois, de mectre leurs pors ou paissonnaige que ilz ont accostumez, sens ce que nous ou noz hoirs et successeurs seigneurs dudit Oisellart les en puisse ou temps advenir ou doigiens empeschier ou destourber.

Item, avons voluz et consentuz, volons et consentons, par ces présentes, nous lesdiz Jehan et Anthoinne, pour nous et noz hoirs, que lesdiz habitans demourans esdiz lieux puissent esserter et faire esserter là où ilz vouront et pouront pour semer blef et autres grains, ou planter vignes, ou faire prelz, exceptez ès bois bannalx dudit Oisellart, et pour trancher tous bois, exceptez et réservez le perier et le pomier.

Et aussi avons donnez et donnons par ces présentes lettres esdiz habitans, présens et advenir, demourans ès lieux dessus

2

diz, tout le mort bois et le conduit de le mener là où leurs plaira et bon leurs semblera, exceptez le chayne.

Et, moyennans les choses dessus dictes, nous lesdiz Jehan et Anthoinne, c'est assavoir je ledit Anthoinne de l'auctoritey que dessus, pour nous et noz hoirs et ceulx quilz de nous hauront cause ou temps advenir, seigneurs et dames desdiz lieux, yceulx habitans d'Oissellart, et ceulx quilz de leurs hauront cause ou temps advenir, havons affranchiz et affranchissons par ces présentes lettres de toutes servitutes, mainmorte et des subsides, prises, quises, gaictes, courvées et autres servitutes quelcunques, sens aucune chose excepter ou retenir, mais que tant seullement la seignoirie et justice haulte et basse et moïenne, anssin comme nous en havons accostumez d'user, et aussi exceptez et réservez à nous et à nosdiz hoirs les choses dessus dictes et devisées à nous dehuees chascun an par lesdiz habitans tant seullement et non autres.

Lesquelles choses dessus dictes, c'est assavoir : ladicte somme de quarante escuz d'or ou monoie à la valeur, de faire acharroier une courvée de froment et une autre d'avenne en moissons, la courvée à la falcille, et chascun fue une courvée en vandanges, de mettre une gaicte ou chastel, de paier le droit de cellui quil garde la porte du bourg, de aidier à marier fille, et quant le filz devrient chevallier, de la prise du corps du seigneur, du vouaige d'oultremer, l'ost et la chevalchie, d'appeller la justice dessus diz, lesquelles choses dessus dictes et non autres lesdiz habitans sairont tenuz de faire tenir, garder et accomplir par la forme et manière que dessus et en ces présentes sont escriptes et devisées, sens aucunement venir ou faire venir ou temps advenir au contraire; en telle manière que doires en avant lesdiz habitans présens et advenir et leurs hoirs sont frans bourgois et de franche condiction, méans les choses dessus dictes, comme sont les frans bourgois du conte de Bourgoingne, sens ce que jamais ou temps advenir nous, nosdiz hoirs et successeurs leurs puissions ou doigiens aucune autre chose demander, exiger ou quereller pour quelcunque

cause ou occasion que ce soit, fuer que tant seullement les
choses dessus dictes, escriptes et contenues en ces présentes
lettres ; et en ladicte libertey et franchise dessus dictes, nous
lesdiz Jehan et Anthoinne, c'est assavoir je ledit Anthoinne
de l'auctoritey que dessus, pour nous et noz hoirs et de ceulx
quilz de nous et d'ung chascun de nous hauront cause ou
temps advenir, havons promis et promectons, par ces présentes
lectres et par nos sairemens pour ce donnez corporelment aux
Sains Euvangilles de Dieu par nous corporelment toichiez ès
mains des notaires publiques cy dessoubs subscripz, solennée
et légitime stipulacion sur ce entrevenant, lesdiz habitans
présens et advenir, pour leurs et leurs hoirs, garder, deffendre
et mantenir fermement en ceste présente franchise, et toutes
et singulaires les choses dessus dictes esdiz habitans, quilz de
présent sont et que ou temps advenir y sairont, fermement
garder et inviolablement observer et acomplir tout le contenu
en ces présentes lectres, en tant qu'il nous toiche et appartient
ou puet toichier et appartenir, sens jamais ou temps advenir
faire ou dire ne aler au contraire, ne consentir que autre y
viengne en appart ou en recondui, taisiblement ou expressément, et que nous n'avons fait ou temps passez ne ferons ou
temps advenir chose par quoy toutes et singulaires les choses
contenuees et escriptes en ces présentes lectres ne haient et
obtiengnent force, vigueur et valeur perpétuelle, soubz l'expresse
obligacion de tous et singuliers noz biens et des biens de nosdiz
hoirs et successeurs, meubles et immeubles, présens et advenir,
acquis et acquérir, quelque part qu'ilz soient et pouront estre
trouvez, pour yceulx biens prendre, vendre, distraire et aliéner
de la propre auctoritey desdiz habitans et de leurs hoirs, sens
offense de juge et injure de partie, et sens en demander ou
obtenir rendue ne récréance d'iceulx ; vuillans et expressément
oultroiens, nous lesdiz Jehan et Anthoinne, c'est assavoir je
ledit Anthoinne de l'auctoritey que dessus, estre controins et
compellez à la observacion de toutes et singulaires les choses
dessus dictes par toutes cours et juridictions, tant d'église

comme séculaires, et par toutes autres cours et juridictions que sur ce plaira mieulx élire esdiz habitans ensemble et par une foy, c'est assavoir par sentence d'excomeniement et par la prise, vendicion, distracion et aliénation de nosdiz biens et des biens de noz hoirs, aucune exception de fait, de droit ou de costume ad ce contraire non obstant; renunceans expressément en cest fait, nous lesdiz Jehan et Anthoinne, c'est assavoir je ledit Anthoinne de l'auctoritey que dessus, par les sairemens et stipulacions que dessus, à toutes excepcions, raisons, deffenses, drois et allégacions de mal, de barast, de fraude, de lésion, de déception, à la accion en fait et condiccion sens causes ou moins soffisante cause, à la chose nommée enssin havoir estée faicte, ou que une chose fut et soit dicte et aultre chose escripte, à la excepcion desdictes franchises et libertez non einssin comme dessus sont escriptes et devisées esdiz habitans avoir estées faictes, dictes, louhées et passées par nous pour les causes que dessus, à ce que nous ou les nostres dessus diz ne puissiens dire que les causes dessus dictes nous mevans à faire et donner lesdictes franchises ne soient véritables, à toutes erreurs et decepvemens, au bénéfice de restitucion par entier pour quelcunque cause que ce soit, à toutes libertez et franchises, à tous drois canons et civilz en faveur des nobles introdus ou à introduire, à tous priviléges et graces données ou impétrées, à donner ou à impétrer, tant de papes, d'empereurs, de rois, de princes, de dux, de contes comme d'autres, et généralement à toutes autres excepcions, raisons, drois et deffenses que contre la teneur de ces présentes lectres ou cest présent fait ou temps advenir pourroient estre dictes, obiciées ou opposées, et au droit disant que général renunciacion ne vault se l'espécial ne prétend; et pour ce que ce soit chose plus ségure, ferme et estable, nous lesdiz Jehan et Anthoinne havons priez, suppliez et requis, et par ces présentes lectres prions, supplions et requérons à nostre très redoubté et souverain seigneur monseigneur le duc et conte de Bourgoingne, lequel est seigneur du fief à cause de son chastel de Roicheffort, que ès choses dessus dictes lui plaise consentir, lequel consentement et bon plaisir nous avons réservé et réservons par ces mesmes, en affermans par nos sairemens que ce nous n'avons fait ou consentiz par dons ou promesses ne proffit que en haiens ehuz desdiz habitans ne pansiens à havoir, mais que purement pour les causes dessus dictes, la augmentacion, emendement et enfortissement dudit Oisellart et du fied de nostredit très redoubté et souverain seigneur; et en oultre havons requis à discrètes personnes messire Jehan d'Abbans, de Besançon, prestre, et à Jehan de Courcelles, demourant à Besançon, notaires publiques des auctoritez apostoliques et imperialx et jurez de la court de Besançon, que des choses dessus dictes facent publique instrument, ung ou plusieurs et tant comme mestier sera, d'une mesme substance et teneur, et tant à nostre proffit comme desdiz habitans, ès mains desquelx nous l'avons louhé et passez toutes et singulaires les choses dessus dictes par la forme et manière que dessus sont escriptes et devisées.

En tesmonaige de veritey, je ledit Jehan, seigneur d'Oissellart, ay mis mon grant scel pendant en ces présentes lectres, données et oultroiées l'an, le jour, l'eure, le lieu, l'indicion, le pontifiement que dessus : présens enqui discrètes personnes messire Jehan de Villar-la-Combe, prestre, curé d'Oissellart; Jehan de Pymont, Pierre son frère, escuiers; Jehan de Villar-la-Combe, clerc; et Guillemet de Beaulmay-en-Cambrési, de mourant à Fresne-le-Chastel, et pluseurs autres tesmoins à ce appellez espécialment et requis.

Et je Jehan d'Abbans, de Besançon, prebstre, des auctoritez apostolique et impérial notaire publique et jurez de la court de Besançon, à toutes et singulaires les choses cy dessus dictes et devisées, quant elles sont estées dictes, agitées, spécifiées, faictes, louhées, passées et promises, avec les tesmoins dessus nommez et le notaire publique cy dessoubs subscript, je suis estez présent, et ycelles choses j'ay veu, oiz et entendu, icelles receu en note, de laquelle j'ay cest présent publique instrument extrait et fait et mis en ceste forme publique, ensemble et avec le notaire publique devant dit, et icellui ay redigiz en escript de ma propre main et signez de mon seing publique accostumez, ensemble et avec le seing publique du notaire publique cy dessoubz nommez et du grant scel pendant dudit monsieur Jehan, seigneur d'Oissellart, en signe et tesmoingnaige de véritey de toutes et singulaires les choses dessus dictes, sur ce appellé espécialment et requis.

Et je Jehan Fèvre de Courcelles, de la diocèse de Besançon, notaire de l'auctoritey impérial et jurez de la court de Besançon, à toutes et singulaires les choses dessus dictes et devisées, quant elles sont estées dictes, agitées, spécifiées, faictes louhées, passées et promises, entre le notaire dessus escript et les tesmoings dessus nommez, ay estez présens quant l'on les disoit et faisoit, et icelles choses, enssi comme dessus sont escriptes, hai veu et oiz dire et faire, et ce présent publique instrument, escript de la propre main du notaire dessus escript, hai signez de mon seing publique accostumez, ensamble et avec le saing publique du notaire cy dessus nommez et du scel pendant dudit monsieur Jehan, seigneur d'Oiseller, en signe et tesmoignaige de véritey des choses dessus escriptes, sur ce espécialment appellé et requis.

(Deux sceaux presque illisibles pendent à cette pièce : tous deux portent les armoiries d'Oiselay; sur l'un d'eux elles sont écartelées de Frolois et de Coucy.)

CONFIRMATION DES FRANCHISES D'OISELAY PAR LE DUC PHILIPPE-LE-BON.
(5 avril 1437.)

PHELIPPE, par la grace de Dieu, duc de Bourgoingne, de Lothier, de Brabant, de Lembourg, conte de Flandres, d'Artois, de Bourgoingne palatin, de Haynau, de Hollande, de Zellande et de Namur, marquis du Sainct-Empire, seigneur de Frise, de Salins et de Malines, savoir faisons à tous présens et à venir nous avoir fait veoir par aucuns des gens de nostre conseil les lettres patentes d'affranchissement de nostre amé et féal cousin messire Jehan, seigneur d'Oiselar, et de messire Anthoinne d'Oiselar, son fils, chevaliers, pour les habitans d'Oiselar demeurans hors du bourg dudit Oiselar, dont la teneur s'ensuit :

. . . .

Lesquelles lettres cy-devant transcriptes ayans agréables, nous icelles et tout leur contenu, à l'humble supplication desdiz habitans d'Oiselart demorans hors dudit bourg d'Oiselart, et sur ce heu l'advis et délibéracion de nos amez et féaulx les gens de noz comptes à Dijon et de pluseurs aultres des gens de nostre conseil, avons, pour nous et noz hoirs et successeurs contes et contesses de Bourgoingne, loé, gréé, ratiffié, consenti et appreuvé, louons, gréons, consentons, ratiffions, approvons, et de nostre grace espécial et certaine science confermons à tousjours par ces mesmes présentes ; parmi et moyenant ce toutefoys que lesdiz supplians seront tenus de nous paier pour ceste cause finance modérée pour une fois, à l'arbitraige et tauxation de nosdites gens de noz comptes à Dijon que à ce commectons. Si donnons en mandement à iceulx gens de noz comptes à Dijon, à nos bailly d'Amont en nostredit conté de Bourgoingne, à nostre trésorier de Vesoul et à tous nos aultres justiciers et officiers présens et advenir cui ce puet et pourrai regarder, ou à leurs lieutenans et à chascun d'eulx en droit strict, que, ladicte finance tauxée et arbitrée par lesdiz gens de noz comptes et paiée à nostre receveur ou officier de recepte cui ce concerne pour et en non de nous, lequel sera tenu d'en faire recepte et despense à nostre proffit, ilz facent de nostre pleine grace et confirmacion lesd. supplians et leurs successeurs joir et user plainement, paisiblement et perpétuelment, sans leur faire ne donner, ne souffrir estre fait ou donné, ne aucun d'eulx, près ne ou temps advenir, d'aucun que ce soit contrevenir à cestes, quelconque destourbier molestacion ou empeschement, car ainsi nous plait-il et voulons estre fait ; et afin que ce soit ferme chose et estable à tous-jours, nous avons fait mectre nostre scel à ces présentes, sauf en aultres choses nostre droit et l'autruy en toutes. Donné en nostre ville de Dijon, le cinquième jour du mois d'avril, après Pasques, l'an de grace mil quatre cens trente et sept.

QUITTANCE DONNÉE AUX HABITANTS D'OISELAY D'UNE SOMME DE 112 LIVRES 10 SOUS PAR LA CHAMBRE DES COMPTES DE DIJON.

(16 avril 1437.)

Je Mathieu REGNAULT, conseiller de monsieur le duc et son receveur genéral de Bourgoingne, confesse avoir eu et receu des habitans d'Oisellart la somme de cent douze livres dix sols tournois, pour la valeur de cent florins, le florin en la valeur de XXII solz VI deniers tournois pièce, monnoie ayant cours à présant, pour la composition par eulx faicte avec messieurs des comptes de mondit seigneur à Dijon, pour la ratificacion, consentement et confermation de l'affranchissement que leur a fait messire Jehan d'Oiselart et messire Anthoinne d'Oiselart, son fils, chevalier, et confermé par mondit seigneur le duc et conte de Bourgoingne ; de laquelle somme de cent XII livres x sols tournois, pour ladite valeur, je me tiens pour contant et en ay promis faire recepte en mes comptes au proffit de mondit sieur le duc : tesmoing mes saing manuel et signet cy mis, le XVIe jour d'avril mil C. C. C. C. trente et sept, après Pasques.

(Signé) M. REGNAULT.

MONOGRAPHIE DE L'APPAREIL FRUCTIFÈRE

DE

L'IPOMOEA PURPUREA Lam.,

CONVOLVULUS PURPUREUS Lin.,

Par M. François LECLERC (de Seurre).

Séance du 9 février 1867.

Ce que j'ai avancé comme une présomption à l'égard de ceux des organes floraux qui contribuent à la formation du fruit (dans mon précédent mémoire (¹) *sur les fonctions du cadre placentaire et de la columelle dans les Crucifères*), j'ai cherché à le traduire en fait, en ayant recours à l'étude analytique d'une plante à appareil floral compliqué et appartenant à une autre famille que celle des Crucifères. Dans le but de rendre cette étude applicable à des plantes de familles différentes, j'ai choisi pour objet d'expérimentation une espèce exotique, l'*Ipomœa purpurea* (le *volubilis* des jardiniers), dont l'examen est facile à raison du renflement du pédoncule, lequel a pour effet d'augmenter les dimensions du réceptacle ou de l'axe floral. Il est difficile, en présence des phénomènes que présente le système floral, de n'admettre qu'un seul ordre d'organes centraux ou axiles, selon l'opinion de Turpin et de Moquin-Tandon (²), et il me semble rationnel de reconnaître dans l'évolution du végétal deux ordres axiles d'organes, l'ordre primaire ou celui de la racine et de la tige, et celui des organes floraux, où les phases de cette évolution sont signalées par les

---

(¹) *Mémoires de la Société d'Emulation du Doubs*, 4e série, t. II (1866), pp. 349-358.

(²) Voir MOQUIN-TANDON, *Elém. de Tératologie végétale*, in-8°, 1841.

produits divers qu'elles émettent ([1]). J'ai tenté, en me maintenant dans la question *du rôle de l'axe dans la formation du
fruit* (M. Eugène Fournier), de faire à cet organe sa part d'é-
laboration, et de pouvoir dire (autrement que Auguste Saint-
Hilaire) que l'axe commun ou le réceptacle de la fleur n'est
pas la continuation du pédoncule, cet axe étant produit pour
d'autres conditions, car bien que cet organe soit dans une dé-
pendance nécessaire de la tige et du rameau, les organes floraux ne sont pas non plus, à mon avis, des organes foliacés
modifiés ([2]); quoique cet habile morphologiste ait dit en outre
que « le réceptacle est véritablement l'axe de la fleur. »

De même que le collet est le point intermédiaire de deux
systèmes d'organes différents, le réceptacle est également celui
où va se développer un nouveau travail. Le calice est la première production du réceptacle : le cas où il est caduc est une
des circonstances qui démontrent qu'il n'appartient pas au pédoncule. Dans la fleur que j'examine, le calice est marcescent
et se renverse complètement.

Dans l'*Ipomœa purpurea*, le pédoncule de la fleur se
renfle après la floraison pour former le réceptacle. Celui-ci
porte un disque hypogyne qui est surmonté de l'ovaire, dont
la base charnue forme une sorte de torus d'où sortent les
branches des cloisons L'origine de ces branches entoure la
base de l'ovaire, et cette même base adhère au disque par plusieurs points. Ce corps charnu de l'ovaire est blanc et pulpeux
à sa face supérieure. Les branches ou cordons placentaires
(qui ici ne remplissent pas cette fonction) sont triples et
émanent, comme je viens de le dire, de la partie inférieure de
l'ovaire.

La corolle hypogyne porte les étamines à sa base. Ce dernier organe naît du disque en même temps que la corolle.
Quelques heures après la fécondation opérée, cette corolle,

([1]) En outre, la distinction faite entre les bourgeons floraux et les bourgeons proprement dits, aurait dû conduire à cette conclusion.

([2]) Auguste SAINT-HILAIRE, *Leçons de botanique*, p. 589.

ainsi que le style qui est creux, s'oblitère par sa partie inférieure et se détache avec celui-ci. Alors du centre de l'ovaire
s'élève une columelle, tandis que les cordons qui doivent former le cadre des cloisons s'allongent pour prendre une forme
circulaire et se réunir en haut de la capsule, dont les feuilles
carpellaires commencent également à apparaître. Elles em-
brassent le disque par leur extrémité inférieure, de même que
la corolle qui leur est sous-jacente, et naissent aussi du disque ;
mais ce sont les expansions libériennes de la columelle qui
s'avancent de l'axe à la circonférence pour former les cloisons.

Je dis que cette columelle, imprégnée d'un peu de chromule, traverse l'ovaire après avoir pris naissance dans le
disque. Pour l'ovaire, il est accolé au centre de ce disque dont
il se détache facilement ; il a comme celui-ci sa partie inférieure verte ; lui-même, ce disque, adhère fortement au réceptacle.

Les cordons sont de couleur verte avant la maturité, et de
nature ligneuse. Les panneaux de la capsule à trois loges se
séparent aisément des parois des cloisons. Celles-ci sont minces
et tout à fait incolores dans la jeunesse ; elles deviennent jau-
nâtres et très résistantes en vieillissant. L'ensemble des cloisons, qui sont formées de trois cordons, demeure très adhérent
à la base de l'ovaire, et lorsqu'il est isolé du disque, il affecte
en se desséchant une tendance à se contourner en spirale,
après avoir perdu ses feuilles carpellaires. Ces feuilles, examinées à l'état frais ou sec, se montrent sillonnées dans leur
épaisseur de fibres allongées et grisâtres.

Le calice de l'*Ipomœa*, charnu ou très épais, qui a son origine dans le réceptacle et non dans le pédoncule, puisqu'à ce
point de la vie de la plante une élaboration nouvelle se prépare ; ce calice, destiné à fournir de la sève à la fleur et au
fruit, est comparable dans sa constitution au calice de la
Ficaire (*Ficaria ranunculoides*), à celui de la rose, ou, par une
comparaison éloignée, à la cupule de la noisette, qui enveloppe
ce fruit et le nourrit jusqu'à sa maturité. Le calice de l'*Ipo-*

mœa fonctionne donc de la même manière que ces derniers. J'ai à faire observer, comme une anomalie à l'égard du cadre placentaire, que bien que les cordons qui bordent les cloisons soient doubles, ils ne sont pas destinés dans cette fleur à servir de placentas aux graines, puisque les ovules sont fixés au bas des cloisons à la partie charnue de l'ovaire, à laquelle ils adhèrent par un filet extrêmement court, en alternant deux à deux avec les cordons.

La colonne à trois angles qui réunit les trois cloisons sort, comme je l'ai dit, de l'axe du disque (¹); c'est une fausse columelle, car elle ne peut être séparée des cloisons que par déchirement. Après avoir fourni les membranes qui constituent les cloisons, elle devient ligneuse comme les cordons, en alternant avec ceux-ci; les graines se trouvent placées en verticille au pourtour de la partie charnue de l'ovaire. Du reste la columelle, comme produit direct de l'axe discoïde, est bien un organe appendiculaire; mais dans la fleur de l'*Ipomœa*, c'est la partie épaisse de l'ovaire qui lui fournit ses ailes libériennes, son centre ligneux provenant de la base du disque.

Les graines d'*Ipomœa* sont blanches au moment de la fécondation; après quoi, elles se revêtent peu à peu d'un épiderme noirâtre. Les cotylédons, plissés dans la graine non encore mûre sont colorés en vert. Quant au pédoncule, celui-ci très renflé sous le disque avant la maturité des graines, finit par se réduire à l'exiguité de sa tige volubile. La partie du disque où repose l'ovaire est revêtue de liber ainsi que son bourrelet, et c'est de ce bourrelet que naissent la corolle et les étamines.

Chacun de ces organes, disque, ovaire, columelle, retient une certaine quantité d'élément respiratoire ou de chromule, à la base ou dans son intérieur, tant que dure la végétation de la plante.

(¹) Voir dans Achille RICHARD, *Nouv. élém. botaniq.*, un intéressant chapitre (ch. XI) sur le Disque.

Lorsque dans un organe floral le disque fait défaut, c'est le réceptacle qui est chargé de donner naissance aux organes que produit le premier. Ce que l'on a dit du disque, comme pouvant être formé d'une foule d'étamines avortées ou déguisées, n'est qu'une rare exception. Là où ces étamines jonchées à la surface du disque en dissimulent la présence, cette surface est d'ordinaire enduite d'une couche blanche ou sécrétion pulpeuse, élaborée par le disque lui-même ou par le réceptacle, et qui paraît être du cambium épaissi.

J'ai cité dans mon premier mémoire, comme M. Eugène Fournier, une observation de Hugo-Mohl, d'après laquelle ce serait la partie interne du calice qui, dans les Ombellifères, fournirait les deux nervures qui constituent leur carpophore. J'ai vu que pour l'*Ipomœa purpurea*, c'est l'ovaire qui est chargé de la production des cordons qui circonscrivent les cloisons. On ne met plus en doute, je crois, que le calice, dans les genres spiræa et rosa, soit un produit du réceptacle, malgré la soudure qui semble l'unir au pédoncule, car on a observé des roses ayant un calice à folioles séparées et ne prenant plus la forme d'un ovaire. Le réceptacle est alors hémisphérique et central, et porte les organes appendiculaires (Auguste Saint-Hilaire). En outre le calice, dans un assez grand nombre de familles (entre autres les Crucifères, les Légumineuses, quelques Labiées), affecte la couleur des pétales de la corolle, et c'est là encore une présomption qui porte à le regarder comme un produit du réceptacle. Enfin il est permis de prendre pour une preuve de plus le cas où ce même organe est soudé avec l'ovaire (dans les genres *Samolus Cyclamen*), un calice adhérent étant toujours monophylle.

De ce que le disque du *Citrus aurantium*, de l'*Aquilegia vulgaris*, d'un *Pæonia*, etc., se métamorphose en étamines, cela ne signifie pas qu'il ait été originairement formé d'étamines ou même de feuilles proprement dites; un verticille d'étamines, un verticille de pétales est tout autre chose que le verticille qui forme les pièces d'un disque. A l'égard du calice, on ne doit pas être surpris de sa transformation foliacée, son adhérence avec les téguments du pédoncule pouvant donner lieu à ce phénomène. Le calice du genre *Rosa,* qui simule un ovaire, n'engendre pas les styles, quoiqu'il les renferme; mais la corolle et les étamines sont insérées à son pourtour. Quant aux styles, chacun d'eux surmonte un ovaire pariétal libre.

Un placenta central procède naturellement du réceptacle floral, et sans que l'on puisse dire qu'il appartient au système axile primaire comme ce même réceptacle; et quoi qu'en pense Auguste Saint-Hilaire, les ovules que porte le placenta libre ou central ne procèdent pas nécessairement du système axile primaire, mais au contraire du système appendiculaire, non-obstant la position centrale de ce support, pas plus que le disque ne naît du pédoncule; et l'on ne peut attribuer un fruit quelconque qu'aux organes appendiculaires. Le filet central et séminifère qui se sépare des bords épaissis du carpelle dans l'*Asclepias nigra* (Auguste Saint-Hilaire, *Leçons,* p. 488) n'est pas d'une autre nature que ces carpelles, et il est appendiculaire malgré sa position centrale.

Dans les Crucifères et les Papaveracées, c'est l'axe qui donne naissance à deux filets passant par l'ovaire, pour se réunir et former le style; ce sont ces deux cordons pistillaires qui portent les ovules. On voit là un ovaire à deux carpelles et à deux placentas pariétaux; la colonne stylaire qu'a donnée le réceptacle y devient porteur de produits appendiculaires, comme dans le *Chelidonium majus,* par exemple.

Je dirai, pour exprimer librement ma pensée, que les comparaisons continues sur les ressemblances qui existeraient pour les botanistes entre la tige et le rameau, ce dernier comme se retrouvant dans la fleur pédonculée ou sessile; sur le placenta comme représentant la tige, et ses ovules les rameaux; puis, d'un autre côté, toute expansion florale, telle que les pétales et les étamines, comparée aux feuilles de la plante; la feuille aussi se modifiant pour devenir anthère et donner naissance au pollen; l'ovule lui-même considéré comme une branche en miniature composée de son axe et d'organes appendiculaires ([1]) ; tout cela me semble découler d'une métaphysique qui s'éloigne visiblement de la philosophie naturelle et contredit formellement la théorie de la phase nouvelle du développement du système floral, ainsi que la doctrine de l'épigénèse. L'explication de ces faits de déformation ou de métamorphose pouvant se trouver aisément dans une irruption de la végétation du système axile primaire, laquelle procède ou se montre d'ordinaire par le centre de l'inflorescence, et qui par sa nature tend à reproduire les organes qui lui sont essentiels ([2]) et s'assimiler les organes appendiculaires, c'est-à-dire que le pédoncule, en continuant de s'allonger, traverse le verticille floral pour donner des feuilles, des bractées, etc., et déformer par son contact les organes propres de la fleur. Decandolle reconnaît que la conversion des organes, soit de feuilles à l'état pétaloïde, soit de pétales à l'état foliacé, est un phénomène physiologique plutôt qu'anatomique; mais il en tire une conclusion forcée, en affirmant que tous les organes floraux ne sont que des verticilles de feuilles dans un état particulier. Puis plus loin il modifie son assertion, en constatant l'influence réciproque de l'un des systèmes sur l'autre, et disant que l'état des verticilles dont l'inflorescence se compose n'est en général modifié que de proche en proche : ainsi, ajoute-t-il, les bractées ne deviennent pétaloïdes que lorsque les calices le sont aussi; les étamines ne deviennent foliacées que quand les pétales sont déjà passés à cet état ([3]). Les botanistes qui sont venus après Decandolle ont exagéré son opinion sur la théorie des métamorphoses, Moquin-Tandon entre autres et Auguste Saint-Hilaire. Cette même opinion a été

([1]) Auguste SAINT-HILAIRE, *Leçons de bot.*, pp. 543-44.

([2]) Augustin-Pyr. DECANDOLLE, ce génie linnéen, s'exprime ainsi sur ce même phénomène : « l'état foliacé est celui dans lequel ces organes servent à la nutrition ; l'état pétaloïde tend avec plus ou moins d'énergie à les rapprocher de la sexualité. (*Organograph. vég.*, t. II.)

([3]) *Organograph. végét.*, t. II, pp. 543-44.

combattue par MM. Martins et Bravais, dans leur *Précis d'histoire naturelle*, pp. 223-24. Or il n'est pas logique d'ériger en aphorismes des faits simulés qui rentrent tout simplement dans les allures de la nature, je veux dire dans les écarts où elle tombe habituellement (¹).

De même que l'on a négligé l'emploi du mot *dégénérescence* introduit par Decandolle, pour ceux de *métamorphose* et d'*avortement* (Moquin-Tandon), de même devrait-on, à mon avis, rejeter les mots *épuisement, défaut de vigueur*, appliqués à l'inflorescence par Auguste Saint-Hilaire. En effet, toute végétation a un terme qui aboutit à la fructification, et ce fait de la fructification n'annonce pas à proprement parler l'épuisement, la mort du végétal, puisque les arbres survivent à cette phase. Par le même motif un organe qui se transforme en un autre organe subit, non pas une dégénérescence, mais une métamorphose. L'inflorescence ne présente donc autre chose qu'une période naturelle de végétation, la surabondance des parties dans la production florale n'étant d'ailleurs qu'une anomalie.

On comprendra aisément que le but de ce travail n'est pas de faire valoir une proposition absolue sur le rôle spécial de l'axe floral : la fonction organogénique de cette pièce en l'absence ou la présence du calice et du disque, dans la position de l'ovaire et du disque lui-même, offrant un grand nombre de modifications à signaler quant à la formation des autres organes préposés à la fécondation et à la fructification. Là, sans doute, une ou plusieurs lois sont à découvrir.

(¹) Voir sur cette question des métamorphoses : DECANDOLLE, *Org. végét.*; Achille RICHARD, *Nouv. élém. botaniq.* (nature de la fleur); Aug. SAINT-HILAIRE, *Leçons de botanique*, et MOQUIN-TANDON, *Tératolog. végét.*

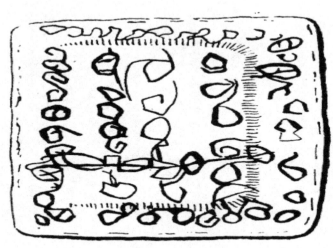

CACHET D'OCULISTE ROMAIN.

(*Lapis Nasiensis octavus*)

GRAFFITI DES PLATS DE LA TABLETTE.

Echelle double de grandeur naturelle.

UN CACHET INÉDIT
D'OCULISTE ROMAIN

Par M. Auguste CASTAN.

Séance du 6 juillet 1867.

Rien n'est plus connu en archéologie, et n'a été aussi complètement étudié, que la classe des monuments appelés *cachets d'oculistes romains*.

Ce sont de petites tablettes, généralement en stéatite verdâtre ou en serpentine, à peu près invariablement de forme carrée, portant sur chaque tranche une inscription gravée à rebours et destinée à être imprimée sur les bâtonnets ou petits pains que l'on façonnait avec les collyres, pour servir à ceux-ci d'étiquette ou d'estampille.

Chaque inscription commence par un nom propre au génitif, celui de l'oculiste débitant, suivi du nom du collyre au nominatif, de celui de la maladie à guérir précédé de la préposition *ad*, et enfin quelquefois d'une indication, s'ouvrant par la préposition *ex*, relative à la manière d'employer le remède.

Les surfaces planes de nos cachets sont ordinairement lisses; mais si, par exception, il s'y trouve quelques lettres ou figures, celles-ci, au lieu d'être gravées à rebours comme les inscriptions des tranches, se présentent au contraire dans le sens direct, ce qui montre assez qu'elles ne devaient pas être imprimées et n'étaient faites que pour le regard du possesseur.

Une centaine de ces pierres sigillaires ont été décrites et commentées [1]. A en juger par le caractère de leurs inscriptions,

---

[1] Voici les titres des monographies en langue française qui portent sur l'ensemble des cachets connus par leurs auteurs : *Dissertation sur les pierres antiques qui servaient de cachets aux médecins oculistes*, par Tòchon d'Anneci, Paris, 1816, in-4° ; — *Observations sur les cachets des médecins oculistes*

et par celui des gisements d'où elles sont sorties, elles ne semblent pas pouvoir remonter au delà du deuxième siècle de notre ère, ni descendre au-dessous du troisième. La plupart proviennent des contrées voisines du Rhin, quelques-unes de la Grande-Bretagne, tandis qu'aucune n'a été trouvée d'une manière certaine en Italie : d'où l'on a conclu qu'elles avaient été imaginées et utilisées par des oculistes qui suivaient les stations militaires romaines de la Germanie, du nord de la Gaule, du Belgium et de la Bretagne.

Nos grandes stations militaires de la Séquanie ont été assez fécondes en ce genre de monuments : Besançon (Vesontio) en a fourni cinq et Mandeure (Epomanduodurum) quatre.

Le cachet inédit que je viens signaler, bien que possédé par la ville de Besançon, ne provient cependant pas du sol de cette antique cité. Il y est arrivé avec la collection d'un antiquaire, qui avait la manie des échanges, et quelques indices tirés de la correspondance de cet amateur me donnent la certitude que nous avons affaire à l'une des treize tablettes qui furent trouvées à Nais-en-Barrois, en 1808, et dont sept seulement ont pris rang jusqu'ici dans les monographies spéciales [1].

Cette pierre, qui s'appellera désormais *Lapis Nasiensis octavus* est en stéatite verdâtre : sa forme est un quadrilatère, long de 27 millimètres sur 21 de large; son épaisseur moyenne est de 5 millimètres. C'est l'une des plus petites connues, mais aussi l'une des mieux conservées. Ses quatre tranches présentent chacune deux lignes de lettres gravées avec soin.

---

anciens, par A. DUCHALAIS, dans les *Mémoires de la Société des antiquaires de France*, t. XVIII, 1845; — *Cinq cachets inédits de médecins oculistes romains*, par J. SICHEL, Paris, 1845, in-8°; — *Note sur les cachets d'oculistes romains*, par L. WETZEL, dans les *Mémoires de la Société d'Emulation de Montbéliard*, 1859-1860; — *Nouveau recueil de pierres sigillaires d'oculistes romains*, par J. SICHEL, Paris, 1866, in-8°.

[1] Voir sur cette découverte de Nais : DULAURE, *Explications de quelques inscriptions trouvées dans les ruines de Nasium*, dans les *Mémoires de l'Académie celtique*, t. IV, pp. 104-114; — TOCHON d'Anneci, ouvrage cité, pp. 69-71; — GRIVAUD DE LA VINCELLE, *Recueil de monuments antiques*, pp. 280-286, pl. XXXVI.

Voici ces inscriptions (¹) :

I.

ALBVCI . CHELID
AD . CALIGGEN . SCABR

Traduction :

> ALBUCII CHELIDONIUM AD CALIGGENES SCABR-
> iticias.
> Collyre à la chélidoine d'Albucius pour les
> affections chassieuses.

II.

ALBUCI . DIAPOBALS
AD . OMN . CALGDELAC

Traduction :

> ALBUCII DIAPOBALSamatum (²) AD OMNES
> CALIggenes DELACrymatorias.
> Collyre astringent au baume de Judée d'Al-
> bucius pour toutes les affections larmoyantes.

III.

ALBVCI . MELIN
DELAC . EX . EM . PVL

Traduction :

> ALBUCII MELINum DELACrymatorium EX
> EMendato PULvere
> Collyre jaune d'Albucius excitant le larmoie-
> ment, à employer en poudre tamisée.

(¹) Les *fac-simile* que nous en donnons résultent du moulage et de la reproduction galvanoplastique des inscriptions elles-mêmes, double opération dont nous sommes heureux de remercier notre collègue M. Varaigne.

(²) Ce terme résulte de la soudure et de la contraction des deux mots *diapsoricum opobalsamatum*, qui figurent déjà sur le premier cachet de Lyon, sur celui d'Iéna et sur le second cachet de Mandeure.

IV.

ALBVCI . TRIT
ADCLARITVD

Traduction :
{
ALBUCIi TRITicum ([1]) AD CLARITUDinem
Collyre au froment d'Albucius pour éclaircir
la vue
}

Depuis que M. le docteur Sichel, le maître en la matière dont nous traitons, a si bien démontré que les oculistes romains étaient le plus souvent d'obscurs affranchis, il n'est plus permis de s'ingénier à faire des généalogies pour ces modestes débitants de collyres : aussi nous abstiendrons-nous de chercher une parenté quelconque entre l'Albucius de notre cachet et son célèbre homonyme, médecin de l'empereur Tibère, dont le talent, au dire de Pline, était récompensé par un traitement de 250,000 sesterces ([2]). Ce nom d'Albucius était d'ailleurs très répandu à l'époque romaine, et on le trouve accolé aux plus humbles professions, celle de potier par exemple ([3]).

Si les inscriptions des tranches de notre cachet n'offrent aucune singularité de premier ordre, il en est tout autrement de l'étrange décoration qui couvre les deux plats. Sur l'un, on voit au centre la grossière image en creux de deux larges feuilles d'une plante, laquelle est encadrée par quatre lignes non interrompues de caractères cursifs légèrement tracés à la pointe. L'autre face offre également ce cadre de mêmes carac-

---

([1]) Ce remède, qui n'est indiqué par aucun des cachets publiés jusqu'ici, est décrit ainsi dans l'un des opuscules de Galien : « Ad diuturnas lippitudines — Triticum ignitis ferreis laminis incoctum ex vino illinimus palpebris. » (GALENI de remediis paratu facilibus libellus, cap. x.)

([2]) PLINII Historia naturalis, lib. XXIX, c. v. — Cf. Daniel LE CLERC, Hist. de la médecine, p. 576.

([3]) DE BONSTETTEN, Recueil d'antiquités suisses, pl. XVII, fig. 21.

tères, plus trois lignes semblables au centre, coupées en outre à angle droit par une ligne complémentaire ([1]).

Ces caractères ne pouvant procéder d'un autre ordre d'idées que celui auquel appartiennent les inscriptions des tranches, nous y verrions volontiers une sorte de *memento* pharmaceutique, composé en grande partie de signes conventionnels, les uns analogues aux notes tironiennes, les autres aux hiéroglyphes. Une ligne nous paraît cependant écrite en caractères cursifs ordinaires, et nous avons cru pouvoir la lire ainsi : *Coclee decem*, c'est-à-dire *dix limaçons*; on sait que cet animal est encore employé dans le traitement des maladies de poitrine.

Nous avouons sans peine notre incompétence pour déchiffrer le reste et à plus forte raison pour l'interpréter, et nous ne trouvons rien de mieux à faire que de joindre à cette note une image du tout, agrandie du double, d'après une photographie de notre collègue M. Varaigne.

([1]) Le professeur Henri MONIN, de regrettable mémoire, avait déjà appelé l'attention des érudits sur ces singuliers caractères, selon lui, « vrai gribouillage d'enfant ou d'apprenti apothicaire. » (*Monuments des anciens idiomes gaulois*, Besançon, 1861, in-8°, p. 14.)

SUR LA DÉMONSTRATION
DU PRINCIPE D'ARCHIMÈDE

Par M. BERTHAUD

Professeur de sciences physiques au Lycée de Mâcon.

Séance du 16 août 1867.

Dans une lecture faite à la Société d'Emulation du Doubs en 1866 (¹), M. Sire a fait remarquer avec raison que la méthode indiquée dans les ouvrages de physique pour la démonstration expérimentale du principe d'Archimède manque absolument de généralité, et par suite il a été conduit à en proposer une qui lui semble apparemment la meilleure. Tout en ne m'expliquant pas bien l'ignorance ou le silence des auteurs de livres sur ce sujet, j'ai peine à croire que mes collègues, les professeurs de physique, aient attendu jusqu'ici pour démontrer ce principe par une expérience simple. En général, chaque professeur un peu expérimenté a plus ou moins ses méthodes à lui, ses procédés particuliers, qu'il n'a pas l'occasion de divulguer, à moins qu'il ne vienne grossir le nombre des traités publiés sur la nature de son enseignement. Dans tous les cas, en ce qui me concerne, je puis affirmer que depuis plus de vingt ans j'indique dans mes leçons, pour la démonstration dont il s'agit, une expérience qui me semble ne rien laisser à désirer pour la précision, la simplicité et la facilité d'exécution. J'aurais cru ne rien apprendre à personne en la publiant, si le travail de M. Sire n'était venu me faire penser qu'il peut en être autrement. Je crois donc devoir donner ici cette démonstration expérimentale.

(¹) *Mémoires de la Société d'Emulation du Doubs*, 4ᵉ série, t. II (1866), pp. 1-10.

Il faut démontrer que si un corps *de forme quelconque* est suspendu à l'un des plateaux d'une balance et équilibré, la *poussée* ou *perte de poids* qu'il éprouve, lorsqu'on le fait plonger dans un liquide, est *égale au poids du liquide déplacé.*

Le procédé revient en définitive à trouver facilement et avec exactitude le poids du liquide déplacé. On l'obtiendrait par la méthode du flacon, bien connue des physiciens; mais on veut avoir ce liquide lui-même en nature, afin de le mettre sur la balance et de voir si, comme cela doit être, il rétablit l'équilibre. Dès lors, il faut absolument enlever ce liquide du vase ou le faire déverser d'une manière convenable. L'idée de M. Sire de faire déborder le liquide par une rainure circulaire, etc., est certainement ingénieuse, mais compliquée, et, je crois, peu susceptible de rigueur dans la pratique, car la manière dont le liquide s'élève dans la rigole sans *déborder* et en mouille les parois est variable. J'ai peine à croire qu'on puisse imaginer une disposition plus sûre et plus simple que la suivante :

On emploie un vase cylindrique *A*, comme un vase à précipiter, qui porte latéralement un petit tube *C* recourbé en bec à orifice étroit, comme dans une burette d'analyse. Une

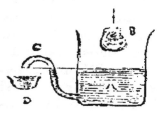

burette elle-même servirait si son ouverture était assez large pour laisser passer le corps. Le vase étant posé d'une manière bien fixe sur une table, on verse doucement de l'eau (ou autre liquide sur lequel on veut opérer) jusqu'à ce qu'elle déborde par le petit bec latéral. Alors la surface de l'eau se met d'elle-même à un niveau qui est presque exactement celui de l'orifice du bec (la différence vient de la capillarité), et il est évident que ce niveau est parfaitement fixe et ne saurait être dépassé. Si donc on fait plonger dans l'eau du vase le corps *B*, préalablement suspendu au plateau d'une balance et équilibré, on voit que ce corps, ne pouvant faire monter l'eau au-dessus de son niveau invariable, va en faire sortir exactement le volume qu'il déplace. On recueille cette eau dans une petite capsule *D* qu'on a eu soin de placer vide sur le plateau de la balance, de manière qu'elle fasse partie de l'équilibre. En remettant sur le même plateau cette capsule avec l'eau qu'elle contient, on voit que l'équilibre est parfaitement rétabli ; ce qui démontre le principe d'Archimède.

On conçoit que pour avoir dans le liquide un niveau complètement invariable, on devra laisser le vase fixe. D'ailleurs, en essuyant l'orifice du bec latéral au moment où l'on établit le niveau de l'eau dans le vase, puis l'égouttant de la même manière avec la capsule, quand le corps est plongé, on aura l'eau chassée par le corps avec une exactitude que je crois difficile, sinon impossible, de dépasser. On fera bien de frapper de légers coups contre le vase, afin d'éviter l'erreur, faible d'ailleurs, qui pourrait tenir à l'adhérence du liquide contre les parois.

J'ajoute qu'on peut remplacer, comme je l'ai fait jusqu'ici, le vase à bec latéral par un vase quelconque (peu large) auquel on adapte un siphon à orifice étroit. Mais on fera aisément pour les cabinets de physique un appareil plus élégant, en forme de verre à pied, et qui servira en même temps pour trouver les densités des solides et même des liquides. La balance hydrostatique, plus commode que toute autre, n'est pourtant pas indispensable. Une balance quelconque servira, en l'élevant à l'aide de cales, de manière que le corps suspendu soit à la hauteur de l'eau du vase. Une petite addition à la balance commune, dite à plateaux en dessus, permettrait aussi de l'employer. Du reste la disposition de l'expérience dans ses menus détails peut varier suivant la fantaisie et les ressources de l'opérateur.

On pourrait, au lieu de faire déborder l'eau par un bec, l'enlever à l'aide d'une pipette, mais ce procédé serait plus long et moins précis.

SUR LES NOMBRES DE VIBRATIONS
DES SONS DE LA GAMME

Par M. BERTHAUD
Professeur de sciences physiques au Lycée de Mâcon.

Séance du 10 août 1883.

Je crois devoir saisir l'occasion de la note précédente pour communiquer aux physiciens une observation aussi vieille que mon enseignement, mais à laquelle je n'avais pas attaché non plus assez d'importance pour la publier.

On donne habituellement les nombres de vibrations des sons de la gamme en prenant pour unité le premier, qui correspond à *ut*; les autres sont alors des nombres fractionnaires qui n'ont rien de simple et que, malgré toutes les remarques ingénieuses dont on s'aide, on ne parvient pas à retenir aisément. Mais il en est tout autrement si on prend pour *ut* le nombre douze. Alors les nombres de vibrations des sons de la gamme sont les suivants :

ut,	*re,*	*mi,*	*fa,*	*sol,*	*la,*	*si,*	*ut.*
12,	13 1/2,	15,	16,	18,	20,	22 1/2,	24.

Un seul coup d'œil, comme aussi la pratique, nous apprend combien ces nombres sont faciles à retenir. On sait d'abord que le premier étant 12, le dernier doit être double, c'est-à-dire 24. Mais on voit que cette série tout entière n'est que la suite des nombres pairs de 12 à 24 :

$$12, \quad 14, \quad 16, \quad 18, \quad 20, \quad 22, \quad 24,$$

sauf les modifications suivantes :

1° On remplace 14 par les deux nombres impairs voisins, 13 et 15 ;

2° On ajoute ensuite 1/2 au second et à l'avant-dernier.

Ces modifications sont si simples qu'on les fait mentalement avec facilité en écrivant les nombres pairs de 12 à 24. Aussi, après avoir fait les remarques précédentes et écrit les nombres une ou deux fois, il est impossible de les oublier. Je me permets donc de croire que désormais les fractions bizarres qu'on donne habituellement seront remplacées par la série si simple que je viens de faire connaître.

Je me suis toujours attendu à voir cette petite observation faite et publiée par quelque auteur. J'ai été étonné de voir M. Daguin renoncer aux fractions ordinaires sans arriver à mes nombres. Cela tient à ce qu'il n'a eu que l'idée d'employer des nombres entiers, ce qui l'a conduit à la série :

$$24, \ 27, \ 30, \ 32, \ 36, \ 40, \ 45 \ \text{et} \ 48,$$

dont les nombres, doubles des miens, ont une différence variable, n'ont par eux-mêmes rien de simple et ne se retiennent qu'avec difficulté.

FORMES ET DIMENSIONS
DES CAMPS ROMAINS
AU TEMPS DE CÉSAR

Par M. Paul BIAL
Chef d'escadron d'artillerie.

Séance du 6 juillet 1887.

Dans mon étude sur les *chemins, habitations et oppidum de la Gaule* ([1]), j'ai donné une table des dimensions des camps romains au temps de César. J'avais calculé cette table en prenant pour base certains principes de fortification passagère, que je jugeais applicables dans tous les temps, et l'effectif probable de la légion romaine en campagne. Cette évaluation de l'effectif légionnaire était seul contestable; néanmoins, pour que ma table fît loi, il fallait que des camps romains d'une attribution historique bien déterminée vinssent en vérifier les chiffres.

J'ai cité déjà, dans mon ouvrage, divers *castellum* du pourtour d'Alaise qui ont fourni une première vérification. Ce sont les quatre suivants :

« 1° Le petit camp appelé le *château Dame-Jeanne*, situé à l'orient d'Alaise, sur le plateau d'Amancey; il est exactement carré, et son côté, mesuré sur la crête de l'*agger* encore très apparent, est de 82 mètres : c'est le camp d'une cohorte pour lequel mon tableau donne un côté de 80 mètres.

» 2° Le *castellum de Saint-Loup*, situé au nord-est d'Alaise; il est aussi à peu près carré et le côté de son *vallum* est de 31 à 34 mètres : c'est le camp d'un manipule pour lequel notre tableau porte un côté de 35 mètres.

([1]) *Mémoires de la Société d'Emulation du Doubs.* 3e série, t. VII (1862), pp. 119-408.

» 3° Le *castellum de Belle-Ague*, placé auprès de l'une des sources du Taudeur, à l'ouest-sud-ouest d'Alaise, et destiné aussi à contenir un manipule ; il présente à peu près les mêmes dimensions et le même accord avec notre tableau que le précédent.

» 4° Enfin un camp dont j'ai découvert et mesuré les vestiges au sud-ouest d'Alaise, dans la vallée de Saizenay, sur le bord du Taudeur, au point de rencontre de deux voies gauloises venant d'Alaise, l'une par le ravin des *Embossoirs* et le *Gour-de-Conche*, l'autre par la *Languetine* ; ce camp est carré et a 180 mètres de front, dimension exacte d'un camp de six cohortes. »

Voici venir de loin une vérification nouvelle et peut-être plus importante. M. le docteur Noëlas, dans un mémoire lu en novembre 1866 au congrès provincial de Moulins et publié dernièrement (¹), adopte, après S. M. l'Empereur Napoléon III, la forme *Ambluareti*, au lieu d'*Ambivareti*, pour le nom du peuple chez lequel César, après le siège d'Alesia, envoya en cantonnement l'une de ses légions, sous le commandement de Caïus Antistius Reginus. M. Noëlas place ce peuple dans les portions des arrondissements de Roanne et de La Palisse, comprises entre la Loire à l'est et la Besbre à l'ouest. Je n'entrerai pas dans le détail des noms de lieu, des traditions, des monuments dont l'auteur appuie son attribution. J'arrive au fait essentiel ayant trait à la vérification de ma table.

Le docteur Noëlas décrit un camp placé à 500 mètres d'Ambierle, l'*Amberta* des *Ambluareti*, qu'il attribue à C. A. Reginus.

Ce camp est assis sur une éminence isolée à pentes peu

(¹) *Les Ambluareti et le campement de la* xi° *légion sous C. Antistius Reginus, après la prise d'Alesia*, par le docteur F. NOELAS, dans les *Assises scientifiques du Bourbonnais*, 1re session, à Moulins, novembre 1866 ; Moulins, 1867, in-8°.

raides, couronnée par un plateau appelé les *Châtelards*. Il est de forme rectangulaire, c'est-à-dire du genre des *castra tertiata*. Son front de bandière, mesuré sur le *vallum*, est de 250 mètres; sa profondeur de 350. Le fossé accuse dans certaines parties 3 mètres de large sur 2 mètres 60 de profondeur.

Mais est-ce bien le camp de C. A. Reginus? C'est d'abord un camp romain. Les débris romains y abondent. Voici une preuve sérieuse. Aux environs de ce camp l'on a trouvé des tuiles à rebords, larges de 30 centimètres et longues de 40, portant en caractères assez irréguliers le sigle suivant inscrit du côté de la saillie des rebords, au milieu de la tuile :

$$S . X . I . J$$

Le docteur Noëlas propose de lire :

Legionis undecimæ signum.

Or la légion que commandait Reginus, c'était bien la *onzième*. J'avoue que le rapprochement mérite considération.

Mais si le camp d'Ambierle est bien celui d'une légion de César, l'accord de sa forme et de ses dimensions avec celles de ma table est un argument d'un poids considérable en faveur de cette dernière.

Comparons :

Front de bandière *maximum* pour une légion :

    Dans ma table 250 mètres;
    Au camp d'Ambierle 250 mètres.

Profondeur *maximum* d'un camp *(castra tertiata)* :

    Dans ma table 376 mètres;
    A Ambierle 350 mètres.

L'écart de cette dernière dimension s'explique par la nécessité d'arrêter la queue du camp au bord du plateau de ce côté, la pente obligeant l'ingénieur à enfreindre la règle des *castra tertiata*. C'est sans doute parce qu'il a été obligé de diminuer la profondeur qu'il a adopté la largeur *maximum*.

Ainsi se trouvent vérifiés à la fois et les formes et les dimensions des camps romains du temps de César indiquées dans ma table, et l'organisation et l'effectif de la légion à la même époque, tels que je les ai établis pour servir de base à mes calculs.

RECHERCHES
SUR LA LANGUE BELLAU
ARGOT DES PEIGNEURS DE CHANVRE DU HAUT JURA

Par M. Charles TOUBIN
Professeur d'histoire au collége arabe d'Alger.

séance du 6 juillet 1865.

La partie de la chaîne du Jura comprise entre Morez et la plaine de Bresse est certainement fort pittoresque; mais il est peu de pays moins fertiles, plus pauvres même : cette pauvreté tient à la fois à la maigreur du sol, à la longúe durée des hivers et peut-être plus encore aux sécheresses qui sévissent périodiquement sur une terre sans profondeur et bien trop perméable. Nécessité, dit-on, est mère d'industrie, adage plus ou moins vrai selon les races et leur degré d'intelligence native et de disposition au travail. Voyez les Arabes et les Corses du centre de l'île; leur pauvreté n'est égalée que par leur apathie. Sans aller si loin, le paysan de la vallée de Chamounix n'envoie-t-il pas tailler en Allemagne, plutôt que de les tailler lui-même, les cristaux fournis par ses roches ? Le montagnard du Saint-Bernard ne passe-t-il pas paresseusement et stupidement ses huit mois d'hiver à jouer aux cartes et à dormir ? Dans la zône jurassienne que nous venons d'indiquer, et surtout dans la portion comprise entre Morez et les Bouchoux, l'homme réagit au contraire énergiquement contre la double ingratitude du sol et du climat, et ce que lui refuse la nature, il le demande à l'industrie et sait le conquérir par ses intelligents efforts. Horloger à Morez, cloutier dans beaucoup de localités autour de cette ville, lapidaire à Septmoncel, le Jurassien travaille à

Saint-Claude, et dans les environs de Saint-Claude, le bois sous toutes ses formes, dans toutes ses essences, depuis le sapin jusqu'au bois et à la racine de bruyère, et pour tous les usages tant de luxe que de nécessité. La même main qui tient la charrue ou soigne le bétail, fabrique souvent aux heures disponibles les ustensiles de cuisine et les diverses pièces des chronomètres, ou bien elle taille le rubis, la topaze, l'émeraude et l'améthyste. Avant l'établissement des chemins de fer, d'autres montagnards de la même zône exerçaient, sous le nom de *grandvalliers,* la profession de *rouliers* au long cours, et de Paris ou du Hâvre poussaient leurs longues files de chariots jusqu'à Vienne, Milan et Madrid.

Une autre industrie nomade du même pays, industrie encore en pleine activité, est celle des peigneurs de chanvre, plus connus en Franche-Comté sous le nom de *pignars* (¹). Cultivateurs pendant neuf mois de l'année, les *pignars,* leur blé ou leur orge une fois récoltés et battus, et le chanvre une fois roui dans les pays qu'ils se proposent d'exploiter, les *pignars,* dis-je, quittent leurs montagnes et s'en vont d'un trait jusqu'au fond de la Lorraine et de la Champagne, d'où, de village en village, de métairie en métairie, ils se rapprochent peu à peu de leur point de départ, en travaillant partout où de l'ouvrage s'offre à eux. Ils partent vers la fin de septembre et reviennent presque invariablement pour les fêtes de Noël. Leurs mœurs ne manquent pas d'intérêt; mais ce n'est pas le lieu de les décrire ici. Tant qu'ils restent au village, ils ne parlent d'autre langue que le patois du pays; mais une fois en campagne, ils se servent entre eux d'une langue à part ou plutôt d'un *argot* de métier, argot qui n'a pas été étudié jusqu'à ce jour, du moins à ma connaissance, et qu'on nomme

---

(¹) Le pays dont les habitants se livrent au *peigne* du chanvre, s'étend dans un espace d'environ douze lieues du nord au sud, depuis Mijoux, village situé au pied de la Dôle et à l'entrée de la Valserine, jusqu'à la Balme (arrondissement de Nantua), dernier village jurassien au-dessus de la plaine bressane.

la langue *Bellau*. Voici les mots de cet argot que j'ai pu recueillir, durant un séjour de quelques semaines dans les principales localités habitées par les peigneurs :

AFFIA, AFFLA, apporter. — Lat. *afferre*.

AFFIA, oui.

ARKI, soldat. — Cf. ἀρχή, commandement.

ARPIOT, pied. — Argot parisien *arpion*, même signification.

ARPOUÉ, sou.

ARTI, ARTA, pain. — Argot paris. *lartot;* grec ἄρτος, même
signification.

ATELÉ, allumer.

ATROSCHA, corde dont se sert le peigneur pour son travail.

BARIBANE, cloche.

BATZE, BOITZE, BOITZI, fille.

BAÜLO, sac du peigneur, pareil à celui du fantassin.

BAZYA, froid. — *Etre bazya,* avoir froid.

BELLAUDE, foire.

BEUFÔ (bien fort ?), même signification que *affia.*

BERTOLIN, fourneau, poêle.

BERTOLINA, brebis.

BIGNI, regarder.

BILLE, argent. — Même signification dans l'argot parisien.

BLANC (le), chemin ; épithète devenue substantif, comme il
s'en trouve tant dans les divers argots : la *menteuse* (la
langue), la *tournante* (la clef), la *barbue* (la plume), le *fau-
cheur* (le bourreau), etc. — En argot parisien *chemin* se dit
trimar.

BLESS, marchand.

BOÉ, écurie. — Lat. *bos.*

BOÉNO, plein, rassasié. — Lat. *plenus ?*

BORBO, étoupes.

BORRA, tabac, bourre de pipe.

BRAILLI (ll mouillées), même signification que *boé.* — Cf.
brailler, et le patois jurassien *brillie* qui se dit à la fois des cris

4

de l'homme et de ceux des divers animaux. (DARTOIS, *Coup d'œil sur les patois de Franche-Comté.*)

BRAMELLA, faim. — *Dz'avitou bramella*, j'ai faim. — Cf. *bramer*, crier, crier la faim?

BRAMO, bœuf : littéralement le *beugleur*. — « En languedocien *bramer* et dans notre patois *bran ma* se disent du beuglement des vaches et des bœufs. » (HUMBERT, *Nouveau glossaire genevois.*)

BRAMA, vache.

BREYA, gens, personnes. — *La breya qué sivé pa le blanc*, le monde qui passe.

BRITÉ, peigne pour le chanvre, outil du peigneur.

BUSETTE, fenêtre.

CABEÇA, tête ; mot espagnol.

CABOTTE, soulier.

CABOTTIER, cordonnier.

CABRA, chèvre. — Patois jurass. *câbre*, même signif. (DARTOIS, *op. cit.*)

CAGNOU, loup, diable, douanier. — *Lou cagnou te ctèse*, que le loup te mange !

CALABRE, pièce d'un franc.

CALETTE, livre.

CAMBRÉÉ, même signif. que *calabre*.

CANTI, poulet, coq. — Cf. le latin *cantus.*

CAPUCHO, chapeau ; mot emprunté aux langues du Midi.

CASA, maison ; mot emprunté à l'italien.

CASTAGNADA, communion.

CÂTIN, matin.

CHANTAN (la), église. — L'argot de Paris appelle d'une manière analogue les églises *entonnes* et *priantes*.

CHROSS, prendre. — *Chross de l'arti*, prends du pain.

CORRENTIN, coureur.

CRÉIA, viande. — Grec χρέας, chair ; argot des prisons, *crie.*

CROCS, doigts.

CROQUANTS, dents.
CROQUANT (la), fourchette.

DARETTE, pièce de vingt francs.
DESMALT, pleurer.
DZAYE, paille.
DZÈVE, jeune personne de l'un ou l'autre sexe.
DOIRA, rivière. — Cf. le franc-comtois *doue* et *doie*, source, et les *doires* Baltée et Susine.
DOUERA, ventre.
DURETTE, pierre; mot d'origine analogue à celles de *blanc*, *crocs*, *croquant*, etc.

ECHIAIRANS, yeux, ce qui éclaire. — En argot des prisons les yeux se nomment, d'une manière à peu près analogue, les *ardents*.
ERECHAN, sel.
EUBACHES, bouillie de maïs, gaudes.
EURIBLE, le peigneur qui fait les étoupes, le *dégrossisseur*.

FAMPALAI, lune.
FARDE, chanvre et aussi filasse.
FARDAI, peigneur de chanvre; d'où sans doute le nom patronymique *Fardet*, assez commun en Franche-Comté.
FLOCCA, FIOCCO, FLOUQUÉ, couper.
FOLIAN, même signif. que *calette*, livre.
FORCHA, FOURCHA, fort. — *Zima fourcha*, eau-de-vie; littér. *vin fort*.
FUSDÉ, diable; même signif. que *cagnou*.

GÂDIN, jeune homme.
GANDE, dimanche.
GAPPIAN, douanier.
GÔ, maître de maison, chef de famille.
GOFFA, soupe.
GÔNI, mourir. — Cf. *agonie*.

Gor, **gordo**, bon, beau. *Gor-gádin*, beau garçon ; *gorda-boitze*, belle fille ; *gor-temple*, beau temps. — Cf. argot parisien *gourdement*, bien, beaucoup.

Gorde, peigne fin pour le chanvre.

Gorsa, manger.

Gou, poux.

Granet, blé. — Argot de Paris *grenu*.

Greva, mal faire quelque chose.

Griffo, auberge.

Grigno, blanc. — *Arti grigno*, pain blanc.

Grillau (ll mouillées), pois.

Grillaudes, haricots.

Groule, même sens que *cabotte*, soulier.

Grûda, maîtresse de maison.

Gûba, tuer.

Gudi, apprenti peigneur de chanvre.

Guerre, couteau.

Hostau, maison. — Cf. le latin *hospitalis*, le français *hostel*, le franc-comtois *houtau*, logis, et le langued. *houstaou*, même sens.

Intervé, comprendre. — Argot paris. *entervé*, savoir.

Jarbon, curé.

Keugni, **keugno**, même signification que le précédent.

Kíba, soif. — *Dz'avitou kíba*, j'ai soif.

Kíbarou, peureux, poltron.

Kijo, enfant. — Espagnol *hijo*, fils.

Killo, cheval. — Lat. *caballus*.

Kué, maison.

Kouan, même signification que *gó*, maître de la maison.

Kûti, même signification que *gorsa*, manger.

Labourna, peut-être plutôt *bourna*, bouteille.

Larbio, chien.

Lavéran, porte.

LEMIEUSE, blouse. — Cf. *limas*, cotillon. (DUCANGE.)

LEMIEUX, drap.

LEUTA, *sé leuta*, travailler avec ardeur. — Cf. *lutter*.

LEUTO, bras.

LIANDRA, marier, — *Sé liandra*, se marier.

LONDZAN, année. — Argot paris. *longe*, année.

LOUPE, mensonge.

LUBE, fumier.

LUPA, même signification que *fampalai*, lune. Serait-ce parce que loup et lune ne se montrent que de nuit?

MAR, petit.

MARABE, petit garçon, enfant.

MARI, syn. de *gudi*, apprenti peigneur. Le radical *mar* signifiant en bellau *jeune* et *petit*, nos paysans font un pléonasme quand ils appellent l'apprenti peigneur *petit mari*.

MARILONDZAN, mois; litt. la *petite année*.

MATUÉ, village. — *E fa sivé du matué*, il faut quitter le village.

MIDZIB, midi.

MILLE (ll mouillées), femmes. — Lat. *mulier*, ital. *moglie*, même signification.

MISSON OU MONZI, je ou moi.

MISTOREYA, miche de pain.

MONNEYA, semaine.

MORFI, bouche. — Argot paris. *morfiller*, manger.

MOURRIA, MURGNA, nez.

MUCHACHO, enfant; mot emprunté à l'espagnol.

NIVER, non. — *Non verè?*

OBÉGUE, mouton.

PADOLAN, raisin.

PÉYA, se coucher.

PELVÉ, cheveu, foin. — Cf. argot paris. *pellard*, foin; lat. *pilus*, poil.

PERRET, fromage.

PERGUELIN, soleil.

PERGUELETTA, lampe; littéralement *petit soleil*. On dit aussi *perlingue* et *épiliguetta*.

PERRO, PERROU, chat.

PICATIN, PICANTÉ, même signification que *canti*, coq.

PICATERNA, PICANTELLA, poule. — Argot paris. *pique-en-terre*, volaille.

PICCOLINA, jeune fille; mot italien.

PIED, sou.

PIOU, lit. — Argot paris. *pieu*, même signification.

PIQUE-EN-FER, maréchal-ferrant.

POINÇAR, voleur. — *Poinçar de bille*, bohémien; litt. *voleur d'argent*.

PRIKET, café.

RÂBO, gendarme.

RAGORDI, embrasser.

RAME, cuillère, sans doute à cause de la ressemblance de forme des deux objets : de même la cuillère s'appelle *pelle* dans l'argot des *bons-cousins*; l'assimilation de *rame* et *cuillère* est probablement d'origine marseillaise.

RANFLE, bâton.

RAPPIA, prendre, dérober. — Lat. *rapere*.

REGORDI, se confesser. — Lat. *recordari*, repasser dans sa mémoire?

REBÂFOUA, rire. — Cf. *bafouer*.

REUBBIA, brûler.

RIBIO, gros.

RIONDAL, RIONDELLA, pomme.

RIONDAU, poire.

RIOLETTA, écu de cinq francs.

RÔD, rouge. — *Rodzima*, vin rouge. — ῥόδεος, rosé?

RÔUNÉ, porc et aussi lard.

ROUBBIO, feu; d'où *reubbia*, cité plus haut. — Cf. *ruber*, rouge.

Ruchi, **ruche**, chien.

Rullierda, bouteille. — Argot paris. *rouillarde*.

Sâbou, verre.

Sâdan, même signification que *morfi,* bouche.

Sadé, dire.

Sapre, bois; d'où *correntin de sapre,* lièvre, littér. *coureur de bois.* — Argot paris. *sabri,* forêt.

Savets, même signification que *grillaus,* pois.

Serga, **cherga**, servante; *sergoi,* domestique mâle. — Lat. *serva, servus.*

Seugni, nuit; aussi *seugne* et *seurne.* — Lat. *somnus?* argo paris. *sorgue.*

Sibel, horloge; d'où le diminutif *sibelletta,* montre, littér. *petite horloge.*

Sombarde, cloche, même sens que *baribane.*

Susauna, fermer.

Tacco, sac de blé.

Taque, poche. — Patois jurassien *tâche;* italien *tasca;* allemand *Tasche.*

Téluda, table.

Temple, temps.

Téna, sécheresse.

Ténotte, marmite.

Téruda, semer.

Terrude, pomme de terre.

Teyna, chauffer.

Teyno, feu.

Toir, **toiron**, maître. — *Gor-toir,* le bon Dieu, littér. le *bon maître.* — En argot des prisons *maître* se dit *coire,* mot qui vient peut-être du grec κύριος.

Tonzi, toi.

Torchan, clef.

Tré, même sens que *croquant,* fourchette.

Vergna, ville. — Argot paris. *vergne*, pays.

Vouéssa, eau. — Cf. *Vouisse* et *Vèze*, noms de plusieurs rivières, et l'allem. *Wasser*. — *Correntin de vouéssa*, poisson ; littér. *coureur d'eau*.

Zacco, laid. — *Zacca breya*, personne laide.

Zampio, nom.

Zarda, travailler.

Zéma, zima, tsimma, fima, vin.

Zéma, boire.

Zir, jour ; d'où *midzib*, midi.

Zervéla, orge. — *Arti-zervéla*, pain d'orge. — Cf. *cervisia*, vin d'orge, bière.

Ziva, zivé, aller.

Zivada, zivette, avoine. — Espagnol *cevada*, même signification.

Tel est le vocabulaire des mots *bellau* que j'ai pu recueillir, vocabulaire que je me suis efforcé de rendre aussi complet que possible.

Marquons rapidement les principaux caractères de cet argot :

1° Accent tonique fortement prononcé, comme du reste dans le patois de cette partie du Jura : les mots empruntés à l'argot parisien font seuls exception ;

2° A l'exemple de ce patois, transformation de l's et du *c* en *ds* et en *tché* ;

3° Lexique très restreint et réduit aux mots de première nécessité ;

4° Absence presque complète de signes de rapports, signes que le peigneur de chanvre emprunte au français ou aux patois locaux ;

5° Comme dans la langue *sabir*, l'argot des prisons, celui des *bons-cousins* et le *rommany* ou argot des bohémiens d'Angleterre, absence complète de déclinaison et de conjugaison, sauf pour quelques mots à terminaison italienne en *o* qui se féminisent en *a* : *brâmo*, bœuf, *brâma*, vache; *gorda-batze*, *zacca-breya*, etc.;

6° Existence de diminutifs, dérivés et composés, qui paraissent ne pas se retrouver dans les autres argots et constituent au *bellau* une véritable supériorité sous ce rapport. Diminutifs : *sibel*, horloge, *sibelletta*, montre (petite horloge); *perguelin*, soleil, *pergueletta*, lampe (petit soleil). Dérivés : *mar*, petit, *marabe*, enfant, *mari*, apprenti peigneur, *marilondzan*, mois (petite année); *roubbio*, feu, *reubbia*, brûler; *teyno*, également *feu*, *ténotte*, marmite, *téna*, sécheresse, *teyna*, chauffer. Composés : *correntin de sapre*, lièvre (coureur de bois); *correntin de vouéssa*, poisson (coureur d'eau); *zima-forcha*, eau-de-vie (vin fort); *Gor-toir*, Dieu (le maître bon);

7° Existence d'un certain nombre de mots grecs : *arki*, *arti*, *créia*, etc., qui ont eu probablement pour point de départ la vieille cité phocéenne de Marseille, d'où ils se sont répandus dans les divers argots;

8° Vocabulaire tout hétérogène et dont la moitié au moins est visiblement empruntée au vieux français, à l'argot des prisons et aux langues méridionales tant anciennes que modernes. L'origine de l'autre moitié est encore une énigme pour moi, énigme que je soumets à l'érudite sagacité des philologues.

LUXEUIL

VILLE. — ABBAYE. — THERMES.

PAR

M. EMILE DELACROIX

Docteur en médecine et ès-sciences naturelles,
Professeur à l'Ecole de médecine et pharmacie de Besançon,
Médecin-Inspecteur des Thermes de Luxeuil.

Séance du 9 mars 1867.

LUXEUIL

CHAPITRE PREMIER.

Origine et nom de Luxeuil.

La haute antiquité d'une ville est ordinairement l'indice de quelque condition de territoire assez importante pour avoir attiré vivement l'attention des hommes, soit dans un intérêt de refuge et de défense, soit dans un intérêt plus spécialement favorable aux arts de la paix. Ce sont tantôt les riches plaines arrosées par des fleuves, où la culture, le pâturage et les transports étaient faciles, tantôt même les accidents de nature les plus sauvages, qui ont été le théâtre de la constitution des premières sociétés; et nous voyons qu'il n'est pas jusqu'aux cavernes que l'homme n'ait eu à disputer aux animaux.

La terre de Luxeuil, telle qu'elle a pu se montrer dans les anciens temps, n'offrait rien de bien accentué, mais plutôt une réunion de dispositions heureuses : au nord des collines, dernières ramifications des Vosges, où la forêt se développe avec une rare majesté, d'où la vue s'étend vers de beaux horizons; au sud une riche vallée, plaine bien arrosée et d'une fertilité exceptionnelle, s'étendant à l'ouest vers la Saône, l'*Arar* des anciens. Ce territoire offrait ainsi à nos robustes et premiers pères un magnifique pays de chasse, de pêche, de culture, et peut-être aussi de refuge; mais de plus il possédait des sources chaudes. Or la connaissance des sources chaudes, nous l'avons déjà dit (¹), est aussi vieille que le genre humain.

(¹) LES EAUX, *Etudes sur l'origine, la nature, les divers emplois des eaux*, dans la *Revue d'hydrologie médicale*, Strasbourg, 1866; tirage à part, 1 vol. in-12, Paris, F. Savy.

Quoique présentant d'une manière remarquable ce dernier genre de richesses qui, selon Pline, fondent des villes *(urbes condunt)*, Luxeuil n'est mentionné ni dans les itinéraires, ni dans la carte de Peutinger, ni dans les écrits que l'antiquité nous a laissés. Mais son existence à l'époque gallo-romaine n'en est pas moins certaine ([1]). Si nous n'en avions pas les preuves que donne chaque jour le sol luxovien, tout encombré de ruines antiques, ces preuves nous seraient déjà suffisamment signalées au viie siècle par ce qu'a écrit le moine italien Jonas, de Bobbio, sur l'arrivée de saint Colomban à Luxeuil vers 590 : « Il trouva une forteresse autrefois bien défendue (à huit milles environ d'Annegray, dans la Vosge) qui, dans les temps anciens, avait porté le nom de Luxovium, et où se montraient des thermes, ou eaux chaudes, édifiés avec un art excellent. Il y avait là beaucoup de statues de pierre auxquelles les payens avaient jadis rendu un culte profane et criminel, se livrant à leur égard à d'exécrables cérémonies. Mais alors on n'y voyait que des bêtes féroces, des ours, des buffles et des loups en grande quantité. C'est là que l'homme d'élite se mit à élever un monastère ([2]). »

Le nom de Luxeuil a varié souvent dans sa forme : son étymologie, comme toutes celles qui dérivent de la langue celtique, est assez mal connue. Sa terminaison en *euil* est récente ; nous la voyons figurer pour la première fois dans un procès-verbal d'assemblée des officiers municipaux tenue, en la chambre du conseil de l'hôtel de ville de *Luxeuil,* le dix juillet

---

([1]) Bourquelot, *Inscriptions antiques de Luxeuil et d'Aix-les-Bains,* dans les *Mémoires de la Société impériale des antiquaires de France,* t. XXVI.

([2]) « Invenit autem castrum quoddam, quod olim munitissimum fuisset, a supradicto loco distans plus minus octo milliaribus (a castro Anagratis in Vosego), priscis temporibus Luxovium nuncupatum, ubi etiam thermæ, sive aquæ calidæ, eximio opere extructæ habebantur. Multæ illic statuæ lapideæ erant, quas cultu miserabili rituque profano pagani quondam coluerant, execrabilibus eas cæremoniis prosequentes. At nunc solæ illic feræ, belluæ, ursi, bubali, lupi frequentes visebantur. Ibi ergo vir egregius monasterium construere cœpit. »

mil sept cent soixante-dix-sept, où lecture est donnée par le maire d'une lettre de l'intendant de la province, proposant à la ville de faire un emprunt de 28,000 livres à la commune de Mont-sous-Vaudrey pour l'achèvement de la construction des Bains.

On écrivait auparavant *Luxeul;* longtemps on avait écrit *Luxeu,* qui est resté le vrai nom dans la prononciation populaire de la Franche-Comté. A ce titre au moins, cette forme est celle qui rappellerait le mieux les origines. On lit aussi dans des chartes françaises : *Lixel, Lisseul, Lixu.*

Quant aux formes latines, c'est-à-dire gallo-romaine et du moyen-âge, elles ne sont guère moins nombreuses :

Lixovii *thermas,* dans l'inscription dite contemporaine de César et attribuée à Labienus;

Luxovio *et Brixiæ,* dans une inscription votive;

Lossoio *et Briciæ* dans une troisième;

Lo͞o ͡ ovio, sur une prétendue monnaie abbatiale que les uns ont attribuée à l'administration de saint Valbert (¹), et que d'autres considèrent comme une médaille frappée du temps de saint Eloi en l'honneur du monastère.

Enfin, dans divers écrits du moyen-âge, on voit paraître les formes *Lissovium, Lussedium, Losodium, Lixui.*

Confessant ici notre incompétence, bornons-nous à constater que les deux radicaux *lux* et *lix* ou *lis* paraissent dater des premiers temps, et ajoutons une simple observation. Si l'inscription de Labienus où figure le mot *Lixovii* était bien authentique, il faudrait reconnaître, en admettant que *li* ou *lis* eût signifié eau, comme on l'a dit, que *Lixovium* indiquerait assez bien une station d'eaux. Mais s'il fallait donner l'antériorité à la forme *Luxovium,* qui a commencé à paraître dans une inscription non contestée, n'en pourrait-on trouver la racine dans le mot *louch, luch* ou *loch,* qui en bas-breton,

---

(¹) Boisselet, *Collections numismatiques de Luxeuil,* dans les *Annales franc-comtoises,* 1865.

gallois, gaëlique irlandais, signifie encore aujourd'hui marais : caractérisation qui ne serait certes pas en désaccord avec l'état primitif des lieux ?

En effet, s'il était permis de reconstituer par la pensée l'état en quelque sorte anté-historique du milieu où se trouvaient les eaux minérales de Luxeuil, on ne verrait dans cette petite vallée latérale à pentes douces qui va mourant dans la plaine, qu'un ruisseau lent, formé d'abord de la réunion de quelques sources d'eau vive en amont de la forêt, s'enflant et s'embarrassant peu à peu d'eaux et de boues ferrugineuses données latéralement par les bancs de grès, bouillonnant et s'élargissant aux points où du fond des granites poussent des jets d'eau salino-thermale et se couvrant de mystérieuses vapeurs. De l'eau chaude émergée des entrailles de la terre ; des bassins fumants sous un dôme de chênes, d'aulnes et de foyards si vigoureux dans la contrée : il n'en fallait pas plus, assurément, pour attirer l'attention des habitants primitifs, leur inspirer des sentiments de vénération et de terreur religieuse. Partout où régnait le druidisme, cette religion qui avait, malgré sa barbarie, l'immensité de la nature à sa base et Dieu à son sommet, de pareils lieux ont été des lieux de rassemblements.

Quoi qu'il en soit et sans trancher la question, ni prétendre même à l'éclairer, la ville de Luxeuil, prenant sans doute un jour en considération les trois première lettres de son nom, a mis le soleil dans ses armoiries.

Passons en revue ses titres d'antique noblesse.

CHAPITRE DEUXIÈME.

Monuments gallo-romains.

I

VIEUX CHEMINS.

D'anciennes voies dont on retrouve les traces au sud : l'une dans la direction de Ronchamps, sur la commune de La Chapelle, où plusieurs bornes milliaires ont été découvertes, l'autre sur Ehuns et Visoncourt, où sont aussi de nombreux restes d'antiquités, mettaient en communication Luxeuil d'une part avec Mandeure (Epomanduodurum), d'autre part avec les rives gauches de la haute Saône et avec Besançon.

Jusqu'à une distance de 6 ou 7 kilomètres, dans cette sorte d'éventail s'ouvrant ainsi au sud de Luxeuil, les lieux dits caractéristiques abondent. Tout indique que dans la petite vallée marécageuse, au dessous de Visoncourt, il existait une autre station thermale; et sur les hauteurs d'Ehuns, nous voyons figurer les restes d'un vieux campement sous le nom un peu trop vulgarisé peut-être de *camp de César*, mais qui n'en mérite pas moins attention.

En se rapprochant de Luxeuil, les routes, après avoir franchi la rivière de la Lanterne, se réunissaient en passant le Breuchin en une unique et large voie qui s'élève du sud au nord sous la principale rue de la ville actuelle. Les travaux faits sur toute cette ligne en 1858, pour l'établissement des canaux et des trottoirs, ont mis à découvert cette belle voie antique, construite d'épaisses couches d'un gros gravier, tellement lié par un ciment ferrugineux qu'il avait acquis toute la solidité d'un poudingue bien résistant; et comme dans presque toute l'étendue le sol est d'une argile qui n'avait à fournir aucun ciment ferrugineux, il n'est guère permis de douter que l'eau ferrugineuse des sources mêmes n'ait été répandue le long de cette ligne, pour en consolider la voie par de fréquents arrosements.

En prolongement à peu près rectiligne, au nord de la ville actuelle, sous les fondations de l'hôpital que construit M. le marquis de Grammont, on a rencontré les lambeaux d'un pavé romain, divers débris, et des murs qui semblent indiquer que c'était de ce côté, c'est-à-dire entre cette partie de la voie et les Bains, que se trouvaient les principales constructions de la ville antique. A cinq ou six cents mètres au delà, dans la direction de Fontaines, on voit bientôt reparaître dans les champs la ligne de gravier, à gauche de la route de Fougerolles. Sa continuation à travers la forêt se dessine longtemps par une sorte d'avenue que trace à l'œil une plus courte végétation. Cette voie, qui reparaît dans la commune d'Anjeux et au delà, tournait à l'ouest sur Langres (Andomatunum). Un autre embranchement, parti d'une bifurcation qui est dans la forêt, près de la *fontaine du Miroir,* se dirigeait au nord à travers les vallées d'Ajol et d'Ogronne qui sont perpendiculaires à celle de la Moselle; mais, pour aborder cette dernière vallée, une voie romaine, obliquant à l'est, occupait les hauteurs intermédiaires. En effet, si nous suivons sur ces hauteurs la trace des lieux dits : la *Croisette,* les *Charrières,* qui sont entre Plombières et Val-d'Ajol, nous trouvons les restes d'un très beau dallage de voie romaine en blocs de grès, allant dans la direction de Remiremont.

II

LE CHAMP-NOIR.

Aux abords de Luxovium, les sépultures étaient placées, selon l'usage, le long de la voie. On sait, par des fouilles pratiquées au moyen âge, comme par celles qui se font encore aujourd'hui pour des constructions, que le Champ-Noir s'élevait des bords du Morbief à la ville, à droite et à gauche du

chemin, principalement à droite. Son centre occupait vraisem-
blablement la place actuelle de Saint-Martin, où fut la très
ancienne église de même nom qui a reçu le corps de saint
Valbert.

Les débris d'architecture antique d'assez grande dimension
qu'on a trouvés autour de cette église, et ce qu'on sait des
usages du temps, permettent de supposer que cet emplacement
avait été, à l'époque gallo-romaine, celui d'un temple de Mars.
Sur la plus grande étendue du Champ-Noir, des tombes chrétiennes ont été superposées à celles de l'antiquité. C'est de là
que viennent la plupart des pierres tumulaires conservées à
Luxeuil. En 1229, on en avait tiré comme d'une carrière une
telle quantité, qu'elles ont servi à faire les fondations des remparts de la ville. Sur un point où passaient ces remparts, en
arrivant par la route de Breuches, on a découvert en creusant
une cave, en 1845, dix-huit pierres tumulaires ainsi entas-
sées (¹). Elles portent encore la trace du mortier qui les liait.
Ces pierres sont la plupart de celles qu'on voit aujourd'hui
rangées sous la galerie des Bains.

D'autres sépultures, aussi à droite de la voie, ont été trouvées à peu de distance au nord de la ville.

Quant aux tombes chrétiennes, un très petit nombre de
celles qu'on a citées appartiennent à l'antiquité. Les sarco-
phages qu'on découvrit en 1858, en abaissant le sol de la
Grande-Rue, sont des époques mérovingienne et carlovin-
gienne, comme l'indique leur forme rétrécie de la tête aux
pieds.

III

INSCRIPTIONS ET MONUMENTS DIVERS.

Après beaucoup d'hommes éminents dans la science qui
ont décrit, quelquefois rapidement il est vrai, nos monuments
gallo-romains de Luxeuil et qui en ont interprété les inscrip-

---

(¹) Colonel DE FABERT, *Notice sur la ville de Luxeuil.*

tions, nous devons être circonspect. Cependant, comme une observation attentive et répétée, en un mot la fréquentation des choses, peut aider beaucoup à leur intelligence, nous allons passer en revue quelques-uns de ces monuments lapidaires.

Une inscription, sorte d'état civil de la station, se présente la première en date. Mais son authenticité a été si souvent combattue, qu'il est à regretter peut-être qu'on en ait voulu faire le principal titre d'une localité si riche d'ailleurs en vieux souvenirs. Essayons cependant d'éclairer le débat, en mettant sous les yeux du lecteur les circonstances de la découverte, relatées comme il suit dans les archives de la ville de Luxeuil (Reg. BB. 6, pp. 99 et 100) :

« L'an mil sept cent cinquante-cinq, environ les sept heures et demie du matin du vingt-trois juillet, nous Melchior Pigeot, maire et juge civil et criminel de haute, moyenne et basse justice des mairie et police de la ville de Luxeul ; Claude-Joseph Desgranges, avocat au parlement, premier échevin ; Jean-Claude Fabert, docteur en médecine, second échevin ; Claude-Joseph Leclerc, ancien ingénieur ; Pierre-Claude Belot, et Pierre-François Guih, tous conseillers-assesseurs de l'hôtel de ville dudit Luxeul, ensuite des ordres de Mgr de Boynes, intendant du comté de Bourgogne, du neuf du courant, portant qu'il seroit travaillé à la découverte des sources des eaux minérales qui sont autour des Bains de cette ville, avons le présent jour ordonné que, par Desle-Pierre Beurgey, Nicolas Dancour, Jean-Jacques Chiron, Nicolas Vidy, Antoine Balandier, Marie Jacquemin et Marguerite Chiron, il seroit fait une ouverture dans le pré du sieur George Bassand, aussi conseiller dudit hôtel de ville, dans l'endroit où il paroit un écoulement d'eau chaude, ce qui nous a fait présumer qu'il y avoit une source d'eau de cette qualité, qui est abandonnée et ruinée d'un temps immémorial, et à environ trente pieds au-dessus du tirant du nord au levant est une autre source d'eau ferrugineuse également abandonnée et ruinée. Les ouvriers cy-dessus dénommés ayant ouvert les terres sous les ordres dudit sieur Guin, dans l'endroit où la source d'eau chaude paroît, en continuant d'approfondir et élargir le fossé qu'on y a fait pratiquer, distant du bain des Pères Capucins qui est au midi dudit fossé de quatorze toises quatre pieds, lesdits ouvriers ont découvert une pierre de sable blanche, d'un fin grain, de quinze pouces de longueur, large de treize pouces et de trois pouces d'épaisseur, écarrie et taillée dans la surface, piquée à la pointe du marteau des quatre côtés et à la face opposée, et sur la face polie de cette pierre est un cadre d'environ une ligne de profondeur, de treize pouces neuf lignes de longueur, et de onze pouces de largeur, dans lequel sont gravées ces lettres romaines :

LIXOVII THERM.
REPAR. LABIENVS
IVSS. C. IVL. CAES.
IMP.

» Cette pierre étoit à trois pieds et demi de profondeur en terre, dans des débris de pierres, de maçonnerie, de tuiles à la romaine et de boue noire, de laquelle ladite pierre est encore chargée; et ayant mené une ligne de l'endroit où elle a été trouvée à l'angle qui est entre le septentrion et le levant du bain des Pères Capucins, elle décline du midi au levant de cinq degrés; elle est longue de quatorze toises quatre pieds et demi. L'emplacement de cette pierre est aussi à cinq toises deux pieds du milieu de l'égout d'un ruisseau d'où coulent actuellement les eaux qui formoient précédemment l'étang des Pères Bénédictins; et ayant fait mener dudit emplacement une ligne, jusqu'à la source d'eau ferrugineuse qui en est la plus voisine, elle décline du nord au levant de cinquante degrés et est longue de six toises. A la gauche d'un peu plus de deux tiers de cette ligne et à cinq pieds d'icelle, est une source d'eau chaude. Cette pierre a été levée en présence du R. P. Fortuné de Conliége, gardien des Capucins de cette ville; Dom Constance Pouthier, religieux bénédictin de la congrégation de Saint-Maur; Dom Jean Bouché, visiteur de l'étroite observance de l'ordre de Cluny; du sieur Charles-Antoine Ebaudy, seigneur de Bricon et autres lieux, conseiller-secrétaire du roi, demeurant à Amance; du sieur François Huvelin, intéressé dans les affaires du roi, demeurant à Lure; de Jeanne-Françoise Seguin, femme de Claude Perrin; de Jeanne-Baptiste Vannoz, fille de Joseph Vannoz; et la reconnaissance en a été faite en présence des ci-dessus dénommés, et de messire Alexis-François Rance, conseiller-auditeur en la cour et chambre des comptes à Dole; Dom Jérôme Bassand, visiteur de la congrégation de Saint - Vannes et Saint-Hidulphe, et Dom Jean-Baptiste Varin, prieur et sous-prieur de l'abbaye de Luxeul; père Isidore de Vesoul, religieux capucin à Luxeul; des sieurs Jacques Boulangier, Sébastien Grammasson et Constance-Ignace Renaud, prêtres, chapelains en l'église de Saint-Martin dudit Luxeul; des sieurs Sébastien Magny, procureur sindic de ladite ville; Georges-François Pigeot, procureur et notaire au bailliage de la même ville; des sieurs Claude-Benoît Prinet et Charles-Antoine Vinot, avocats en parlement, et autres aussi présents, de même que messire Géraud du Pouget, chevalier et seigneur de Reniac, capitaine aide-major au régiment de Marcieux en quartier à Luxeul; du sieur Jean-Baptiste Bontems des Essards, lieutenant audit régiment. De tout quoi nous avons dressé le présent procès-verbal sur les lieux, et l'avons signé avec tous les y dénommés présents ayant l'usage des lettres, les autres ayant déclaré être illettrés, de ce enquis après lecture. Et avons ordonné que ladite pierre, portant ladite inscription, sera incessamment déposée à l'hôtel de ville dudit Luxeul. (Suivent les signatures).

» Enregistré aux actes importants de l'hôtel de ville, fol. 99 et 100, par moi ledit Guin soussigné, le vingt-trois juillet mil sept cent cinquante-cinq.

» (Signé) GUIN. »

Est-il permis de supposer que le rédacteur même de ce procès-verbal, Pierre-François Guin, qui a dirigé les travaux et qui passait alors pour un antiquaire habile, grand collectionneur et un peu brocanteur, ait été plus que le parrain de l'inscription ? En tous cas, l'absence de complicité des témoins ne saurait être mise en doute. Leur nombre même s'explique aisément, puisqu'on était alors en pleine saison des bains ; mais la supercherie n'aurait pu que surprendre leur bonne foi, car il est évident qu'un Labienus apocryphe, quelque peu versé dans le triste art de la fraude, n'aurait pas attendu le dernier instant pour opérer ; qu'il eût au moins de longue date préparé l'aspect du terrain, afin qu'une exhumation en temps utile prît aux yeux de tous les caractères de l'imprévu.

L'authenticité de cette inscription a été repoussée par de Caylus (¹) et d'autres antiquaires éminents, et récemment encore par M. Bourquelot, professeur à l'Ecole des Chartes. Mais elle a eu pour elle aussi de savants défenseurs, en tête desquels était D. Grappin (²). En 1864, M. Déy (³) a de nouveau rompu une lance en faveur de cette inscription, qu'on peut voir sous le vestibule des Bains. Ce n'est pas à nous qu'il appartient de juger, mais son antiquité fût-elle encore plus suspecte, il n'en résulterait pas que Labienus n'ait rien eu à faire à Luxeuil. Mis en quartier d'hiver en Séquanie, après les défaites d'Arioviste et de Vercingétorix, il serait étrange qu'il n'eût pas profité de la station balnéaire qu'il avait en quelque sorte sous la main. Supposer autrement, ce serait oublier combien la balnéation était entrée dans les habitudes de la vie romaine. Labienus eut d'ailleurs, dans la première de ces circonstances, à surveiller la Gaule belgique, et à rendre compte à César des agitations qui s'y manifestaient (⁴). Il n'est

(¹) *Recueil d'antiquités*, t. III, pp. 364-65.
(²) *Histoire de l'abbaye royale de Luxeu*, manuscrit de la bibliothèque de Besançon.
(³) *Mémoires pour servir à l'histoire de la ville de Luxeuil*, dans les *Mémoires de la Commission archéologique de la Haute-Saône*, t. III et IV.
(⁴) *De bell. gall.*, lib. II, c. I.

donc pas impossible qu'il ait établi quelque poste à proximité de Luxeuil même, alors situé près des limites séquanaise et belge, la localité lui offrant au mieux les secours nécessaires à l'alimentation d'une partie de ses troupes, et la facilité de surveiller les passages des monts Faucilles.

Passons à une autre inscription :

LVXOVIO ET BRIXIAE C IVL
FIRMAN IVS V. S. L. M.

Lvxovio et Brixiae *Caius Iulius* Firmanivs *votum solvit libens merito* [1].

Cette inscription, connue déjà de longue date, était transcrite sur la couverture d'un manuscrit du viiie ou ixe siècle (*Homiliæ SS. Patrum in Evangelia quatuor*) de l'abbaye de Luxeuil. Quant à la pierre d'où elle était tirée, on l'avait sans doute rejetée dans les décombres, puisque de nos jours elle a été trouvée le 31 octobre 1777, ainsi qu'il est dit dans le procès-verbal qui suit de l'assemblée extraordinaire des officiers municipaux de Luxeuil (Reg. BB. 10, p. 39) :

« A l'assemblée extraordinaire des sieurs officiers municipaux de la ville de Luxeuil, le trente-un octobre mil sept cent soixante-dix-sept, sur l'avis donné à l'instant que dans les fouilles et enlèvement de terre qui se faisoient autour de la cour actuelle des bâtiments des Bains par les communautés des villages voisins, ensuite des ordres de M. de la Coré, intendant de cette province, on venoit de trouver une ancienne inscription qui paroissoit romaine, gravée sur une pierre du pays et commençant par LVXOVIO ET BRIXIAE, ainsi que celle qui a été vue autrefois et dont on a conservé une note sur l'intérieur de la couverture ou les premiers feuillets d'un ancien manuscrit déposé dans la bibliothèque des Bénédictins de cette ville; et sur la proposition faite qu'il étoit convenable de faire dresser procès-verbal, ainsi que de lever un

---

[1] **Bourquelot**, ouvrage cité.

plan de l'endroit précis où a été trouvée cette inscription, que l'on vient de rapporter à cet instant avoir été remise par les ouvriers qui l'ont trouvée au sieur avocat Prinet, de cette ville ([1]); et la matière mise en délibération, il a été statué et arrêté qu'on se transporteroit incessamment sur l'emplacement où on a trouvé ladite inscription, tant pour la vérifier et reconnoître que pour faire dresser procès-verbal de la découverte qui en a été faite, enfin dresser plan de l'endroit où elle a été trouvée pour être joint au procès-verbal, et le tout être remis pour en conserver la mémoire dans les archives de cet hôtel de ville. S'étant lesdits officiers municipaux soussignés, après lecture.

» (Signé) DESGRANGES, FABERT, DENICOURT, J.-B. THIERRY. »

Le 11 mai 1781, une nouvelle inscription où figure le nom de Bricia fut découverte au bord d'une piscine romaine abandonnée, au nord du grand bain actuel. Là voici telle qu'elle est sous le vestibule des Bains, en face de celle de Labienus :

DIVA AVXI
BRICIA REG
CAE AVG
COS
TIB ET PIS
DEDICATV
TEMPLVM.

Il en résulterait, comme on le voit, qu'un temple aurait été élevé, sous le règne de César Auguste et le consulat de Tibère et de Pison, à la déesse secourable Bricia.

Parmi les inscriptions où se voit ce nom de Bricia ou Brixia, celle dont il est question dans une délibération du corps municipal du 19 avril 1778, et qui est aujourd'hui à Vesoul dans la collection de M. Boisselet, héritier du cabinet Fabert, n'est

[1] Alors chargé de représenter la ville de Luxeuil dans les négociations relatives à l'achèvement de ses Bains.

certes pas une des moins authentiques ni des moins intéressantes :

..... SOIO

ET BRICIAE

DIVICTI

VS CONS

TANS

V. S. L. M.

On doit lire (d'après M. Bourquelot) : *Lussoio* ET BRICIAE DIVICTIUS CONSTANS *votum solvit* LIBENS MERITO.

Que signifie dans nos inscriptions le nom de Bricia ? Son association à celui de Luxovium ou Lsusoium dans les monuments de Luxeuil, n'ayant pu être mise en doute, les savants ont dû l'interpréter.

D'après une conjecture de Dom Grappin, le mot Brixia, suivi du nom de Firmanius, pourrait indiquer que ce Firmanius était Brixien, c'est-à-dire de Brescia en Lombardie. Mais nous voyons à Luxeuil une autre inscription où le nom de Divictius Constans se lit sous celui de Bricia. Ce Divictius Constans était-il donc aussi de Brescia ? Pour peu qu'on trouve à Luxeuil quelque autre monument analogue, on y verrait bientôt une colonie brixienne.

Dunod de Charnage (¹) s'est demandé à ce propos si le mot Brixia ne serait pas une faute de transcription, à laquelle on devrait selon lui substituer le mot *Hygiæ*, nom de la déesse de la santé.

D. Calmet (²) croit que le mot Brixia s'applique au village de Saint-Bresson ; mais de Caylus a fait observer que le village de ce nom, près Luxeuil, doit son nom à l'évêque saint Brice *(sanctus Brixius)*, postérieur à l'inscription.

D'Anville (³), croyant reconnaître un lien intime entre le

(¹) *Histoire de l'église de Besançon*, t. II, p. 117.
(²) *Traité des eaux de Plombières, de Bourbonne et de Luxeu.*
(³) *Notice de la Gaule*, pp. 430-431.

mot Brixia et le nom de la rivière Breuchin, pense que Brixia pourrait être une divinité locale ou gauloise.

Enfin Walckenaer [1], se fondant sur ce que le mot tudesque *Brucke* signifie pont, dit que *Bria, Briva* ou *Brixia,* désignerait un lieu situé au passage d'une rivière appelée Breuchin.

Or, de ce que Brucke veut dire pont ou passage, et sous ce rapport s'applique assez bien aux lieux dits nombreux qui se retrouvent le long du Breuchin, s'ensuit-il que la rivière tire son nom de sa prétendue patronne la déesse Brixia, ou réciproquement ?

Qu'on nous pardonne aussi de ne pas nous incliner devant une figure de sirène trouvée à Faucogney [2], et qui représenterait la fameuse déesse. C'est tout bonnement la grossière décoration d'une retombée de voûte d'église du treizième siècle ou du quatorzième.

Il faut reconnaître néanmoins que parmi tant d'opinions diverses, celle qui divinisait le Breuchin sous le nom de Brixia avait fini par prévaloir, sans doute à cause d'une de ces apparences de similitude de noms qu'on retrouve un peu partout avec de la bonne volonté. Mais a-t-on jamais lu dans quelque ancien titre que le nom de Brixia se rapportât au Breuchin ? Dans la vie de saint Colomban, écrite par Jonas, on voit que le Breuchin s'appelait *Brusca.* Il y est question d'une pêche que Gall, alors à Annegray, va faire *ad Bruscam.* Ce nom de Brusca est aujourd'hui parfaitement conservé dans ceux de *Breuche, Breuchotte,* la *Breuche,* les *Breuches,* qu'on retrouve tout le long du Breuchin. Mais les étymologistes les plus érudits de notre temps n'y voient aucun rapport d'origine avec le mot Brixia ; et encore à supposer qu'il y en eût, comment se pourrait-il que les eaux insignifiantes d'une petite rivière, située à distance, eussent été associées aux sources

[1] *Géographie ancienne des Gaules,* t. I, p. 320.
[2] *Note* de M. le docteur Thirion, dans les *Mémoires de la Commission d'archéologie de la Haute-Saône,* 1867.

thermales de Luxovium dans un même *ex-voto,* par un baigneur demandant secours à la station ?

Sans paraître adopter entièrement une opinion que nous avions émise, M. Bourquelot est de tous les auteurs qui ont écrit sur Luxeuil celui qui nous semble s'être approché le plus de la vérité, puisqu'il dit : « Ce qui est certain, c'est l'existence d'un culte à deux divinités locales, qui ont laissé leur nom dans le pays, et *qu'on invoquait sans doute dans les maladies.* »

Or, nous le répétons, des fouilles considérables faites à Luxeuil, en 1857 et 1858 ([1]), ont démontré qu'à l'époque antique les sources ferrugineuses de la station avaient été l'objet d'une exploitation non moins importante que celle de leurs voisines les sources thermales proprement dites. Il y avait donc là comme deux établissements distincts, quoique situés côte à côte, et pouvant se prêter un secours mutuel. Ainsi s'expliquerait l'adjectif *auxiliaris* appliqué à Bricia dans une de nos inscriptions, dont on a voulu contester l'authenticité, mais qui nous semble incontestable, par cela même que ce mot *auxiliaris* y apparut dans un temps où nul n'avait encore la moindre idée de ce qu'avaient pu faire les anciens de nos sources ferrugineuses. Et comme il est bien admis aujourd'hui qu'il n'y avait pas de source minérale fréquentée qui n'eût sa petite divinité, nous ne voyons pas plus d'invraisemblance dans une consécration de l'eau ferrugineuse à Bricia, qu'on n'en trouve dans celle de l'eau salino-thermale à Luxovium. Ainsi s'expliquerait encore une fois pour nous l'association de ces deux noms, Luxovium et Bricia, dans un même *ex-voto.* Ajoutons qu'au milieu des vastes constructions antiques élevées sur les sources ferrugineuses, on a trouvé des colonnes tournées, dont les bases étaient sur la grande galerie de surveillance et de captage, et qui rappellent là l'existence d'un petit temple ou de quelque monument analogue. C'est même de là que

---

([1]) Voir le compte-rendu de ces fouilles dans les *Mémoires de la Société d'Emulation du Doubs,* 3ᵉ série, t. VII, 1862, pp. 93-105.

vient le nom de *Sources du temple* donné de nos jours et d'une commune voix à nos principales sources ferrugineuses.

Une de nos inscriptions, sans contredit des plus intéressantes, est celle qu'on lit sur une des faces d'un petit autel. A l'opposé est un sacrificateur nu (¹), le bras levé et armé d'un court coutelas, le genou gauche appuyé sur une roche. Sur chacune des deux autres faces est un personnage nu jusqu'à enroulement à la ceinture. L'un d'eux porte des brodequins larges et à bouts pointus, comme on les retrouve aux pieds des personnages sculptés de nos pierres tumulaires. Ce monument, d'une hauteur de 0ᵐ,95, d'un beau style indiquant l'époque des Antonins, est assez bien conservé pour que nous en ayons fait un moulage à l'intention du musée archéologique de Besançon. Son inscription, que nous avons plusieurs fois relevée et avec le plus grand soin, parce qu'elle nous paraissait avoir été mal lue, porte :

APOLLINI
ET SIRONAE
IDEM
TAVRVS

Ici, comme on le voit, la consécration du monument cesse d'avoir un caractère exclusivement local. Elle s'applique à Apollon et à une nymphe des eaux, Sirona, dont le nom se retrouve en différents lieux (²), ordinairement associé à celui d'Apollinus Grannus, l'Apollon de la médecine. Mais que signifient les lettres de la troisième ligne de notre inscription? Seraient-ce des initiales? Nous ne pouvons que répondre de leur exactitude, laissant aux érudits le soin de les interpréter.

De nos jours, le nom de Sirona a servi à former celui de *Sironabad*, station d'eau sulfureuse située au bord du Rhin, entre Oppenheim et Nierstein.

(¹) Un de nos plus habiles sculpteurs, M. Jean PETIT, y voit Apollon le couteau levé pour scalper Marsyas.

(²) GRUTER, *Corpus inscriptionum*.

IV

PIERRES TUMULAIRES.

Les nombreuses pierres tumulaires, rangées sous la galerie des Bains de Luxeuil, sont généralement ornées de figures en relief, se détachant d'un creux, la plupart avec des inscriptions. Ces figures ont toutes le costume complet, gaulois ou romain, la longue blouse ou la toge, et portent aux pieds le soulier pointu. Elles ont dans les mains des vases funéraires, pots et coupes de forme variable, des paniers ou des coffrets à anses, des offrandes, des outils et jusqu'à des ustensiles de toilette. Plusieurs dames romaines emportent dans l'autre monde un petit miroir. Aux pieds de l'une d'elles est la louve accroupie. L'exécution plus ou moins achevée de ces monuments nous montre l'art à tous ses degrés, depuis la grande facture du sculpteur éminent jusqu'aux plus modestes essais du simple tailleur de tombes. On y voit l'attitude de la danseuse à côté de celle de la matrone sénatoriale; mais généralement elles sont empreintes d'une sorte de gravité mystique, indiquant bien le passage de l'une à l'autre vie. Ce sont les figures les plus gauloises qui offrent le mieux ce caractère. Plusieurs groupes montrent de bons époux se tenant par la main. Des professions très diverses nous paraissent avoir aussi là leurs représentants.

Un artiste barbu, avec l'inscription :

D   MARICIAINI   M

tient d'une main la coupe funéraire et de l'autre la gouge du sculpteur.

Un autre personnage, dont l'inscription placée à l'angle droit supérieur de la pierre a peut-être été mal interprétée, nous laisse lire très nettement :

D   M
VICTORINI CoAc
TILI

Cette tombe serait-elle celle d'un foulon *coactiliarius)?* ou s'agirait-il simplement d'un surnom tiré de la chevelure quelque peu feutrée de ce Victorinus ?

Une troisième représentation, sans nom, est évidemment celle d'un artisan, grave et barbu, qui tient de la main droite une coupe, de la gauche un instrument de menuiserie, sorte de couteau à deux manches.

Une autre représente, selon toute vraisemblance, un campagnard. De la main gauche il tient un fouet. Derrière son épaule droite, on distingue encore assez bien les linéaments de l'encolure d'un cheval. L'inscription qu'on voit au bas de la pierre offre tous les signes de la décadence. Elle a été mal lue jusqu'à ce jour et peut-être encore plus mal traduite. Nous en donnons le *fac-simile,* en y joignant une interprétation qui nous a été fournie par M. Castan :

D
MVSINLIRIIAIILIFI

C'est-à-dire : D*iis* M*anibus* MVSIN*i* LIRII*i (pro* LIRE*i)* AIILI*i (pro* AELI*i)* FI*lii;* — *Aux mânes de Musinus, le laboureur, fils d'Ælius.*

Suivant les archéologues, la plupart de ces pierres seraient du temps des Antonins et se rapporteraient principalement au deuxième siècle. On en voit non-seulement aux Bains de Luxeuil, mais encore dans les murs des jardins, derrière les treilles, notamment dans celui qui appartenait à un ancien inspecteur de la station, le docteur Leclerc, ainsi que dans beaucoup de villages des environs, surtout dans la direction de Langres. Rien n'indique mieux combien cette partie nord de la Séquanie était riche et peuplée à l'époque gallo-romaine.

Parmi ces tombes, un certain nombre se terminent en arc aigu, comme celles qui se trouvent aux environs de Saverne ([1]).

([1]) Cf. *Quelques monuments de l'époque gallo-romaine trouvés sur les sommités des Vosges près de Saverne (Bas-Rhin),* par M. le colonel DE MORLET.

M. J. Quicherat nous a fait observer que cette forme était particulière aux Vosges, où elle se rencontre sur le versant lorrain comme sur celui d'Alsace. Une de celles que nous possédons à Luxeuil a pour attribut la petite déesse Epona, latéralement assise à cheval.

CHAPITRE TROISIÈME.

Ancien état de la ville et des Bains.

On voit, par un plan dressé en 1772 ([1]), que l'enceinte fortifiée de Luxeuil commençait alors au sud, à la porte *Notre-Dame*, près du ruisseau dit *Morbief*, et qu'elle passait au nord à la porte *Saint-Nicolas*, un peu au-dessous de la place actuelle du Collége. Fermée à l'est, elle donnait passage à l'ouest à une route sur Breuches par la porte *Neuve*. Les Bains restaient dans le faubourg, au nord.

Telle avait été probablement la ville du moyen âge, mais là n'avait pas été la ville antique. Il est nécessaire de se reporter à ces limites de 1772 pour bien comprendre l'emplacement de la ville gallo-romaine, située autour des Bains.

D. Grappin, dans son *Histoire de l'abbaye royale de Luxeu*, nous a laissé un plan approximatif d'une enceinte supposée de la ville antique, à laquelle il donne, on ne sait pourquoi, une forme plus ou moins arrondie. La grande voie, faisant axe principal, comprenait, du sud au nord entre portes, environ 700 pas géométriques ([2]). Elle aurait eu, à droite, un long

---

dans le *Bulletin monumental*, t. XXVIII, 1862, pp. 363-368, et dans celui *de la Société pour la conservation des monuments d'Alsace*, Strasbourg, 1863.

([1]) Par DE Houzé, lieutenant de mineurs au régiment de Strasbourg, corps royal d'artillerie ; plan accompagné d'indications données par M. Grandmougin dans son *Histoire de la ville et des Thermes de Luxeuil*, 1866.

([2]) La moyenne du pas romain est de 1m4816. — Cf. Paul BIAL, *Chemins, habitations et oppidum de la Gaule*, dans les *Mém. de la Soc. d'Em. du Doubs*, 3e série, t. VII, 1862, pp. 380-381.

portique, à gauche les Bains. Dans cette hypothèse et à vue
du plan du savant bénédictin, la ville romaine se serait étendue à peu près à 500 mètres au nord, au sud et à l'est des
Bains, à 200 mètres seulement à l'ouest.

Mais laissons parler D. Grappin, dont l'autorité est ici
d'autant plus grande qu'il a eu certainement sous les yeux
des documents qui ont échappé depuis aux collections publiques et que le brocantage a perdus ou dispersés. « A travers
ces monuments, dit-il, je découvre Luxeu romain, son étendue, ses limites. A l'entrée du fauxbourg des Bains, presque
sous la porte *Saint-Nicolas* qui sépare le fauxbourg septen-
trional de la ville moderne, on vit en 1740 les jambages de la
porte méridionale de l'ancienne, saillants d'un pavé romain
fort étendu. Quatre médailles de Vespasien, trouvées sous la
base, font une preuve que du temps de ce prince on répara
les fortifications de Luxeu, mais non pas qu'on y ait travaillé
pour la première fois. Assez près de la porte méridionale (¹),
on découvrit les ruines d'un ouvrage avancé qui avoit encore
trois pieds d'élévation. Et vers le même temps un creusage,
entre l'étang des Bains et le bois appelé *Goutil-Joran,* produisit deux gonds énormes de quatre pouces de diamètre pour
chaque mamelon, et dont la partie qui entroit dans la feuil-
lure avoit un pied et demi de longueur. C'était là, où je place
avec assez de fondement la porte septentrionale, que commen-
çoit une ancienne route dont nous voyons encore les vestiges
au voisinage de celle de Fontaines. Ce chemin a toutes les
indices des voyes romaines : solide dans les lieux mêmes sujets
à l'eau, la levée en forme de rhombe est de vingt-quatre pieds
de largeur ; les deux côtés en talus. Autant qu'on en peut
juger, il prenoit sa direction vers Bourbonne, et probablement il conduisoit à Langres, pour y joindre la route de
Besançon à la Gaule- Belgique. »

Ainsi, ces médailles de Vespasien, trouvées sous une base

(¹) **A l'est de cette porte.**

6

de jambage de porte, indiqueraient qu'au premier siècle Luxeuil était déjà, sinon une ville fortifiée comme le suppose D. Grappin, au moins un vaste établissement thermal fermé, ce qui est plus vraisemblable (¹).

I

INDICATIONS DONNÉES PAR LES FOUILLES.

En tous cas, on ne saurait douter, d'après les vestiges anciennement découverts et ceux que la pioche met encore au jour à chaque instant, que de très vastes constructions existaient sur les deux flancs des Bains, surtout à l'est. Il est probable qu'entre ces constructions, la petite vallée en amont était plutôt un espace laissé libre, une sorte de *forum* réservé aux marchands et aux réunions publiques. C'est là qu'on a trouvé en nivelant le Parc, en 1858, et parmi les fondations d'anciens murs à gauche, le petit autel votif d'Apollon et de Sirona. Au moyen âge, tout cet espace au-dessus des Bains avait été converti en étang, à l'aide d'un barrage formé de deux murs parallèles jetés transversalement sur les ruines, et revêtant une chaussée qui donnait passage de l'une à l'autre rive.

Nous avons dit que, dans les temps primitifs, bien des sortes d'eaux mélangées avaient dû former les Bains de Luxeuil.

Dès l'époque celtique, ces Bains étaient fréquentés, puisqu'on y retrouve les objets d'alors, notamment les poteries les plus caractéristiques, enfouis au plus profond des terres remuées ou accumulées de main d'homme.

(¹) Une tombe que l'on voit aux Bains et qui a été trouvée près de la voie romaine, à la sortie nord de la ville antique, a pour inscription :

D   M
CERIALIS
DONICATI

Ce Cerialis a-t-il quelque rapport avec le général romain qui eut à réduire la révolte batave et gauloise ?

Peut-être même avant la grande occupation romaine, avait-on compris que les eaux thermales et les eaux ferrugineuses ont là des origines bien distinctes, et qu'il convenait de faire des travaux pour permettre à volonté ou empêcher leur mélange. On pourrait en effet, sans invraisemblance, attribuer aux purs Gaulois la construction de cette longue galerie formée de grosses pierres presque brutes et sans ciment, que nous avons décrite à la suite des fouilles faites en 1857 et 1858 aux sources ferrugineuses ([1]).

Des fouilles plus récentes pour les travaux de captage faits dans le Parc en 1865, à la source dite du *Pré-Martin*, située à 150 mètres environ au nord-est de l'établissement actuel, ont mis à découvert ([2]), entre autres objets antiques, à une profondeur de 4 mètres une médaille de Constantin, à 5 mètres une médaille de Domitien; enfin, dans une terre noire et à $0^m,50$ seulement au-dessus de la roche, une médaille d'Auguste. On comprend aisément cette succession chronologique des remblais; mais ce qui est ici bien remarquable, c'est que cette terre noire ait été recouverte et masquée par une assise uniforme de crassin sableux supportant en partie des fondations d'importantes constructions romaines.

Dans cette même terre noire, située ainsi entre crassin et roche, on a découvert, à 15 mètres en aval de la source et sur une longueur de 12 mètres, un amas de $0^m,40$ de figurines en bois de chêne, la plupart coiffées d'un capuchon, les autres à tête nue sculptée avec un certain goût et portant pour collier le grand anneau ouvert à bouts renflés, caractéristique de certaines statuettes trouvées en Séquanie, et qu'on voit au cou du petit Morphée en bronze du musée de Besançon.

Ces figurines de Luxeuil sont entremêlées de cendres, de

([1]) *Notice sur les fouilles faites en 1857 et en 1858 aux sources ferrugineuses de Luxeuil*, dans les *Mém. de la Soc. d'Emulation du Doubs*, 3ᵉ série, t. VII, 1862, pp. 93-105.

([2]) *Rapport de M. CHALOT.*

débris de bois brûlé et déjà de quelques poteries romaines. N'oublions pas qu'à quelques pas de là, le terrain analogue renfermait une médaille d'Auguste. On voit par là que si les Thermes de Luxeuil ont pu être restaurés par Labienus du temps de César, ainsi que l'indiquerait l'inscription, la faveur romaine ne les aurait pas protégés longtemps contre l'incendie.

Ce qui est plus vrai encore, c'est que les grands travaux antiques de la station, ceux qui ont laissé leurs ruines au-dessus du crassin dont nous venons de parler, sont postérieurs à cette destruction. Faut-il donc admettre qu'il y ait eu là, soit du temps d'Auguste, soit du temps de ses successeurs les plus rapprochés, quelque cause de ruine et d'incendie à ce point terrible qu'elle ait fait perdre le souvenir de l'état antérieur des lieux ? Est-il vraisemblable que des Romains, si habiles en construction, aient pu prendre un crassin accidentel pour de la roche, et fonder par inadvertance de grands édifices sur des remblais, quand il ne leur restait qu'un mètre à traverser pour atteindre le rocher même ?

La couche de crassin n'est pas là du sable amené par les eaux torrentielles ; elle est établie de main d'homme. Ce que nous savons des mœurs antiques fait supposer avec beaucoup de vraisemblance qu'elle a servi de sol artificiel couvrant quelque dépôt sacré d'*ex-voto* d'un âge antérieur. N'avons-nous pas vu, à Besançon, une disposition analogue quand on faisait des fouilles profondes à travers un cimetière gallo-romain du premier siècle, et même antérieur, pour établir les fondations de l'arsenal ? Là aussi un remblai servit à protéger des restes sacrés, dont rien n'avait été soustrait, pas même les objets de prix, quand plus tard on a établi sur ce remblai de vastes édifices.

Revenons à Luxeuil. Le rapport sur les travaux faits autour de la fontaine du *Pré-Martin*, signale là deux rangées parallèles de colonnes, l'une à l'est avec un mur en gros moellons, l'autre à l'ouest avec divers travaux d'enceinte et d'étanchement, qui ne permettent pas de douter de l'existence, à une époque gallo-romaine, d'un vaste bassin au centre duquel émergeait la source. Alors, selon toute probabilité, l'amas de figurines et de débris enfouis à quelques mètres en aval avait été déjà dérobé aux regards. Un mur à l'est protégeait cette source, dont l'eau est d'une pureté extrêmement remarquable, contre l'arrivée latérale des eaux ferrugineuses. Ces dernières, comme nous l'avons dit, avaient un système de captage particulier et bien distinct, une canalisation du nord au sud, avec une série de petits drainages transversaux à l'est.

Si chaque fois qu'on a découvert à Luxeuil des substructions antiques, on avait eu soin de les rapporter fidèlement sur un plan général des lieux, nous aurions peut-être aujourd'hui tous les éléments d'un plan de restauration des anciens Thermes. Mais quelle valeur peut-on accorder aujourd'hui à ce tracé un peu conjectural d'une longue ligne de pilastres, à droite de la voie romaine, qu'on voit figurer dans l'œuvre de D. Grappin ? Si l'existence de ces pilastres n'est pas contestable, la détermination vraie de leur emplacement laisse trop à désirer. Que dire de cet aqueduc de 300 mètres de longueur, partant du nord des Bains, descendant à la *Corvée,* dont il est question dans un ancien manuscrit déposé aux archives de la ville ? si ce n'est que, d'assez longue date, on aurait eu connaissance de la galerie qui suit les principales sources ferrugineuses.

Quant à ce qui a pu exister à l'ouest des Bains, et surtout au nord-ouest, où quelques visiteurs ont cru reconnaître, dans les profils et le contour du terrain, des vestiges d'un Cirque, nous sommes encore plus mal renseignés. De ce côté, il est vrai, jamais de grandes fouilles n'ont été faites.

Revenons au versant est où, selon toute vraisemblance, la voie antique a fait grouper le plus de constructions, entre les Bains actuels et le lieu dit *Trou-des-Fées.* Il est indubitable qu'au bas de ce versant, du nord au sud et suivant la ligne tracée souterrainement par la galerie ferrugineuse, il a existé de grands édifices. Leurs ruines consistent surtout en rangées de pilastres, se reproduisant parallèlement à l'est, et en débris de longues pièces de bois à demi-brûlées, entremêlés de tuileaux romains. Il devient évident par là que le principal système adopté pour les constructions accessoires des Thermes de Luxeuil, associait largement le bois à la pierre du pays. C'étaient de longs portiques, formés de piles en grès couronnées de sablières et supportant de vastes combles. Sur différents points, comme on a pu le constater, notamment aux sources pour cela dites *du Temple* et à la fontaine du *Pré-Martin*, il y a eu de plus des groupes de colonnes. Mais ces colonnades et ces portiques sont-ils bien contemporains? A l'époque romaine, les Thermes de Luxeuil, sans jamais cesser longtemps d'être fréquentés, paraissent avoir subi plus d'une ruine et conséquemment plus d'une réparation.

S'il nous a été possible d'établir quelques grandes divisions dans la coupe générale des remblais qu'on voyait aux sources ferrugineuses en 1857 et 1858, il devient très difficile, en prenant à part la période gallo-romaine, d'y préciser des dates. Nous n'essaierons même pas de le faire. Bornons-nous à rappeler les divisions que nous avons déjà indiquées.

« *Première période*. — Avant les grands travaux de canalisation des eaux ferrugineuses. En effet, sous quelques parties de ces travaux on trouve les poteries noires, brutes et nettement gauloises dont nous avons parlé (¹), et même déjà quelques débris de poterie rouge fine, mais *unie*, des cendres et des fragments de bois brûlé. Cette époque évidemment précède une première destruction (²).

» *Deuxième période*. — Etablissement des nombreuses rigoles de drainage à l'est et au nord-est. Construction du large canal en bois de chêne réunissant les eaux du nord au midi, et de

---

(¹) *Etudes sur Luxeuil*, dans les *Mém. de la Soc. d'Emul. du Doubs*, 1857, 3ᵉ série, t. II, pp. 380-386.

(²) Les conditions dans lesquelles on a trouvé depuis les figurines en bois de chêne, à la fontaine du *Pré-Martin*, se rattachent clairement à cette première période.

la galerie supérieure qui l'accompagne. Le plafond de cette galerie est *de niveau* avec des piles énormes et régulièrement espacées à l'est; une de ces piles est formée du flanc même de la galerie, ce qui indique la contemporanéité? d'autres, franchissant le canal, descendent vers l'ouest. On peut conclure de cette disposition qu'un très vaste bâtiment, construit sur la galerie prise comme niveau, s'étendait d'une part vers la ville, à l'est, et d'autre part vers les sources thermales dans l'axe de la vallée.

» *Troisième période*. — Sur les ruines nivelées de l'établissement qui précède, s'étendait au nord l'aire à potier que nous avons décrite (*Mém*. 1857) et dont nous avons déposé une coupe (plancher, terre et rivage en ciment romain) au musée de Besançon. Sur d'autres points, au même niveau et entre remblais, gisait un large dépôt de l'argile couleur perle qui appartient aux grès bigarrés, et à quelque distance un amas de chaux éteinte sur place, contenant encore quelques rognons non fusés, madrépores siliceux, etc. Cette époque d'ateliers divers, établis sur les ruines qui ont encombré les sources ferrugineuses, constituerait ainsi une troisième période assez distincte.

» *Quatrième période*. — Enfin, plus tard, à des époques dont la tradition et les historiens nous ont conservé plus ou moins le souvenir, il est certain que les Thermes de Luxeuil étaient entièrement dévastés; que toutes leurs eaux, thermales et ferrugineuses, mélangées à travers les décombres et notablement élevées de niveau, se frayaient péniblement en aval un passage vers le Breuchin; tandis qu'en amont les eaux froides superficielles, retenues par un barrage, avaient converti en un vaste étang l'espace au-dessus des Bains. »

Il est aisé de voir au moins, dans cette succession de remblais qui se montraient assez nettement tranchés : une première période qui serait la celtique, plus ou moins reculée ; une deuxième, qui est incontestablement gallo-romaine ; une troisième, qui est celle des invasions barbares et notamment de l'installation des Burgondes en Séquanie ; enfin la longue période du moyen âge, pendant laquelle on avait à peu près oublié les sources ferrugineuses sur lesquelles on continuait l'amoncellement des déblais, en se contentant d'utiliser tant bien que mal les eaux chaudes au milieu des ruines, à quelques pas de là.

Les tessons de poteries diverses et les ustensiles qu'on a pu recueillir dans tous les étages des remblais, ont été tellement variés, d'époques si diverses et trouvés en telle abondance, qu'ils sont la preuve, non-seulement de l'ordre non interrompu dans lequel se succédaient à Luxeuil les générations anciennes, mais de la grande fréquentation du lieu. Après les épais fragments de poterie gauloise, brute, noire, plus ou moins grossièrement malaxée et à courbes inégales, ou plus régulière et ornée de lignes en zig-zag, se montrent les tessons de fine pâte rouge, unie, dont les profils, d'une pureté sévère, rappellent les beaux temps de l'art gréco-romain ; puis les mêmes terres avec des reliefs représentant des courses, des combats, des chasses, des animaux, des fleurs, quelquefois des têtes d'hommes ou de femmes qui paraissent être des portraits de princes d'une plus basse époque. C'est à ces terres rouges, souvent sigillées, qu'appartiennent les signatures CIBIS, IANVARIVS, PAVLIANVS, PERAS, OF. BASSI, que nous avons recueillies et qu'a reproduites M. Bourquelot (¹). Joignons-y le nom de NICIA, que nous lisons sur un fragment qui est dans la petite collection du docteur Pierrey.

Si la plupart de ces poteries ont été apportées par des visiteurs de différentes nations et représentent ainsi une industrie plus ou moins exotique, il n'est pas moins vrai qu'on en fabriquait de très remarquables à Luxeuil même, et qu'on y façonnait notamment de cette belle poterie rouge, fine, lustrée, à reliefs, qui semble marquer partout le passage de la civilisation romaine. A l'appui de cette opinion, nous avons déjà

(¹) *Mémoires de la Soc. imp. des antiquaires de France*, t. XXVI.

cité le beau fragment de moule trouvé en 1858 par l'ingénieur des mines M. Descos, et qu'on peut voir aujourd'hui au musée d'archéologie de Besançon. Mais comme aucune des terres du pays ne pouvait donner seule la pâte et la couleur de cette belle poterie caractéristique dont nous venons de parler, il est rationnel d'en conclure qu'elle résultait d'un mélange connu traditionnellement et fait partout à peu près de même par les potiers romains.

II

MÉDAILLES.

Tous les auteurs qui ont écrit sur Luxeuil s'accordent à signaler l'immense quantité de monnaies trouvées dans la station. D. Grappin nous dit, dans ses *Recherches sur les anciennes monnoies du comté de Bourgogne* : « Le médailler de la bibliothèque publique de Besançon est un des plus riches pour les monnoies romaines trouvées dans la Séquanie. Celles des empereurs, surtout d'Adrien et de Constantin le Grand, sont très multipliées dans cette collection, à commencer depuis Jules César jusqu'au grand Théodose. *Luxeuil a fourni dans ces derniers temps assez de monnoies romaines pour en faire un médailler aussi considérable que celui de la bibliothèque publique.* On conserve ces monnoies à l'abbaye de Luxeuil et chez différents particuliers de la ville. » Ainsi, chose assurément remarquable, en 1782, Luxeuil avait des médaillers aussi riches que ceux de la capitale même de la province.

M. J.-J.-T. Boisselet, dans son mémoire intitulé : *Collections numismatiques de Luxeuil*, nous instruit de ce que sont devenus ces médaillers.

Celui de Pierre Vinot, médecin, qui a écrit sur les antiquités de sa ville en 1710, a passé dans le cabinet de J.-C. de Fabert.

Les intéressantes et nombreuses collections, successivement formées sur place et accompagnées de notes, par P.-F. Guin, ancien notaire et membre du magistrat municipal, mort en 1800, ont été malheureusement faites en vue de la spéculation et conséquemment dispersées.

Il en est arrivé de même du riche médailler de l'avocat Prinet, que son auteur avait destiné à devenir une collection de la ville, et qui néanmoins, après sa mort (en 1784), est devenu la proie des brocanteurs de Bâle.

Les Bénédictins de Luxeuil avaient aussi leur riche cabinet de médailles et d'antiques. Mais celui du dernier abbé, Jean de Clermont-Tonnerre, paraît avoir été pillé dans une émeute, le 21 juillet 1789. Peu après, les religieux auraient, dit-on, sauvé le leur en en faisant entre eux le partage.

Une grande partie de ces richesses avaient été recueillies par J.-F.-M. Fonclause, qui était parvenu à rassembler jusqu'à près de dix mille médailles, « dont un dixième, d'une grande beauté, manque dans les cabinets les plus nombreux. » Quatre mille environ de ces médailles, dont mille en argent, *toutes provenant de Luxeuil,* ont passé, par acquisition, dans la belle collection de M. le docteur Sallot, de Vesoul.

De son côté, M. Boisselet conserve religieusement les antiquités que la famille de Fabert a pu lui transmettre par héritage.

Le docteur Revillout, par l'acquisition qu'il a faite du cabinet du docteur Leclerc, a eu aussi sa part des richesses abondamment récoltées à l'époque où l'on faisait de très grands mouvements de terres pour la reconstruction des Bains de Luxeuil.

Mais en quelques bonnes mains qu'une partie de ces monuments de la station eût pu tomber, il est regrettable qu'ils soient aujourd'hui disséminés. Quand donc saura-t-on bien que tout ce qui touche à l'histoire d'un peuple, ou d'une ville, appartient en quelque sorte à tous, et n'a de garanties vraies de conservation que dans les collections publiques ?

En 1848, la ville de Besançon, voulant mettre sous la sauvegarde de la population même les objets les plus disparates, monuments d'histoire de tous les régimes, a fondé son musée d'archéologie, qui s'est accru comme par enchantement, chacun se faisant un mérite d'apporter son offrande et d'y attacher son nom. Ainsi rien ne s'égare, pas même le nom des donateurs. Il serait bien temps que la ville de Luxeuil imitât cet exemple, si elle veut laisser à ses historiens futurs autre chose à étudier que de la poussière et des *on-dit.*

III

VESTIGES DE BAINS.

On trouve dans les ouvrages des anciens inspecteurs des eaux de Luxeuil, notamment dans ceux des docteurs Chapelain, Aliès, Revillout, Molin, des renseignements sur la structure des salles et des bassins de la station dans l'antiquité. Ces bassins, découverts aux différentes époques de construction des Bains modernes, étaient ou circulaires ou quadrilatéraux, pavés d'albâtre ou de mosaïques ([1]). On y voyait des stalles creusées dans le roc, des voûtes en tuf. Cinq belles salles de bains auraient été ainsi exhumées. Malheureusement, nous ne voyons nulle part le plan qu'on dit avoir été levé de ces précieux restes, et déjà nous ne les connaissons plus que par une sorte de tradition. Dans ce qui nous est conservé des constructions romaines, le principal ouvrage est un bel aqueduc souterrain, qui reçoit encore aujourd'hui les eaux de vidange des bains et le petit ruisseau de la vallée. Il est construit en assises alternatives de gros et petit appareil. Voûté jusqu'au lavoir qu'on voit au delà du jardin du Salon, il se continuait à ciel ouvert jusqu'à la route de Breuches; mais cette dernière partie, longue de 450 mètres, a été voûtée en 1865 et supporte ainsi une avenue nouvelle pour aborder l'établissement.

([1]) « Il y a quelques années on trouva, derrière le bain gradué, trois bassins, dont deux de forme circulaire ; l'autre était un quadrilatère oblong. Ces trois bassins, dans lesquels on descendait par des degrés, étaient également pavés en albâtre. » (Dr CHAPELAIN, *Luxeuil et ses Bains,* 1851.)

Au souvenir de tant de monuments dispersés et qu'on a tirés longtemps du sol luxovien comme d'une carrière, à la vue de ce qui se présente encore dans les travaux qui mettent à nu certaines parties non explorées des remblais, quelque opinion qu'on se forme des vieilles origines de Luxeuil, on ne saurait disconvenir qu'il a joui, au moins comme établissement thermal, d'une très grande considération sous l'empire romain. Nous l'avons dit ailleurs (¹)', comment expliquer autrement cette accumulation de débris de coupes, tasses, cruches, urnes, de toute pâte, de toute forme et de toute dimension, qu'on a trouvés autour des sources, et qui forment là une collection céramique si variée qu'on la dirait empruntée à tous les lieux de la terre ?

Il est hors de doute que la statuaire antique avait là aussi plus d'une merveille : beaucoup de statues de dieux, dont parle Jonas, et au moins des bustes nombreux des grands personnages du temps. Celui de Lucius Verus, qu'on voit à l'hôtel de ville de Luxeuil, fait déplorer vivement les ravages exercés par les invasions barbares dans la station.

Au nombre de ces ravages, celui qui s'étendit à tout l'est des Gaules en 451, et qui avait renversé tant de villes sous les bandes d'Attila, paraît n'avoir laissé à Luxeuil que des ruines (²). Mais il faut reconnaître qu'auparavant bien d'autres orages avaient déjà passé par là. On sait ce qu'étaient devenus, bien avant Attila, ces pays entre Saône et Rhin, que les successeurs de Constantin ne pouvaient plus défendre (³).

(¹) *De l'emploi des eaux minérales chez les anciens*, dans les *Mémoires de la Soc. d'Emulat. du Doubs*, 4ᵉ série, t. I, 1865, pp. 239-249.

(²) Est-ce à cette invasion qu'il faut rattacher un singulier outil que nous avons trouvé dans les remblais qui couvraient les sources ferrugineuses? Il consiste en une mâchoire inférieure de cheval, usée profondément et aplanie en dessous. On voit qu'elle a servi d'instrument soit pour affiler les lames, soit pour lisser des surfaces à la façon d'un brunissoir.

(³) Voici dans quels termes l'empereur Julien dépeint l'est de la Gaule, après la première invasion germanique de 355 : « .... Innumera Germanorum multitudine circum eversa per Gallias oppida commorante. Quorum

Alors, ce qui pouvait y rester de population gauloise ou romaine commençait à négliger des cités compromises ou détruites, aimant mieux partager avec des colons barbares les habitations rurales. Ne soyons donc pas étonnés que Colomban, quand il vint aborder le territoire de Luxeuil en 590, n'ait trouvé là, comme on l'a dit, qu'un lieu désolé et en quelque sorte rendu à l'état de nature, où erraient plus d'animaux sauvages que d'habitants humains.

CHAPITRE QUATRIÈME.

Luxeuil religieux et municipal au moyen âge.

Au bord d'une de ces vallées qui, entre les Vosges et le Jura, donnaient depuis la Germanie entrée facile au cœur des Gaules, Luxeuil inévitablement, à chaque invasion, recevait plus de farouches visiteurs que de restaurateurs de ses Thermes. Que pouvait-il y rester debout, même avant la fin de l'empire d'Occident? Nous avons dit qu'au milieu des ruines, qu'en 1858 on voyait amoncelées sur l'ancien établissement ferrugineux, on a pu retrouver et distinguer assez nettement une période d'ateliers divers. Or, ce que nous savons des habitudes industrieuses et des mœurs relativement douces des Burgondes, installés dès lors en Séquanie, permet de supposer que ces ateliers établis sur des ruines leur appartenaient. La civilisation romaine, à l'est des Gaules, avait bien perdu de sa splendeur. Elle y avait laissé peut-être plus qu'ailleurs d'ineffaçables traces, mais aussi d'affreuses misères. Tous les historiens s'accordent à nous faire de la Séquanie, aux IVe et Ve siècles, une triste peinture.

---

numerus oppidorum ad quinque et quadraginta pervenerat, burgis et castellis minoribus omissis. » (JULIANI *epist.* ad. s. p. q. a., inter ejusd. *opera*, 1696, in-fol., p. 279.)

Jetons un coup d'œil plus général sur l'histoire de ces temps, pour comprendre ce qu'avait pu devenir Luxeuil, à l'époque où une colonie à peine installée avait à s'y défendre contre de nouveaux envahisseurs.

Le premier royaume de Bourgogne (Besançon, Genève, Lyon et Vienne), partagé en 463 entre les quatre fils de Gundioc, dont l'un était père de sainte Clotilde, avait passé aux mains de Gondebaud seul, par un de ces procédés fort en usage alors, la spoliation et le meurtre des frères.

Bientôt, du côté des Francs, auxquels Clovis avait assuré la suprématie dans les Gaules, le même système de partage, en 511, avait eu lieu entre quatre fils également rois : Thierry à Metz, Clodomir à Orléans, Childebert à Paris, Clotaire à Soissons.

Thierry Ier, secondé par son fils le vaillant Théodebert, portant la guerre en Allemagne, avait fait de l'Austrasie un Etat considérable.

Mais les trois derniers enfants, que Clovis avait eus de son deuxième mariage avec Clotilde, avaient d'abord songé à s'unir pour envahir la Bourgogne, qu'ils réclamaient du chef de leur mère, et ils en avaient précipité le roi Sigismond dans un puits. L'année suivante l'un d'eux, Clodomir, avait péri dans un combat contre Gondemar II, frère de saint Sigismond, laissant deux fils, âgés l'un de dix, l'autre de sept ans, dont les oncles convoitaient l'héritage. Ainsi se formaient et se déformaient les royaumes! En vain l'aïeule éperdue, la sainte veuve de Clovis, avait pris ces enfants sous sa protection. Elle n'eut pas même le temps de choisir pour eux entre la tonsure ou la mort, entre les ciseaux et l'épée qu'on avait fait luire à ses yeux. Clotaire fut le bourreau, Childebert le complice. On voit qu'avant d'aboutir à la longue série des rois fainéants, la dynastie mérovingienne était alors dans toute sa verdeur.

En 558, Clotaire était resté seul maître des Gaules. A sa mort, en 561, ses fils eurent en partage : Caribert le royaume de Paris; Gontran ceux de Bourgogne et d'Orléans; Sigebert celui de Metz ou d'Austrasie; Chilpéric celui de Soissons, auquel il ajouta Paris en 567.

Le bon Gontran avait eu ainsi, sans contredit, la part la moins difficile à gouverner, la Bourgogne, qui tenait alors le premier rang dans les Gaules. « Elle avait été, lors des invasions, le refuge des familles dépossédées. La civilisation, chassée de Trèves, avait cédé la ligne du Rhin, celle de la Meuse, et s'était repliée sur la Saône. Les inscriptions chrétiennes, beaucoup plus nombreuses et plus touchantes en cette contrée, suffiraient à en démontrer la supériorité intellectuelle et morale à l'époque des Mérovingiens (¹). »

Néanmoins, Gontran ne fut pas heureux en s'efforçant d'entretenir un peu de paix parmi ses frères, et surtout entre leurs femmes. Déjà commençait entre deux reines, Brunehilde et Frédégonde, dont la terrible célébrité plane sur toute l'histoire de ce temps, une trop mémorable lutte. L'épouse du brave Sigebert, Brunehilde, fille d'Athanagilde, roi des Wisigoths d'Espagne, avait été élevée à la cour de Tolède, et avait apporté à celle d'Austrasie une réputation de grâce et de beauté, une intelligence supérieure, une grande énergie façonnée par une éducation mi-romaine, mi-barbare. Sa sœur, la douce Galswinthe, était femme de Chilpéric; et ainsi les deux sœurs, en épousant deux frères mérovingiens, étaient devenues reines d'Austrasie et de Neustrie.

Mais à la cour de Chilpéric, une favorite, Frédégonde, régnait dans l'ombre. « Elle s'empara de l'esprit du pauvre roi de Neustrie, roi grammairien et théologien, qui dut aux crimes de sa femme le nom de Néron de la France. Elle lui fit d'abord étrangler sa femme légitime, Galswinthe, sœur de Brunehaut; puis ses beaux-fils y passèrent, puis son beau-frère Sigebert. Cette femme terrible, environnée d'hommes dévoués qu'elle fascinait de son génie meurtrier, dont elle

---

(¹) Ludovic DRAPEYRON, *La reine Brunehilde et la crise sociale du VIᵉ siècle,* dans les *Mémoires de la Soc. d'Emul. du Doubs,* 4ᵉ série, t. II, 1866, p. 408.

troublait la raison par d'enivrants breuvages, frappait par eux ses ennemis ([1]). »

C'est peu après ces événements, et, comme on le voit, au milieu des luttes barbares, qu'arrivait Colomban. Nous n'aurions certes pas à nous occuper, à propos de Luxeuil, des sentiments de douleur et de vengeance qui avaient envahi l'âme ardente de Brunehaut, à la nouvelle de l'assassinat de sa sœur et de son époux, ni des agitations qui s'ensuivirent, si nous n'avions à nous faire une idée de l'état de l'est des Gaules quand le saint réformateur irlandais vint y fonder une école qui, pendant plusieurs siècles, eut un rôle considérable et qui a conservé dans l'histoire une grande célébrité.

I

SAINT COLOMBAN ET LES ORIGINES DE L'ABBAYE DE LUXEUIL.

Au milieu des éléments hétérogènes où les Francs dominaient par la force et les Gallo-Romains par la civilisation, la religion nouvelle étendait chaque jour son empire. Les premiers monastères étaient non-seulement le refuge des hommes qui voulaient s'écarter des brigandages du temps, ils mettaient en honneur le travail exercé par des mains libres : leurs bibliothèques sauvaient de la destruction les œuvres de l'antiquité; leurs écoles entretenaient la culture des sciences et des lettres.

Situé au pied des Vosges, à proximité de l'Austrasie et vers l'extrémité nord du royaume de Bourgogne, Luxeuil était alors dans les Etats du roi Gontran, dont le neveu, Childebert II, fils de Sigebert et de Brunehaut, possédait l'Austrasie et n'eut la Bourgogne qu'en 593.

Or c'est en 585 que saint Colomban serait venu s'établir à Annegray, d'après les biographes, et en 590 qu'il aurait obtenu la concession des ruines de Luxeuil même, situé à huit

---

([1]) MICHELET, *Histoire de France*, t. I, p. 221.

milles d'Annegray. Ainsi c'est du roi Gontran que daterait la fondation du fameux monastère.

Luxeuil, nous dit D. Grappin, n'était plus qu'un désert quand y vint Colomban. Cette opinion est aussi celle de D. Guillot ([1]), et il faut avouer qu'en prenant à la lettre la sombre description des lieux que nous a laissée Jonas au VIIe siècle, il n'était guère possible de s'en faire une autre idée. Les auteurs de la *Vie des saints de Franche-Comté* ont été depuis moins absolus. Nous lisons dans leur *Vie de saint Colomban :* « Les rares habitants qui ont survécu au désastre sont dispersés, et n'ont conservé qu'une vague idée de la religion chrétienne... Le saint y prévoit pour lui et pour ses compagnons un double but à atteindre : une terre inculte à défricher et des âmes à sauver ([2]). » Cette interprétation, qui ne réduit pas tout à fait Luxeuil à l'état de désert au VIe siècle, nous semble plus juste. Dans des pays de facile refuge, comme le Jura, avec ses anfractuosités et ses innombrables cavernes, comme les Vosges, avec leurs immenses forêts, une population, quelque amoindrie qu'elle ait pu être par la guerre et les maux qui accompagnent les invasions, parvient toujours à réparer une partie de ses pertes aussitôt qu'un peu de calme a reparu. Aussi voyons-nous qu'après trois jours d'installation à Annegray, Colomban et ses compagnons, tourmentés par la faim, reçoivent la visite d'un étranger suivi de plusieurs chevaux chargés de vivres; que ces provisions épuisées, et quand depuis neuf jours la confiante colonie n'avait plus d'autres aliments que l'écorce des arbres et les racines du sol, l'heureuse inspiration d'un prêtre nommé Carantoc, abbé d'un monastère peu éloigné, fait partir plusieurs voitures de secours, sous la direction du cellérier Marculfe, qui, laissant aller ses chevaux à l'aventure, arrive tout droit à Annegray.

([1]) *Histoire de l'illustre abbaye de Luxeu* (1725), ms. de la bibliothèque de Vesoul.

([2]) *Vie des saints de Franche-Comté*, par les professeurs du collége Saint-François-Xavier de Besançon, t. II, p. 17.

7

A plus forte raison, le principal centre d'habitation du pays, Luxeuil, ne pouvait-il être en ce temps tout à fait abandonné.

Grande était sans doute la foi de Colomban et de ses douze courageux compagnons de labeur en abordant un pays où la forêt avait en grande partie fait disparaître les travaux humains; mais ils venaient de traverser en missionnaires du Christ les Gaules, où ils s'étaient probablement aguerris contre plus d'un danger; ils sortaient de la grande école de Banchor (¹), fameux monastère dirigé par Comgall, dans l'Irlande alors surnommée l'*Ile des Saints,* tant le christianisme, apporté par saint Patrick en 431, s'y était substitué facilement et rapidement au druidisme. Là, dans une vallée dite *des Anges,* quatre mille moines, dit-on, entretenaient sans interruption le chant des louanges de Dieu, et de là vient sans doute l'usage du *laus perennis* importé à Luxeuil.

On nous représente le nouvel apôtre comme attaché fortement à son église plus celtique que romaine. Il tenait aux habitudes nationales. Sa tonsure même n'était pas circulaire, mais elle allait, découvrant complètement le front, de l'une à l'autre oreille. Il continuait aussi l'usage irlandais de célébrer la Pâque le quatorzième jour de la lune de mars, quand ce jour tombait un dimanche, tandis que le concile de Nicée avait décrété que la fête serait mobile et se ferait le premier dimanche après la première lune qui suivrait l'équinoxe du printemps. Cette dissidence attira beaucoup d'ennuis à Colomban. Les lettres qu'il écrivit à ce sujet au pape saint Grégoire-le-Grand n'arrivèrent pas à destination ou restèrent sans réponse. S'adressant à un concile où se traitait la question, il suppliait les pères et ses frères de laisser à chacun les pratiques qui lui sont propres. Il demandait qu'on lui permît de vivre en paix dans le silence et la solitude des forêts ; qu'on ne les considérât pas, lui et les siens, comme des étrangers : Gaulois, Bretons, Ibériens, tous étant membres d'un même

---

(¹) **Dans l'Ulster, comté de Down.**

corps. Il paraît qu'à dater de ce moment on lui laissa, sur ce point, sa tranquillité.

Nous le voyons d'abord fondant le monastère d'Anne-gray (¹), qui devint bientôt insuffisant, puis celui de Luxeuil, qui fut le grand centre et où il établit ses cellules autour d'une église dédiée à saint Pierre, et enfin celui de Fontaines. Allant de l'un à l'autre, excitant partout les travaux de défrichement et de culture, l'étude des lettres anciennes et des sciences de son temps, la réforme des mœurs et la sanctification des âmes, ne laissant place dans sa règle que pour la prière et le travail, il fut sans contredit le restaurateur sévère d'un pays qu'avait ravagé la barbarie : aussi la réputation de son école grandit-elle au point qu'elle attira bientôt beaucoup de personnages des familles les plus considérables des Gaules.

Au milieu de ses travaux civilisateurs, Colomban semblait entraîné à rechercher les impressions de la vie au grand air, et cette paix profonde des solitudes de la nature qui donne toute liberté à la méditation. Tantôt seul, tantôt en compagnie de son fidèle ministre Domoalis, ou de Gall, ou de quelque autre de ses frères irlandais, on dirait qu'il ait visité, infatigable colon, jusqu'aux lieux les plus sauvages de la région montueuse où d'abord il s'était fixé et d'où il pénétrait dans la vallée de la Moselle. Souvent on nous le représente se retirant *au désert.* Comme à ce propos il est question d'une pêche malencontreuse sur l'Ognon, miraculeuse sur le Breuchin, que fit saint Gall pendant un séjour au désert, on peut en conclure que ce lieu était entre les deux cours d'eau, sur les hauteurs les plus arides qui séparent Faucogney de Servance. Mais la retraite favorite du maître était une caverne, dont il avait pris possession en en chassant un ours. Tout fait présumer que cette caverne est un abri de quelques mètres de profondeur, sous des bancs de grès qu'on trouve à gauche en gravissant la montagne, un peu avant d'arriver de Luxeuil à

_____

(¹) Aujourd'hui hameau près Faucogney.

Breuches-lez-Faucogney. Là existe encore, pour confirmer la tradition, une petite chapelle dédiée à saint Colomban. Une source est au fond de la grotte. Du haut de la montagne s'ouvrent à la vue d'immenses horizons, au sud sur le Jura, à l'est sur les ballons des Vosges. Au pied passe la belle vallée du Breuchin. A quelques milles, au fond d'une gorge pittoresque, on voit distinctement le territoire d'Annegray.

L'opposition qu'avait soulevée la doctrine de Colomban parmi les évêques n'avait pas eu d'abord des suites bien graves, puisque nous le voyons lié d'amitié avec l'évêque saint Nicet, qui occupait alors un des principaux sièges, celui de Besançon, d'où il vint consacrer les autels des monastères d'Annegray, Luxeuil et Fontaines.

Mais du côté des cours mérovingiennes tout n'allait pas aussi bien. Thierry II, roi de Bourgogne, sans mariage légitime, avait quatre enfants. Montrant néanmoins pour l'abbé de Luxeuil la plus haute estime, souvent il lui rendait visite et lui demandait ses prières. Celui-ci ne ménageait pas les remontrances et avait presque obtenu du roi plus de respect pour l'hérédité de sa couronne, quand un jour arriva Brunehilde. Devenue la terreur des grands d'Austrasie, exilée par Théodebert II, elle passait par Luxeuil, allant demander asile à son autre petit-fils le roi de Bourgogne. Elle voulait visiter le monastère. Colomban fut inflexible dans sa règle qui en interdisait l'entrée aux femmes.

Est-ce à dater de ce jour que l'orgueilleuse reine devint l'implacable ennemie de Colomban? Elle l'attira à la cour de Thierry, dont elle essaya par surprise de lui faire bénir les enfants naturels. On connaît le refus de l'homme de Dieu et l'anathème d'exhérédation dont il osa frapper la progéniture du roi. En attendant que sa prédiction s'accomplît, dès lors il fut livré à la persécution et condamné au bannissement. Un instant cette situation sembla s'amender; mais le saint persistait dans sa sévérité, et Brunehaut, dans sa haine, excitant contre lui la cour, et autant qu'elle le pouvait l'Eglise. Bientôt

Thierry lui-même, se faisant l'instrument de ces vengeances
et le défenseur des rites de l'Eglise universelle, se rend au
monastère de Luxeuil dont il viole l'enceinte; mais il recule
effrayé de nouveau devant l'attitude et les prédictions de Colomban, et laisse à ses gens de cour le soin de l'arrêter. Ré-
fugié d'abord à Besançon, où il devait attendre son sort, l'illustre proscrit était vénéré des habitants et consolé par saint
Nicet. Rien cependant ne pouvait lui faire oublier sa chère
colonie, vers laquelle se tournaient ses regards du haut de la
citadelle de Vesontio. Un attrait irrésistible l'y ramena fugi-
tif. Mais bientôt, devant céder à de nouvelles violences, et
surtout aux supplications de ceux qui étaient chargés de le
conduire vers la Loire et de là jusqu'à Nantes, pour le rejeter sur les côtes d'Irlande, il fit de touchants adieux à sa
patrie d'adoption. Les Irlandais et les Bretons ayant eu seuls
la permission de l'accompagner, il emmena avec lui ceux qui
étaient encore en état de supporter les fatigues de la vie er-
rante. L'un d'eux, accablé par l'âge, fit halte à courte distance. C'était Desle, qui alla fonder le monastère de Lure.

Ainsi fut arraché Colomban à ses travaux et à sa terre de
prédilection. C'était en 610. On présume, d'après son épître en
vers latins à Fedolius, qu'il avait alors soixante-six ans.

Quelque intéressante et glorieuse qu'ait pu être dorénavant
sa mission, soit quand on l'entraînait vers l'Océan, soit dans
son retour imprévu à travers les Gaules, où l'accueillirent
avec empressement Clotaire II et Théodebert II, il ne nous
appartient pas de le suivre au loin jusqu'au terme de ses pé-
régrinations, à Bobio, dans les Apennins, où il construisit
avec ses religieux son dernier monastère. C'était près d'une
basilique en ruines, dédiée à saint Pierre, et que lui avait
donnée Agilulphe, roi des Lombards. Là encore se trouvait
une grotte qui devint la retraite la plus habituelle du saint
homme. En vain Clotaire II, devenu maître des Gaules et se
souvenant de la prédiction que lui avait faite Colomban de sa
future grandeur, voulut-il le ramener dans ses Etats; là Co-

lomban finit sa carrière après deux années de repos, d'étude et de méditation, le 21 novembre 615.

On a conservé de lui des *Lettres,* seize instructions fort remarquables où il expose toute sa doctrine à ses moines, sept pièces en vers latins, et sa *Règle* qui, rapidement répandue principalement en Gaule, en Italie, en Irlande, a fini par s'allier et se confondre avec celle de saint Benoît.

Aux yeux des théologiens, comme des historiens et des philosophes, saint Colomban est resté une des grandes figures du moyen âge. A ce titre au moins il était convenable de lui consacrer quelques pages en nous occupant de Luxeuil.

A son arrivée dans cette contrée, d'après ce que nous dit son biographe Jonas, il y avait trouvé un prêtre du nom de Winioc, pasteur d'une petite paroisse. On pense assez généralement que cette paroisse était celle de Saint-Sauveur, qui depuis a toujours été considérée, malgré un certain éloignement, comme la *mère-église* de la ville de Luxeuil et qui a été reconnue comme telle en 1692 par un arrêt du Parlement de Besançon. Mais D. Grappin n'admet pas qu'il y ait eu aussi près un curé et des paroissiens, Jonas ayant dit : « Winiocus *vint* une seconde fois à Luxeu pour voir saint Colomban, et il *coucha* dans le monastère. »

Ces questions d'antériorité de la paroisse ou du monastère peuvent nous paraître aujourd'hui puériles. Ce n'est pas non plus dans l'origine qu'on y voyait matière à dissidence; mais la paix n'a pas duré toujours à Luxeuil. La commune ayant eu, là comme partout, ses temps d'épreuves et de luttes, et les priviléges de l'abbaye datant de loin, souvent la ville moderne, qui voulait dater de plus loin encore avec son prétendu municipe, a pu oublier, dans ses querelles contre de puissants abbés, la gloire qu'elle tenait en grande partie de son monastère.

II

ABBÉS ET RELIGIEUX CÉLÈBRES DE LUXEUIL.

La longue série des abbés de Luxeuil, pendant douze cents ans, nous semble offrir assez d'intérêt pour que nous la mettions comme il suit sous les yeux de nos lecteurs, en la tirant des sources les plus autorisées (¹) :

1. St COLOMBAN (*Columbanus*), 590.
2. St EUSTAISE (*Eustasius*), 613.
3. St VALBERT (*Waldebertus*), 625.
4. VINDOLOGE (*Vindologus*).
5. BERTOALD (*Bertoaldus*).
6. St INGOFROI (*Ingofredus*), 665.
7. CUNCTAN (*Cunctanus, al. Cunctatus*), vers 682.
8. RUSTIC (*Rusticus*).
9. SAYFROCE (*Sayfrocius, al. Sayfarius*), vers 700.
10. ADON, le bienheureux, (*Adonus*).
11. ARULFE (*Arulphus*).
12. RENDIN (*Rendinus, al. Lendinus*).
13: REGNEBERT (*Regnebertus*).
14. GÉRARD Iᵉʳ (*Gerardus*).
15. RATTON (*Ratto*).
16. VINLINCRAN (*Vinlincrannus, al. Vuikeranus*).
17. St MELLIN (*Mellinus*), vers 730.
18. FRUDOALD (*Frudoaldus, al. Trudoaldus, seu Wandoaldus*), vers 746.
19. GAYLEMBE (*Gaylembus*).
20. AIRIBRAN (*Ayribrandus, al. Adebrandus*).
21. BOSON (*Boso*), vers 764.
22. GRIMOALD (*Grimoaldus*).

(¹) DUNOD, *Hist. de l'église de Besançon*, t. II, pp. 121-129 ; — D. GRAPPIN, *Hist. de l'abbaye de Luxeu* ; — Hugues DU TEMS, *Le Clergé de France*, t. II, pp. 98-105 ; — *Gallia christiania*, t. XV, auct. B. HAURÉAU, col. 147-162.

23. André Ier (*Andreas*), 785.
24. Dotton (*Docto*), vers 786.
25. Silierne (*Siliernus, al. Sickelmus*).
26. Dadin (*Dadinus, al. Dademus*).
27. St Anségise (*Ansegisus*), 817.
28. Léotric (*Leotricus*).
29. Drogon (*Drogo*), fils naturel de Charlemagne, évêque de Metz et abbé de Luxeuil, 833, † 853 ou 855.
30. Fulbert (*Fulbertus*), 856.
31. St Gibart (*Gibartus*), † vers 888.
32. Eudes Ier (*Odo*).
33. Gui Ier (*Guido*), vers 950.
34. Aalongue (*Aalongus*), 983.
35. Milon (*Milo*), 1018.
36. Guillaume Ier (*Guillelmus*).
37. Gérard II (*Gerardus*), 1049.
38. Roger (*Rogerius*).
39. Robert (*Robertus*).
40. Gui II (*Guido*).
41. Thiébaud Ier (*Theobaldus*), 1090.
42. Hugues Ier (*Hugo*), parent de l'empereur Henri IV, 1123.
43. Joceran (*Jocerannus*), 1136.
44. Etienne Ier (*Stephanus*), 1139.
45. Gérard III (*Gerardus*), 1147.
46. Pierre (*Petrus*).
47. Sifroi (*Sayfridius, al. Suffridus*), 1165.
48. Bourcard (*Borcardus, al. Bochardus*), 1178.
49. Gérard IV (*Gerardus*), 1186.
50. Olivier d'Abbans (*Oliverius*), 1189.
51. Frédéric (*Fredericus*), 1201.
52. Hervé (*Hervæus*), 1204.
53. Hugues II (*Hugo*), 1209.
54. Simon (*Simon*), 1219.
55. Thiébaud II (*Theobaldus*), 1234.

56. RÉGNIER (*Raynerius*), 1265.
57. HUGUES III (*Hugo*).
58. CHARLES Ier (*Carolus, al. Kaules*), 1271.
59. THIÉBAUD III *de Faucogney* (*Theobaldus*), 1287, † 1308 (jour de Pâques).
60. ETIENNE II *de Luxeuil*, 1308, † 1314 (1er août).
   Vacance de cinq ans. — JEAN, moine de Saint-Bénigne de Dijon, élu et non confirmé.
61. ÉUDES II *de Charenton*, 1319.
62. FROMOND *de Corcondray*, 1346, † 1351 (27 mars).
63. GUILLAUME II *de Saint-Germain* (en Auvergne), 1357, † 1363 (24 avril).
64. AIMON *de Bourbonne ou de Molain*, 1364, † 1382 (20 avril).
65. GUILLAUME III *de Bussul*, † 1416 (7 août).
   PIERRE *de Leugney*, élu et non confirmé, 1418.
66. ETIENNE III *Pierrecy de l'Isle*, 1422, † 1424 (3 août).
67. GUI III *Pierrecy de l'Isle*, destitué, pour cause de simonie, en 1427.
68. JEAN Ier *d'Unguelle*, † 1431.
69. GUI IV *Briffaut* (de Faverney), 1431, † 1449 (20 février).
70. JEAN II *Jouffroy* (de Luxeuil), devenu le fameux cardinal de ce nom, 1451.
71. ANTOINE Ier *de Neuchâtel*, évêque et comte de Toul, abbé commendataire, 1468, † 1495 (1er mars).
72. JEAN III *de la Palud de Varambon*, protonotaire apostolique, abbé commendataire, 1495, † 1533 (décembre).
73. FRANÇOIS Ier *de la Palud*, neveu du précédent, abbé commendataire, 1534, † 1541.
74. FRANÇOIS II *Bonvalot* (de Besançon), ambassadeur de Charles-Quint en France, abbé commendataire, 1542, † 1560 (janvier).

75. ANTOINE II *Perrenot de Granvelle*, neveu du précédent, célèbre ministre de Philippe II, abbé commendataire, 1560, † 1586 (21 septembre).

76. LOUIS *de Madruce*, cardinal-évêque de Trente, abbé commandataire, 1587, † 1600 (2 avril).

77. ANDRÉ II *d'Autriche*, cardinal-évêque de Constance, abbé commendataire, 1600 (20 mai), † 1600 (12 novembre).

78. ANTOINE III *de la Baume Saint-Amour*, abbé commendataire, 1601, † 1622 (6 septembre).

79. PHILIPPE *de la Baume Saint-Amour*, neveu et coadjuteur du précédent, abbé commendataire, 1622, † 1631 (22 février).

80. JÉRÔME *Coquelin*, réformateur de l'abbaye, abbé régulier, 1633, † 1639 (15 août).

81. JEAN-BAPTISTE Ier *Clerc*, abbé régulier, 1642, puis commendataire, avec Jean de Watteville et ensuite Claude - Paul de Beauffremont pour coadjuteurs; † 1671 (16 avril).

82. { JEAN-BAPTISTE II *de Beauffremont*, abbé commendataire, 1671, démissionnaire en 1680.
     { EMMANUEL *Privey*, abbé régulier, dépossédé par arrêt du Parlement.

83. CHARLES II *de Beauffremont*, frère de Jean - Baptiste, commendataire, 1680, † 1733 (27 juin).
     Vacance de neuf ans : administration du chapitre métropolitain de Besançon.

84. RENÉ *de Rohan-Soubise*, abbé commendataire, 1741, † 1743 (7 février).

85. JEAN IV *de Clermont-Tonnerre*, vicaire-général de Besançon, abbé commendataire de 1743 jusqu'à la suppression de l'abbaye.

On voit que, dès les temps mérovingiens, le monastère de Luxeuil a eu à sa tête, comme il a renfermé dans ses cloîtres, des hommes éminents à divers titres. Saint Colomban, assisté des douze compagnons venus avec lui d'Irlande, en avait fait non-seulement la grande école des sciences, des lettres et de la civilisation chrétienne luttant alors contre la barbarie, mais encore une pépinière d'où sortirent une foule de religieux élevés à des chaires épiscopales, ou de saints personnages et de fondateurs d'établissements conformes à celui de Luxeuil.

Là vécurent :

Saint Colomban jeune et saint Lua, venus d'Irlande ;

Saint Sigisbert, aussi Irlandais, moine de Luxeuil et premier abbé de Dissentis (Suisse-Grisons) ;

Saint Léobard, premier abbé de Maur-Munster ;

Saint Ragnachaire ou Ragnaire, évêque d'Augst et de Bâle;

Saint Hermenfroi (de Strasbourg), évêque de Verdun ;

Saint Waldolène (de Picardie) et saint Valery (d'Auvergne), qui allèrent fonder le monastère de Leuconaüs ou Leuconay (aujourd'hui Saint-Valery-sur-Somme) ;

Saint Desle ou Déicole, Irlandais, qui fonda le monastère de Lutra (Lure) ;

Saint Colombin (Irlandais ?), deuxième abbé de Lure ;

Saint Gall, Irlandais, fondateur du célèbre monastère qui a pris son nom, vers le lac de Constance ;

Saint Ursanne, dont le nom est resté au monastère fondé vers Porrentruy ;

Saint Attale (Bourguignon), devenu deuxième abbé de Bobio, et que saint Colomban avait d'abord désigné pour lui succéder à Luxeuil ;

Saint Bertulfe ou Bertoul (Austrasien), troisième abbé de Bobio ;

Saint Babolein, fils de Winnoc et quatrième abbé de Bobio ;

Saint Eustaise (Bourguignon), deuxième abbé de Luxeuil et l'un des hommes les plus érudits de son temps ;

Saint Cagnoald (d'origine franque), élevé d'abord à la cour de Théodebert, devenu évêque de Laon ;

Saint Achaire, évêque de Noyon et de Tournai ;

Saint Amé, de Grenoble, qui vint du monastère d'Agaune (Saint-Maurice-en-Valais) à celui de Luxeuil, et fonda sur le Saint-Mont, dans le domaine de Romaric, le couvent d'où sortit l'abbaye des Dames de Remiremont ;

Saint Romaric, qui quitta la cour d'Austrasie pour succéder à saint Amé ;

Saint Waldalène, ou Vandelène, ou Vandelin, premier abbé de Bèze, près Dijon;

Saint Omer, des environs de Constance, évêque de Thérouanne, et qui a laissé son nom à la ville actuelle de Saint-Omer ;

Saint Mommolin, de même origine, évêque de Noyon ;

Saint Bertin, de même origine, parent d'Omer et deuxième abbé de Sithiu (nom primitif de Saint-Omer) ;

Saint Ebertram ou Bertrand, de même origine, abbé de Saint-Quentin ;

Saint Valbert ou Waubert, du Ponthieu, troisième abbé de Luxeuil, et qui a laissé son nom au village près duquel était sa retraite favorite ;

Saint Aile ou Agile, fils d'Agnoald, conseiller de Childebert II, qui fut élevé à l'école de Colomban et d'Eustaise, et devint premier abbé du monastère de Rebais (Brie) ;

Saint Germain, de Trèves, premier abbé de Granfeld ou Grandvilliers (dioc. de Bâle), honoré comme martyr ;

Saint Ermenfroi, de la vallée du Cusancin, près Baume (Doubs), premier abbé de Cusance, l'un des monastères fondés du temps de saint Valbert, selon la règle de saint Colomban ;

Saint Adelphe, troisième abbé de Remiremont ;

Saint Frobert ou Flobert, de Troyes, abbé de Moutier-la-Celle, près Troyes ;

Saint Théoffroy, premier abbé de Corbie (Somme), envoyé par saint Valbert ;

Saint Berchaire, qui, dans le même temps, fonda le monastère de Hautvilliers, près Reims, selon la règle de saint Colomban alliée à celle de saint Benoît;

Saint Ingofroy, sixième abbé de Luxeuil, qui reçut ensemble dans leur exil Ebroïn et saint Léger;

Saint Emmon, moine chargé des soins de l'hospitalité sous Ingofroy;

Saint Mellin, dix-septième abbé, qui périt vers 730, dans le massacre général et l'incendie du monastère attribués aux Sarrasins;

Saint Anségise, vingt-septième abbé, qui fut élevé au monastère de Fontenelle (Saint-Vandrille, Normandie), reçut de Charlemagne différentes missions, et de Louis le Débonnaire celle de relever l'ancienne réputation du monastère de Luxeuil;

Le B. Angelôme, érudit distingué, disciple de Mellin, qui enseigna les lettres à la cour de Lothaire et fut moine à Luxeuil du temps de Drogon;

Saint Gibart ou Gibert, trente-unième abbé de Luxeuil, qui mourut percé de flèches à Martinvelle, en fuyant son monastère saccagé en 888 par les Normands;

Saint Tételme, moine, qui fut tué, dans le même temps, avec plusieurs de ses compagnons près de l'abbaye.

III

L'ABBAYE DE LUXEUIL SOUS LES SUCCESSEURS DE SAINT COLOMBAN.

L'abbaye de Luxeuil, pendant une durée de douze siècles, a eu nécessairement sa part des malheurs publics; elle a eu de plus ses misères propres comme ses gloires.

Saint Colomban n'y fut atteint que des maux venant du dehors; mais son digne successeur Eustaise, qui d'abord avait été maître des études au monastère, eut à lutter contre plus d'une difficulté, particulièrement contre les accusations d'Agrestin, moine de mauvaises mœurs et turbulent, qui avait dénoncé à la cour de Clotaire et aux évêques la règle de Colomban, comme étant dissidente et surtout trop rigide. Il faut dire qu'avant de se faire moine, Agrestin avait été secrétaire du roi Thierry.

Valbert, noble sicambre, comte de Ponthieu, comme il est dit dans l'inscription gravée à la porte de son ermitage (¹), avait passé sa jeunesse dans la vie militaire avant de se réfugier au monastère de Colomban, où il devint le successeur de saint Eustaise. « Son gouvernement forme une époque mémorable dans l'histoire de Luxeu. Jamais ce monastère n'eut un si grand nom. Des cloîtres presque innombrables furent érigés sous ses auspices, par les soins de l'infatigable abbé ou de ses disciples. Je citerai seulement les abbayes qui nous touchent de plus près, celles de Saint-Ursin, de Saint-Paul et de Jussa-Moutier dans la ville de Besançon, et celle de Rebais, qui eut pour premier abbé saint Agile, né dans le comté des Portisiens. Diverses églises vinrent à Luxeu choisir des évêques. Saint Donat (évêque de Besançon) y reçut les premiers éléments des sciences et de la piété, et il apprit dans cette abbaye le grand art de conduire un vaste diocèse.

» Saint Valbert mourut à Luxeu, où il avait présidé l'espace de quarante ans. Ses obsèques y furent dirigées par l'évêque saint Miget, qui avoit eu pour lui la plus tendre amitié. Plusieurs églises le choisirent pour leur patron et leur titulaire, distinction qui prouve celle qu'on faisait de sa vertu, et qui justifie la vénération que l'on conserve encore aujourd'hui pour sa mémoire (²). »

Sous l'abbatiat de saint Ingofroi, quand saint Emmon était chargé des soins de l'hospitalité, les cloîtres de Luxeuil ont servi d'asile, sinon de prison d'Etat, à deux célèbres antago-

---

(¹) Voir la *Vie de saint Valbert*, par M. J.-B. CLERC, professeur au séminaire de Luxeuil.

(²) D. GRAPPIN, *Histoire de l'abbaye royale de Luxeu*, introduction.

nistes. C'est là qu'Ebroïn, maire du palais, devenu odieux par ses cruautés, dut se réfugier par ordre de Childéric II, et que bientôt son rival calomnié, saint Léger *(Leodegarius)*, évêque d'Autun et ministre du roi, alla s'enfermer à son tour en 673. On dit qu'ils s'étaient réconciliés, le pieux asile leur ayant fait oublier un moment leurs rivalités. Mais on sait qu'Ebroïn, s'échappant à la mort de Childéric et formant un parti, mit le siége devant Autun en 676, fit crever les yeux à saint Léger qui était rentré dans son diocèse, et deux ans après lui fit trancher la tête. A son tour, Ebroïn périt de la main d'Hermanfroi, seigneur qu'il avait dépouillé de ses biens. Ainsi le monastère de Colomban ne portait pas tous les fruits qu'avait espérés son saint fondateur.

Il paraît cependant qu'il fut bientôt appelé à jouer un rôle important dans la période d'ignorance, de corruption et d'anarchie, qui signala le règne des derniers Mérovingiens; car nous voyons Albon, successeur de Tétrade à l'épiscopat de Besançon, s'associer le bienheureux Adon, abbé de Luxeuil, pour relever les mœurs dans son diocèse et y rappeler l'étude des lettres. Les bienfaits de cette réforme ne furent pas de longue durée. Les Allemands, et principalement les Saxons, faisaient des incursions dans le nord-est de la France; puis les Sarrasins inondaient et ravageaient le midi et le centre. On sait que de part et d'autre Charles Martel repoussait et châtiait rudement ces envahisseurs. Mais la Bourgogne avait été réduite au plus triste état : Besançon était en ruines; Luxeuil eut le même sort, et son abbé, saint Mellin, fut massacré avec une partie des religieux.

« Ainsi parut rentrer dans le néant, dit D. Grappin, l'école de toutes les sciences, l'académie des grands hommes, le modèle des monastères de France. »

Bientôt l'établissement relevé trouva de larges compensations dans les libéralités des Carolingiens. Un des abbés de ce temps, Anségise, était en grande considération à la cour de Charlemagne, qui en fit l'intendant des édifices royaux, le chargea de nombreuses missions pour réparer des monastères, et de diverses ambassades. Il paraît qu'en outre Anségise était très versé dans les matières d'agriculture, notamment d'arboriculture, à ce point qu'il en savait tirer pour les indigents d'abondantes largesses (¹). On lui attribue aussi la collection des *Capitulaires* de Charlemagne et de Louis le Débonnaire. Sa douceur, son habileté, son éloquence lui valurent encore plusieurs ambassades sous Louis le Débonnaire, et c'est probablement à son intervention que Luxeuil dut en grande partie la réparation de ses pertes. Il lui laissa en mourant, ainsi qu'aux monastères d'Annegray, Fontaines et Cusance, la meilleure part d'une immense fortune dont il ne s'était servi qu'en la répandant.

Alors aussi vivait un religieux qui a laissé de remarquables souvenirs dans les lettres : c'était Angelôme, élevé à Luxeuil du temps déjà de l'abbé Mellin, et qui avait achevé ses études à l'école du palais de Charlemagne, sous la direction d'Amalaire, successeur d'Alcuin. Angelôme à son tour fut chargé d'enseigner les saintes lettres à l'école du palais du temps de Lothaire, qui le pressa d'écrire un *Commentaire sur le Cantique des cantiques*. La réputation du savant moine était alors très étendue. On lui doit aussi un *Commentaire sur la Genèse*, plus un *Commentaire sur les quatre livres des Rois*, qu'il fit à son retour à Luxeuil, à la prière de l'abbé Drogon.

Drogon, fils naturel de Charlemagne, avait vécu en bons termes avec Louis le Débonnaire; néanmoins il avait eu des prétentions à quelque partie de l'héritage du grand empereur, s'il faut en croire Adson. Aussi les fils de Louis s'en étaient-ils débarrassés en lui donnant l'évêché de Metz, et comme supplément d'honneur l'abbaye de Luxeuil, où il sut se résigner bravement et remplir au mieux les devoirs de sa

---

(¹) « In præceptis rei rusticæ sagacissimus erat ; unde factum est ut diversarum frugum maxima illi copia nunquam deesset, quam semper larga manu cunctis indigentibus erogare noverat. » (*Vita S. Ansegisi*, apud *Acta SS. O. S. Benedicti*, sæc. IV, pars 1, p. 631.)

fonction. Il avait un grand penchant pour l'aménité du lieu et les distractions de la campagne, même pour la pêche qui faisait alors partie des exercices princiers. Il périt en poursuivant dans la rivière du Lignon (l'Ognon aujourd'hui) un poisson monstrueux. Son corps fut transporté à Metz et inhumé dans l'église de Saint-Arnoul, auprès de celui de Louis le Débonnaire (¹).

Dans les temps féodaux qui suivirent le démembrement de l'empire carolingien, l'abbaye de Luxeuil, au milieu des petites guerres et des grands brigandages, était bien exposée à perdre la splendeur qu'elle avait acquise dans les premiers siècles de sa fondation. Cependant son école est loin d'avoir péri, puisqu'au commencement du xiᵉ siècle elle était encore dirigée par Constantius, homme qui, au dire de Gudin son disciple, était incomparable pour sa vertu et son érudition, et que l'on respectait dans les principales villes d'Allemagne, de France et de la Bourgogne. L'élégie dans laquelle Gudin célébra sa mémoire a pris place dans le *Recueil des historiens de France* (²). On y lit ce vers :

Mœret plebs Luxoviensis lacrymis coutinuis.

Au siècle suivant, Pierre le Vénérable voyait beaucoup d'abus à réformer à l'abbaye de Luxeuil (²). Mais il faut dire

---

(¹) « Drogonem vero quintum, œque regnandi avidum....., ad amplioris supplementum honoris Luxovio pastorem præesse decernunt... Dum amœnitate locorum fruitur, Lignonem vicinum fluvium gratia piscandi agressus, dum piscem immanem sequitur, aquis lapsus subito præfocatur, Mettisque delatus, in sancti Arnulfi confessoris Christi ecclesia tumulatur. » (Adso, *Miracula S. Valdeberti*, ap. *Acta SS. O. S. B.*, sæc. III, part. ii, p. 456.)
(²) T. X, p. 325.
(²) « Præterea notum facio Luxoviense monasterium, cui anno præterito per fratres nostros Cluniac. providere voluistis, et vere, sed brevi tempore providistis, in deteriorem statum quam prius fuerat relapsum, omni pene monastica religione et observantia destitutum, parum a sæcularibus differre, in tantum ut quod priscis temporibus cuncta Galliarum monasteria anteibat, nunc pene universa vix a longe sequi videatur. Additur ad hoc malum hebetudo, ne dicam stultitia, pastoris qui ita gregi proprio præest, ut jam fere de abbate nihil ei nisi nomen supersit. » (*Innocentio II papa epistola*, inter Petri venerabilis epist., lib. IV, nᵒ 3.)

8

qu'il était alors en instance pour la soumettre à son abbaye de Cluny.

A la fin du xii° siècle et pendant le treizième, « ce fut une alternative continuelle de foiblesse et de puissance, de prospérités et de malheurs. Jamais notre province ne fut plus agitée que dans ces jours déplorables. Les guerres intestines la désolèrent longtemps, et les dissensions des seigneurs achevoient de ruiner ce qui avoit échappé à la fureur des guerres civiles. Dans l'espace de quatorze années, le monastère fut deux fois consumé par les flammes qu'allumèrent les seigneurs d'Aigremont et de Hobourg. Les archives et les autres manuscrits devinrent la proie de l'incendie. Philippe de Souabe s'efforça, en 1201, de réparer le désordre. Mais les lettres y firent une perte irréparable. C'est à ces deux embrasements qu'on peut attribuer les lacunes qui se trouvent quelquefois dans l'histoire de Luxeu et le manque de chartes qu'on aperçoit dans les archives (¹). »

Ce manque de chartes, dont parle D. Grappin, n'a jamais empêché qu'on en trouvât, de part et d'autre, chaque fois qu'une question d'antériorité était débattue entre l'abbaye et la ville dans leurs interminables procès.

IV.

LA COMMUNE DE LUXEUIL.

La ville qui nous occupe aurait-elle eu presque sans interruption, comme on l'a dit, des institutions analogues à celles des municipes romains (²)? Ce serait, il faut l'avouer, un bien remarquable privilége, dont ne paraissent pas avoir joui les villes même les plus libres et les plus importantes du moyen âge : Besançon ne retrouva son organisation municipale que dans

---

(¹) D. Grappin.

(²) A Déy, *Mém. pour servir à l'histoire de la ville de Luxeuil*, introduction, dans les *Mémoires de la Commission d'archéologie de la Haute-Saône*, t. III, 1862.

le dernier quart du xiiᵉ siècle (¹), et encore cette date est-elle reconnue comme étant la plus ancienne du genre en Franche-Comté (²).

On conviendra que le mot *plebs*, qui se lit dans le vers que nous avons cité d'un petit poème de Gudin, ne saurait indiquer à Luxeuil l'existence antérieure d'une population civile gouvernée par ses propres institutions. Quant à une fameuse cloche municipale, qui portait l'inscription : *Condita anno* 952, et qui fendue en 1760 fut renouvelée par ordre du magistrat, il doit être permis d'en suspecter la date, une erreur de lecture seule pouvant l'avoir créée.

Mais autant on se donnerait aujourd'hui de ridicule en voulant soutenir que Colomban était arrivé dans une ville thermale tellement ruinée qu'elle était absolument vide d'habitants, autant il nous semblerait puéril de ne pas reconnaître que c'est à la rapide célébrité de son abbaye qu'elle avait dû de sortir assez promptement de ses ruines. On sait que beaucoup de centres populeux ont dû leur résurrection, et souvent même leur premier établissement, à des monastères.

C'est à la suite des deux incendies qui avaient détruit Luxeuil en 1200, puis en 1214, qu'on voit paraître pour la première fois la qualification de *cité* appliquée à la ville, et celle de *citoyens* donnée aux habitants qui avaient demandé à à se fortifier pour se mettre à l'abri de nouveaux malheurs. Nous voyons ces fortifications autorisées par une charte de Henri, roi des Romains (³), en date à Haguenau du 29 décembre 1228 (⁴). Dans cette pièce l'abbé Simon est qualifié prince d'empire.

« Dès cette époque, on y trouve, dit D. Grappin, des ingé-

(¹) A. CASTAN, *Origines de la commune de Besançon*, dans les **Mémoires de la Soc. d'Em. du Doubs,** 3ᵉ série, t. III (1858), pp. 288-289.

(²) TUETRY, *Droit municipal en Franche-Comté*, p. 13.

(³) Cet Henri était fils de l'empereur Frédéric II, alors en Palestine.

•(⁴) *Cartulaire de Luxeuil,* ms. de la bibliothèque de Besançon.

nus, des chevaliers, des nobles, des citoyens, titres respectables, incompatibles avec ce que nous appelons *mainmorte*. Cela prouveroit une vérité constante parmi nous, que la mainmorte ne fut jamais présumée dans l'ancienne Séquanie, et surtout dans les villes qui ne se peuplèrent que sous les auspices de la bourgeoisie et de la liberté. »

Aussi quand, le 5 décembre 1291, l'abbé de Luxeuil, Thiébaud III de Faucogney, délivra aux habitants leur charte de franchise, cette charte fut-elle considérée, dit-on, comme une sorte de traité, de part et d'autre consenti.

Dorénavant l'histoire civile et l'histoire abbatiale de Luxeuil marchent parallèlement, ou plutôt se touchent par tant de points qu'elles se confondent. Ce n'est pas à nous qu'il appartient d'en suivre les événements et de les exposer dans leur ordre chronologique.

V

ÉDIFICES HISTORIQUES DE LUXEUIL.

Nous avons vu que l'église paroissiale de Luxeuil avait été d'abord, et presque jusqu'à nous, celle de Saint-Sauveur. Dans cette église, nouvellement rebâtie, on conserve un petit monument, précieux par son âge autant que par sa valeur artistique. C'est une cuve baptismale, sculptée sur ses huit faces et supportée par quatre lions accroupis. Son style rappelle la fin du xiie ou le commencement du xiiie siècle ; et peut-être est-il permis de voir dans ce monument, qui remonte ainsi aux premiers temps d'organisation de la commune, un souvenir des pieuses libéralités des Luxoviens affranchis.

A dater de la Révolution, la ville a fait acquisition de l'ancienne église abbatiale, qui est ainsi devenue paroissiale de Luxeuil. Cette église, élevée d'abord par Colomban sous le vocable de saint Pierre, a peut-être été primitivement bâtie avec des débris d'anciens temples, selon la coutume du temps quand on avait ces ruines sous la main ; mais elle a subi bien des ravages et conséquemment plus d'une transformation. Incendiée par les Sarrasins, lors du massacre des moines en 731 ; probablement maltraitée par les Normands en 888, quand furent tués saint Gibart et une partie de ses religieux ; réédifiée sous l'abbatiat de Gérard II au xiiᵉ siècle, et de nouveau ravagée par les incendies qu'allumèrent les seigneurs au commencement du xiiiᵉ siècle, elle a été reconstruite en 1330 à peu près complètement : Eudes II de Charenton était alors abbé de Luxeuil. On lui doit dans la ville encore d'autres constructions, faites dans les moments de répit que lui laissaient ses terribles voisins, notamment celle d'une immense tour à neuf étages, élevée à l'angle sud-est des remparts qui formaient de ce côté l'enceinte de l'abbaye. Cette tour existait encore au commencement du siècle dernier.

Au milieu du xvᵉ siècle, l'église, avait été décorée, par Antoine Iᵉʳ de Neuchâtel, abbé commendataire, d'un jubé qui n'a pas dû être sans valeur pour une plus grande consolidation de l'édifice. On a fait disparaître ce jubé en 1693, quand furent placées les belles stalles de saint Etienne de Besançon, qui avaient été achetées par les religieux. Une partie de ces stalles orne encore aujourd'hui le chœur de l'église, à l'entrée de laquelle se voit aussi un remarquable et gigantesque travail sculpté en bois de chêne, buffet d'orgues attribué à la munificence d'Antoine III de la Baume-Saint-Amour, abbé en 1601.

Les nombreux mausolées des personnages célèbres de l'abbaye de Luxeuil, qui étaient adossés à l'intérieur des murs, et parmi lesquels on voyait celui du savant Angelôme (¹), ont été détruits en 1793. Des hommes, trop ignorants pour voir dans une révolution quelque chose de plus utile que la destruction des monuments historiques ou religieux, n'ont pas même su dans leur fanatisme établir des distinctions, car on leur attribue aussi la disparition de monuments gallo-ro-

---

(¹) D. GRAPPIN, *Hist. de l'abbaye de Luxeu*.

mains, notamment d'un groupe antique gravé dans le *Recueil de Caylus* (¹).

Mais n'accusons pas les barbares, quand des princes de l'Eglise avaient donné le mauvais exemple. N'est-ce pas la triste inspiration de l'un d'eux, voulant se loger plus commodément dans le palais abbatial, à côté des grottes de Saint-Valbert et de Saint-Colomban, qui a fait disparaître dans un adossement de murs le portail du temple de Saint-Pierre? Dès lors, la statue du saint patron, descendue de son portail, a erré autour de l'édifice et jusqu'à travers les débris du vieux cimetière, en attendant qu'une main plus généreuse lui donnât au moins le modeste abri momentané qu'elle occupe aujourd'hui dans le coin de gauche à l'entrée de l'église. Cette statue mutilée qui, dans son exil, a servi à transmettre à la postérité le nom de plus d'un gamin de la ville, appartient cependant aux plus beaux temps de l'art gothique. Sa date approximative est indiquée par la coiffure du saint, qui est une pyramide tronquée à six pans : forme qui, avant l'adoption de la triple tiare papale au commencement du quatorzième siècle, avait duré depuis la fin du douzième.

En sortant de l'église Saint-Pierre par la porte de la nef droite, on se trouve sous les galeries mêmes d'un cloître, dont l'aile septentrionale date de la fin du quatorzième siècle, du temps de l'abbé Guillaume de Bussul.

Au commencement du quinzième siècle, l'aile orientale a été construite par Etienne Pierrecy de l'Isle, vertueux personnage, qui a eu pour neveu et successeur à l'abbatiat un homme qui s'en était emparé de vive force et dont la mémoire est restée odieuse par toute sorte de crimes et de débordements (²).

Les deux autres ailes, construites sur les mêmes dessins, sont dues au gouvernement réparateur du 69ᵐᵉ abbé, Gui Briffaut, prédécesseur de Jean Jouffroy.

(¹) *Recueil de monuments antiques*, t. III, pl. xcix.
(²) D. GRAPPIN.

Au bas du faubourg du Chêne, à peu près à cent pas au sud du séminaire actuel, on trouve, au centre de plusieurs maisons formant enveloppe , des séries de colonnes supportant une succession de voûtes bien conservées à arêtes ogivales. Aucun titre connu n'indique l'ancienne destination de cet édifice, qui n'était ni un couvent ni une église, mais qui nous semble avoir été quelque riche hospice ouvert aux étrangers visitant la ville, et aux fermiers nombreux qui venaient au monastère.

Au nord et à proximité de l'église Saint-Pierre, était celle de Notre-Dame, dont on voit des restes adossés au bâtiment des Frères des écoles chrétiennes. On lui attribue une date très ancienne. Relevée de ses ruines en 1403 par Guillaume de Bussul , démolie en 1718 , elle a renfermé les sépultures d'Etienne Pierrecy et des Jouffroy.

Sur la place actuelle de Saint-Martin a existé l'église de même vocable, où, d'après Adson, fut inhumé saint Valbert, derrière le maître autel; ce qui ferait remonter la construction aux premiers temps du monastère. Brûlée en 1434 et bientôt relevée, cette église, malgré son emplacement au centre de la ville, n'était pour les habitants qu'une sorte de succursale de Saint-Sauveur, desservie par un religieux du couvent, assisté des prêtres séculiers de Luxeuil; elle n'a guère cessé d'être, jusqu'à sa démolition en 1793 , un sujet de contestation entre les habitants, les Bénédictins et les chapelains.

Sur la place de la *Baille*, où s'élevait autrefois le tribunal du bailliage, entre les églises Notre-Dame, Saint-Pierre et Saint-Martin, existait une tour dite de *la Lanterne*, où s'allumait anciennement un feu, sorte de phare éclairant les moines qui se rendaient aux offices de la nuit. Cette tour qui, dans les derniers temps, ne servait plus qu'aux illuminations des fêtes publiques, a été démolie en 1788.

Des chapelles, dédiées à Saint-Jacques, Saint-Léger, Saint-Roch, Sainte-Madeleine, Sainte-Anne, Saint-Romaric, Saint-Colomban, avaient, en outre, été bâties à l'intérieur ou au déhors de la ville; mais les deux dernières ont seules pour nous un intérêt particulier.

Celle de Saint-Romaric, ou *de l'hôpital*, avait été élevée, en 1409, à l'extrémité de la rue des Tanneries, par Guillaume de Bussul, qui avait doté les malades pauvres de champs, prés, bois, situés près du village de Saint-Valbert, au lieu dit encore aujourd'hui *les Granges de l'hôpital*. Dans la suite, les Bénédictins ont dénaturé cette œuvre en obtenant l'autorisation d'y substituer des secours à domicile.

Quant à la chapelle Saint-Colomban, située à l'angle sud-est de la cour actuelle des Bains, elle était, dit-on, fort ancienne. Un Bénédictin y disait la messe pour les baigneurs. On l'a démolie en 1767.

Luxeuil n'a pas souffert autant que d'autres villes de Franche-Comté, dans les luttes meurtrières qu'eut à soutenir cette malheureuse province avant son annexion à la patrie française. Aussi trouve-t-on là encore quelques maisons particulières datant du quatorzième siècle; beaucoup datent des quinzième et seizième. Il est vrai que la nature même de la pierre de grès facilite singulièrement leur conservation.

Quand fut fait, en 1760, le plan que nous avons déjà cité, la ville avait encore un caractère moyen âge très prononcé; et, de nos jours, ce caractère n'a disparu qu'en partie par l'enlèvement des remparts et des tours d'enceinte. A l'intérieur de Luxeuil, une foule de maisons conservent leurs escaliers en tourelles, leurs fenêtres à meneaux, avec tous les profils d'architecture du vieux temps, principalement ceux de la fin de l'art gothique.

Au centre et au point le plus élevé domine un édifice flanqué de tourelles, d'une grande élégance et très bien conservé, construit vers 1440 par Perrin Jouffroy, qui avait acquis, dit-on, dans le commerce du change une grande fortune. Son fils, Jean Jouffroy, s'éleva rapidement aux dignités de l'Eglise: évêque d'Arras, puis cardinal et évêque d'Alby, abbé de Luxeuil et de Saint-Denis-en-France, il fut très engagé dans les confidences de Louis XI, qui le chargea de missions politiques importantes, particulièrement de celles qui concernaient l'abolition de la pragmatique sanction ; on le vit même investi du commandement des troupes qui assiégèrent et firent périr dans Lectoure Jean V, comte d'Armagnac (¹).

La haute maison carrée de Perrin Jouffroy, avec une vaste salle à chaque étage, avec ses tourelles d'observation propres à faire le guet, et d'où la vue plonge dans toutes les directions à travers les forêts et la plaine (au sud vers le Jura et les grands sommets des Alpes, à l'est jusqu'aux Ballons élevés des Vosges), convenait si bien à l'ancienne municipalité de Luxeuil qu'elle en fit l'acquisition en 1552. C'est là qu'ont délibéré les prud'hommes jusqu'à l'achat fait par la ville des anciens bâtiments de l'abbaye, où sont aujourd'hui un peu confondus le séminaire, un théâtre, une halle et la mairie. Beaucoup de bons esprits regrettent que la vieille tour municipale, qui se prêterait si bien à l'installation d'une bibliothèque et d'un musée, n'ait pas encore reçu cette destination.

De l'autre côté de la rue, en face de cette tour, est une seconde maison des Jouffroy, dont la construction semble un peu antérieure. Malgré les mutilations et les restaurations maladroites qu'elle a subies, c'est encore un curieux monument.

Plus bas, dans la Grande-Rue, se présente un édifice de la Renaissance, à colonnes, et dont le style rappelle assez celui du palais Granvelle de Besançon, pour qu'on le fasse remonter au temps où le fameux cardinal cumulait, avec les plus hautes fonctions de l'Eglise et de l'Etat, le titre d'abbé commendataire de Luxeuil.

(¹) Voir D. GRAPPIN, *Eloge du cardinal Jouffroy*. Besançon, 1785, in-8°.

CHAPITRE CINQUIÈME.

Thermes de Luxeuil depuis le moyen âge jusqu'à nos jours.

I

ANTÉRIEUREMENT AU DIX-HUITIÈME SIÈCLE.

S'il est hors de doute, comme nous l'avons constaté, que les Thermes de Luxeuil, qui avaient eu une véritable splendeur à l'époque romaine, étaient dévastés à la fin du vi° siècle quand y vint Colomban, il est également vrai que leur ruine n'était pas telle qu'ils fussent abandonnés, puisqu'il est dit que peu de temps après, Agile y ramena à la vie un baigneur qu'un autre avait noyé (¹). On se baignait donc alors aux Bains de Luxeuil. Peut-être même l'utilité de ce voisinage pour une colonie de défricheurs, avait-elle été bien appréciée par Colomban, quand il prit la résolution de transporter son principal siége hors d'Annegray, où certes les terres ne manquaient pas, mais où l'on n'avait, et encore à distance, que les eaux froides et souvent dangereuses du Breuchin.

Nous savons, d'autre part, qu'au neuvième siècle, Drogon, fils naturel de Charlemagne, aimait beaucoup Luxeuil, *ob amœnitatem loci*. Or, selon toute vraisemblance, les Bains entraient pour quelque chose dans cette aménité du lieu. Elevé dans un temps où la cour entière du grand empereur d'Occident se baignait à la fois dans les piscines des bains d'Aix-la-Chapelle, Drogon, devenu abbé de Luxeuil et allant encore volontiers, comme le disent ses biographes, de l'une à l'autre station, n'a pu manquer de réparer et d'améliorer cette dernière.

(¹) « Illis præsentibus (monachis Luxoviensibus) mortuum suscitavit, qui, dum lavaretur in Thermis, ab altero submersus est. » (*Vita S. Agili*, cap. v, ap. *Acta SS. Augusti*, t. VI, p. 584.

Mais en quoi ont pu consister les réparations ? nul ne le dit; et bientôt de nouvelles dévastations ont dû mettre l'établissement dans le pire état. Ce qui l'indique, c'est qu'il fut un temps où les eaux mélangées, probablement barrées par l'amoncellement des ruines, s'élevaient à un étrange niveau, comme le prouvent les lignes ocreuses d'imbibition qui sont restées dans les remblais, à trois ou quatre mètres au-dessus du niveau réel des sources ferrugineuses.

Il faut dire qu'au moyen âge les moines avaient transformé toute la vallée en amont en un vaste étang, à l'aide d'un barrage, et que la pression des eaux en faisait nécessairement filtrer une partie à travers les remblais, accumulés surtout à l'est des Bains. Cet étang, précieux sans doute au point de vue de l'alimentation et des revenus de l'abbaye, est la preuve la plus certaine que les intérêts de l'établissement thermal n'étaient pas pris alors en grande considération; et peut-être est-ce à cette négligence même que la ville a dû d'en devenir peu à peu propriétaire.

Au quinzième siècle, la municipalité en réglait déjà la police : ce fait est rappelé dans des lettres-patentes du 9 août 1503 (¹). A la fin du seizième l'établissement était en ruines, si l'on en juge par l'impôt que la ville frappait sur le sel, en 1601, pour subvenir à sa reconstruction (²).

Mais tandis que la commune s'efforçait d'atteindre ce but, on dirait que les Bénédictins, dorénavant plus soucieux d'exercer leurs droits de propriété, aient pris à tâche de la contrarier dans ses projets. Deux fois, en 1682, ils avaient levé la vanne de leur étang. En 1694, puis en 1717, la même opération, sous prétexte de pêche, avait fait déluge à travers les Bains. De là, colères et procès, jusqu'à ce qu'enfin l'étang fût converti en prairie. L'existence de cet étang était non-seulement incompatible avec celle d'un établissement thermal, c'était de plus

---

(¹) **Archives de la ville de Luxeuil, AA, nᵒ 1.**
(²) **Id., Reg. BB, 1.**

une cause d'insalubrité; à tel point qu'aujourd'hui il est regrettable qu'on n'ait pas encore obtenu l'écoulement plus rapide des eaux de la vallée, comme cela se faisait à l'époque romaine.

II

DIX-HUITIÈME SIÈCLE.

Toutes les descriptions que nos prédécesseurs ont données des Bains de Luxeuil s'accordent à dire que les plus grands efforts ont été faits pendant le dix-huitième siècle pour les restaurer.

En ce qui concerne la police médicale, on comprenait déjà parfaitement alors qu'un homme responsable est nécessaire dans chaque établissement de bains. Un médecin du roi, intendant général des eaux minérales du royaume, présidait à ce service; et ce fut l'intendant général Chicoyneau qui institua, en 1749, le docteur Aubry, de Luxeuil, intendant des eaux de la ville, en remplacement de Jurain, décédé.

Cette fonction de surveillance et d'assistance, au moins en cas d'accident, était bonne assurément, et de nos jours encore on en reconnaît assez généralement la nécessité. Malheureusement elle a ouvert dans un temps la porte à plus d'un abus; elle n'est même pas sans péril pour un médecin-inspecteur qui ne donnerait pas l'exemple sévère du respect des règlements qui assurent les garanties exigées à bon droit par le public.

Or, il paraît qu'Aubry voyait dans sa fonction plus de priviléges à exercer que de devoirs à remplir. Il n'était pas sans mérite: on lui doit un livre estimé, les *Oracles de Cos.* Mais il eut la singulière prétention de vouloir réglementer seul l'établissement et d'en nommer et révoquer le personnel, ce qui lui attira maintes difficultés et procès avec le magistrat municipal; enfin on lui reprochait de s'être fait remplacer par un aide-chirurgien du nom de Bouchey, qui avait inventé de nouveaux moyens de rançonner les baigneurs. Au milieu de ces honteux débats, la ville n'en poursuivait pas moins son but : l'entière reconstruction des Bains.

Il reste un plan dressé par le géographe Michaud, le 4 mars 1760, qui donne une idée approximative de l'état antérieur du vieil établissement.

En 1737, Dunod de Charnage ([1]) n'a guère parlé de nos eaux qu'au point de vue des bons effets qu'on en peut tirer.

En 1748, D. Calmet ([2]), après un aperçu historique intéressant du lieu, fréquenté longtemps avant Plombières, mais négligé *à cause de l'incommodité ou de l'éloignement de ses logis*, recommandait aussi la station et donnait des renseignements sur ses piscines (*Petit bain* ou *des pauvres*, *Grand bain*, *Bain des Dames*, *Bain des Bénédictins*, *Bain des Capucins*), et sur la *source savonneuse* dont l'eau, prise en boisson, avait, disait-on, guéri en 1719 une épidémie de dyssenterie.

Morand, professeur de médecine, médecin du roi Stanislas, signalait en 1756, dans le *Journal de Verdun* ([3]), les trouvailles archéologiques qui venaient de se faire à Luxeuil, notamment l'inscription de Labienus. En même temps, il donnait la température des bains de la station comme il suit :

Grand bain	35°
Petit bain	35°
Bain des Dames . . .	32° 1/2
Bains des Bénédictins.	29° 1/2
Bain des Capucins . .	27°
Eau savonneuse . . .	18° 1/2
Eau ferrugineuse . .	17°

Or, il s'agit ici, bien entendu, de degrés du thermomètre de Réaumur, que son auteur avait fait connaître à l'Académie des sciences en 1731. Augmentons ces chiffres de 1/4 pour les

---

([1]) *Histoire du comté de Bourgogne*, t. II, p. 454.

([2]) *Traité historique des Eaux et Bains de Plombières, de Bourbonne, de Luxeuil et de Bains*.

([3]) *Lettre sur la qualité des Eaux de Luxeuil en Franche-Comté*.

convertir en degrés centésimaux usités aujourd'hui, et nous aurons idée de la haute température à laquelle on prenait les bains à Luxeuil en 1756.

Mais un mémoire antérieur à la lettre de Morand, et dont nous devons communication à l'obligeance de M. Castan, bibliothécaire de la ville de Besançon, va nous donner sur l'état de la station à cette époque, des renseignements encore plus exacts ([1]). Son auteur, Jean–François Charpentier de Cossigny, membre correspondant de l'Académie des sciences de Paris, ancien ingénieur à l'Ile-de-France et constructeur de Port-Louis, était directeur des fortifications en Franche-Comté, quand il vint passer une longue saison à Luxeuil en 1746. Il présente ainsi toutes les conditions d'un observateur attentif et sûr. Ses notes donnant de précieux points de comparaison avec l'état actuel des sources et des Bains, nous en citerons les passages les plus intéressants. Constatons d'abord que ses températures ne s'accordent guère avec celles que dix ans plus tard indiquait Morand. Il est vrai que ce dernier, partant de Plombières où il avait accompagné le roi Stanislas, ne faisait probablement à Luxeuil que de courtes apparitions.

Température examinée par M. de Cossigny avec un thermomètre fait sur les principes de M. de Réaumur.

1° *Grand bain.*

« Le mardy 14 juin, à 5 heures du soir, l'air extérieur étant à 15 degrés, je tins mon thermomètre plongé pendant deux heures dans l'eau chaude du plus grand bain public, et la liqueur dans le tube s'éleva à 37 degrés... Mais dans ce temps *il pleuvoit au milieu du bassin* par une assez grande ouverture pratiquée exprès au haut du toit pour laisser échapper les vapeurs... »

([1]) *Discours à l'Académie de Besançon* (séance du 4 septembre 1752) : *Observations faites en juin et août 1746 sur les eaux chaudes et minérales de Plombières et de Luxeuil.*

Le lendemain mercredi, à six heures du matin, même température du bassin. Une grenouille et un crapaud s'y tiennent trois minutes en mouvement, deux minutes à la surface sans mouvement, puis coulent au fond couchés sur le dos. Retirés et mis sur le pré, ils ne donnent plus signe de vie.

Jeudi 16, à six heures du matin, température extérieure de 10 degrés : assez beau temps, sans pluie. L'eau du même bassin est à 38 degrés.

« Ce plus grand bain, qui est le bain public, n'est qu'un petit carré long, pavé et bordé de pierres de taille ; on le vuide et on le nettoye chaque soir. Deux sources, qui sortent du sol, le remplissent en six heures jusqu'à la hauteur de vingt pouces réduits... Au-dessus des vingt pouces, l'eau s'échappe par une entaille faite au rebord supérieur...

» En cet état de vingt pouces, le bassin, diminution faite du gradin qui règne intérieurement et sur lequel les baigneurs s'assoient, contient 217 pieds 10 pouces cubes d'eau (¹).

» Les païsans des environs, affligés de sciatiques, de rhumatisme, de foulures de nerfs et autres maux qui leur interdisent la culture, s'y rendent en foule, et bien loing d'y rechercher les commodités les plus nécessaires et d'y user des précautions requises en pareil cas, ils croyent qu'il leur suffît de se plonger dans les eaux chaudes, de s'habiller tout de suite et de s'en retourner à leur village. Souvent, au sortir du bain et de la douche, la plupart se reposent quelques moments étendus autour du bassin sur un long et large banc de pierre, dont la fraîcheur naturelle, qui contraste trop avec la disposition de leur corps au sortir du bain chaud, ne peut que leur occasionner beaucoup plus de mal qu'ils n'en avoient en venant y chercher du soulagement. »

Ainsi, on se baignait alors au *grand bain* de Luxeuil à la

(¹) Le bassin ayant en longueur 7ᵐ,50, en largeur 2ᵐ,81, en profondeur 0ᵐ,541, sa contenance était de 7 mètres 438 déc. cubes. Il recevait probablement de 20 à 25 baigneurs.

température de 38° Réaumur, c'est-à-dire à 47° 1/2 de notre thermomètre centésimal ! Il est probable qu'on n'y restait pas longtemps. Notons le fait ; nous y reviendrons.

2° *Petit bain ou des pauvres.*

« Les deux petits bassins qui sont dans la chambre voisine (¹) ne sont que des auges, chacun d'une seule pierre creusée, qui se remplissent l'un et l'autre jusqu'à la hauteur de 20 pouces par un même tuyau qui est entre deux, jaillissant horizontalement de part et d'autre. Dans cet état de 20 pouces, l'une de ces auges contient 37 pieds 2 pouces 1/2 cubes d'eau (²) ; l'autre ne contient que 28 pieds 5 pouces cubes (³). Le thermomètre s'y soutient à 36° (45° cent.). »

3° *Bain des Capucins.*

« Le bain clos des Capucins, qui suit..., contient, à la même hauteur de 20 pouces, 94 pieds 9 pouces 1/2 cubes d'eau (⁴). Le thermomètre ne s'y élève qu'à 31° (38°,75 cent.). »

4° *Bain des Bénédictins.*

« Les RR. PP. Bénédictins ont leur bain particulier dans un bâtiment isolé, séparé du bain public d'environ 15 toises. Son bassin octogone, en pierre de taille, peut contenir 192 pieds cubes d'eau, toujours à la hauteur de 20 pouces (⁵). Le thermomètre s'y soutient à 36° 1/2 (40° 1/2 cent.). »

5° *Bain des Dames.*

« A cinq toises à côté de celui-ci est le bassin public des femmes, dans un bâtiment isolé, clos et couvert. Ce bassin

---

(¹) Aujourd'hui le vestibule central.

(²) L'auge était un carré de 1ᵐ,53 de côté ; la contenance de 1ᵐ,268 déc. cubes. Quatre baigneurs y devaient être assez mal à l'aise.

(³) 1ᵐ,33 de côté : contenance 0ᵐ,959 déc. cubes ; deux baigneurs à l'aise.

(⁴) Longueur 2ᵐ,99, largeur 1ᵐ,99, profondeur 0ᵐ,541, contenance 3ᵐ,222 décimètres cubes ; dix à douze baigneurs.

(⁵) Côté de l'octogone 1ᵐ,59, contenance du bassin 6ᵐ,581 décim. cubes ; seize baigneurs.

octogone en pierre de taille, avec des gradins tout autour, se remplit comme celui des Bénédictins, par trois robinets, qui sortent d'une grosse pierre ronde bien taillée qui est au milieu en forme de colonne peu élevée, autour de laquelle il y a aussi un gradin. Ce bassin, sur 20 pouces de hauteur d'eau, toute distinction faite des gradins et de la colonne, contient 192 pieds 5 pouces cubes d'eau (¹), et le thermomètre s'y soutiendroit, s'il (le bassin) était moins grand, à 35° (43°,75 c.).

» Tous ces bassins ont un même canal d'écoulement qui est en partie revêtu de maçonnerie (²), mais il a été si fort négligé qu'il est presque comblé par l'éboulement des terres ; de sorte que les eaux chaudes ont non-seulement bien de la peine à s'écouler dans un ruisseau qui est plus bas et qui les reçoit, mais encore ces Bains construits dans un fond, entre deux éminences, se trouvent noyés par les pluies qui viennent s'y rendre... De plus, à 50 toises au-dessus, les RR. PP. de l'abbaye ont une vaste pièce d'eau, retenue du côté des Bains par une épaisse digue de terre, dont la nogue ou écouloir est tournée du côté des Bains, de façon que les eaux viennent s'y rendre pour profiter du canal d'écoulement lorsque l'on met à sec la pièce d'eau, ce qui se fait de deux ans en deux ans. »

Une pareille peinture de l'état des lieux, en 1746, explique assez la mésintelligence qui régnait entre l'abbaye et la ville. Charpentier de Cossigny s'intéressait beaucoup à la restauration des Bains ; il nous paraît être un de ceux qui l'ont le plus vivement sollicitée. Aussi ne cache-t-il guère son mécontentement dans plus d'un point de son discours.

« Je ne dois pas taire, dit-il, qu'en 1708 ou 1709 l'électeur de Bavière (³), père du dernier empereur mort (⁴), eut occasion de venir sur les lieux, flatté de l'espérance de se délivrer

---

(¹) Côté de l'octogone 1ᵐ,60, contenance 6ᵐ,581 décim. cubes ; seize baigneurs.

(²) L'ancien canal romain en axe de la vallée.

(³) Maximilien-Emmanuel mort en 1726.

(⁴) Charles VII (Charles-Albert) mort en 1745.

de quelque incommodité pour laquelle les bains d'eau minérale lui étaient conseillés. Ses médecins qui le précédèrent
firent l'analyse et la comparaison des eaux de Plombières et
de Luxeuil, et se déterminèrent à user de celles-ci de préférence... C'étoit une époque qui devoit trouver place dans les
fastes de l'abbaye où ce prince logeoit... On ne peut donc
attribuer le silence des RR. PP. Bénédictins de l'abbaye de
Luxeuil sur l'événement de l'électeur de Bavière, qu'à leur
parfaite indifférence pour tout ce qui se passe ici bas. »

Depuis longtemps la ville de Luxeuil pensait à relever ses
Thermes. Nous voyons qu'en 1670 elle avait rebâti une des
salles, qui prit alors le nom de *Bain-Neuf;* et que, deux ans
après (¹), elle entreprit d'en faire une spéciale pour le service
des pauvres. Ce sont évidemment ces constructions qu'on retrouve plus tard sous le nom de *Grand* et *Petit* Bains.

Nous ne saurions dire si l'ensemble des Thermes, ainsi
quelque peu restaurés, avait beaucoup souffert en 1682, lors
du violent tremblement de terre qui causa de grands dommages à Plombières et à Luxeuil. Dans la première de ces
stations, ce fut le 12 mai, à deux heures de l'après-midi, que
beaucoup d'édifices furent crevassés; que douze maisons furent
détruites; que la voûte de l'église tomba et que plusieurs personnes périrent (²). Est-ce alors que les solides piliers de l'église Saint-Pierre de Luxeuil firent une légère incurvation
vers l'axe de la grande nef, et que la consolidation de l'hôtel
Jouffroy nécessita les colonnes qui soutiennent son grand
balcon? Tandis qu'à Plombières le désastre était arrivé en
plein jour, à Luxeuil les plus terribles effets ne s'étaient fait
sentir que dans la nuit suivante. « Par la permission de Dieu,
disent les actes municipaux, il est arrivé pendant la nuit du
lundi au mardi des douzième et treizième jours du présent

(¹) Archives de la ville de Luxeuil, BB. n° 2.
(²) E. DELACROIX, *Notice sur Plombières et ses Bains.*

mois un étrange et épouvantable tremblement de terre sur cette ville, qui a causé beaucoup de ruines aux édifices ([1]). »

Autre désastre : le 17 août 1729 un violent orage avait presque entièrement ruiné les Bains. Pour les réparer, la ville demanda et obtint l'établissement d'un octroi en 1738 ; mais nous voyons qu'une partie des fonds ainsi recueillis fut employée en 1749 par Sérilly, alors intendant de la province, à la construction d'une caserne dont on a fait depuis le collége. Heureusement Bourgeois de Boyne, son successeur, rendit bientôt les fonds à leur destination première. Ce fut lui qui ordonna, comme nous l'avons vu, les fouilles faites pour la recherche des sources en 1755 ; et, selon toute apparence, Cossigny ne fut pas étranger à cette détermination. Ce qui l'indique, c'est que les travaux sérieux commencèrent par la réparation du mal qu'il avait signalé : en 1758 on restaurait le canal voûté de l'époque romaine, et on donnait un libre écoulement aux eaux de vidange et du ruisseau par la continuation d'un canal à ciel ouvert, traversant le terrain dit de la *Fosse-Pageot* ([2]) pour tomber dans la partie basse du Morbief appelée *Ruisseau des cuirs*.

En même temps, le plan des nouveaux Thermes était étudié par Querret du Bois, ingénieur des ponts et chaussées. On commença en 1761 les fouilles pour la fondation des principaux bâtiments ; et enfin, le 15 mai 1764, « à la réquisition et prière des magistrats de Luxeuil, le curé de l'église paroissiale de Saint-Sauveur de Luxeuil (Nicolas Mouton, de Scey-sur-Saône), accompagné de ses deux vicaires, et solennellement en présence des officiers municipaux, de la compagnie bourgeoise sous les armes, de l'ingénieur des ponts et chaussées de la province, des entrepreneurs et adjudicataires des travaux et d'un grand nombre d'assistants, fit la bénédiction de la pre-

---

([1]) Archives de la ville, BB, n° 3.

([2]) Cette deuxième partie du canal, voûtée en 1865, supporte l'avenue qu'on fait en ce moment pour atteindre la route de Luxeuil à Breuches.

mière pierre des Bains ([1]). » Cette pierre porte une inscription commémorative, où l'on ne manqua pas, bien entendu, de mentionner Labienus et César.

Les bâtiments construits d'abord étaient distincts et au nombre de deux.

Le principal, en face et au fond de la cour, comprenait le portique actuel, le vestibule ou *Petit Bain*, ayant à droite le Bain qui a conservé le nom des *Capucins* ([2]), à gauche le *Grand Bain*, avec deux étuves.

L'autre bâtiment à gauche en entrant, et tel à peu près qu'il existe encore, comprenait les *Bains des Dames* et *des Bénédictins*. Son fronton porte sans sourciller une inscription rédigée par l'Académie royale des inscriptions et belles-lettres, transmise par son secrétaire Le Beau, et revue pour quelques mots d'une valeur secondaire par l'Académie de Besançon. Il faut la lire, quelque opinion que l'on puisse avoir de l'intervention de César et de Labienus à Luxeuil :

LVXOVII THERMAE
A CELTIS OLIM AEDIFICATAE
A LABIENO JVSSV C. J. CAES. IMP. RESTITVTAE
LABE TEMPORVM DIRVTAE
SVMPTIBVS VRBIS DE NOVO EXSTRVCTAE ET ADORNATAE
FAVENTE D. DE LACORÉ SEQVANORVM PROVINCIAE PRAEFECTO
REGNANTE ADAMATISSIMO LVDOVICO DECIMO QVINTO
ANNO MDCCLXVIII.

Les façades de ces bâtiments sont d'une architecture un peu lourde et sévère, mais correcte et d'un effet incontestablement monumental.

L'intervalle d'environ trente mètres qui les séparait du nord au sud, et l'écartement des axes, étaient une conséquence de l'emplacement même des principales sources ; mais ce défaut d'unité avait sans contredit quelque chose de disgracieux.

([1]) GRANDMOUGIN, *Histoire de la ville et des thermes de Luxeuil*, 1866.
([2]) Il avait été cédé aux Capucins en 1685.

Pour établir la symétrie, l'intendant de la province (¹) avait demandé la construction d'un bâtiment à droite, en face de celui des *Bénédictins* et des *Dames*, et celle de galeries couvertes, pour réunir les deux bâtiments avancés au bâtiment principal du fond de la cour. Ces nouvelles constructions étaient disposées pour un grand salon, diverses aisances, et devaient porter un étage en mansarde pour loger des baigneurs.

Le projet effraya la ville par la dépense qu'il devait entraîner : elle objecta que *jamais aucun baignant ne se détermineroit à habiter des logements rendus tristes et malsains par la continuité des vapeurs*, et qu'on ne trouverait pas un *traiteur-concierge assez riche, qui voulût hasarder des meubles pour quatre mois seulement de l'année, dans toutes ces chambres où les meubles seroient pourris au bout de trois à quatre ans, ainsi que l'expérience le montre à Plombières.*

Néanmoins, de deux projets qui étaient en présence, l'un de Bertrand, ingénieur en chef, l'autre de Lingey, sous-ingénieur des ponts et chaussées, les officiers municipaux avaient d'abord adopté celui de ce dernier comme étant moins dispendieux, et parce qu'il portait les deux galeries en aile *jusque entre les corps avancés des bâtiments* (²); mais bientôt se ravisant, ils demandèrent un *Bain gradué* et une seule galerie, allant de l'un à l'autre des bâtiments déjà construits. C'est alors qu'un plan plus modeste de Lingey, daté de 1784 et approuvé par l'intendant Le Fèvre de Caumartin-Saint-Ange le 21 janvier 1787, servit à l'achèvement des Thermes tels que nous les a légués le xviii° siècle.

A dater de 1755, la ville avait affecté à ces travaux une somme d'environ 300,000 livres, sans compter les secours considérables qu'elle avait reçus des *communautés des villages voisins* dans les travaux de fouilles et de terrassements.

(¹) C'était encore Charles-André de Lacoré, qui fut remplacé, en 1785, par Marc-Antoine Le Fèvre de Caumartin-Saint-Ange.

(²) Archives de Luxeuil, Reg. BB, 10. Délibération du 29 mars 1778.

III

PREMIÈRE MOITIÉ DU DIX-NEUVIÈME SIÈCLE.

Un établissement thermal, quel qu'il soit, a deux intérêts à servir : l'intérêt des malades, qui exige ordinairement de grands frais de matériel et de service, et celui de sa propre conservation, qui n'est possible qu'avec des ressources suffisantes et des économies. Ces deux intérêts sont-ils d'accord ? Le mieux sans doute serait qu'ils le fussent toujours.

Quand il s'agit surtout d'intérêt particulier, on peut voir prospérer pour un temps une station même de peu de valeur, si son administrateur est habile et sait attirer la clientèle. Là, jusqu'au luxe, tout a besoin d'être bien calculé.

Mais quand il s'agit de ces grandes stations que leurs vertus propres et une antique célébrité ont recommandées à travers les siècles à l'attention publique, on a peine à se figurer ce qu'elles ont pu nécessiter de sacrifices, et ce qu'y vaudrait un simple bain, si tout était compté! Là, évidemment, c'est un intérêt général qui a d'abord été pris en considération. Aussi, abstraction faite de ce qu'elles ont pu coûter, soit aux villes, soit à l'Etat, est-il d'usage que leur libre accès, avec la possibilité d'y trouver tout ce qui est utile au traitement, soit assuré à tous sous la garantie des règlements. Ce sont alors, indépendamment des succès de mode qui peuvent varier, de véritables établissements d'assistance générale. A ce titre même, il est encore bon sans doute qu'une station fasse ses frais, et le devoir de ses employés est d'y veiller de leur mieux; mais la plus prospère peut nécessiter de grandes constructions nouvelles au-dessus des forces d'une ville ou d'une compagnie qui auraient besoin d'assurer le revenu du capital dépensé. Telle était évidemment la situation en ce qui concernait Luxeuil.

Au siècle dernier, la ville, ignorant encore tout ce qu'avaient valu dans l'antiquité ses sources ferrugineuses, ne s'était guère occupée que des constructions relatives aux eaux salino-thermales et n'avait pour l'eau ferrugineuse que de simples fontaines. Les nouvelles piscines, agrandies, étaient moins chaudes que les anciennes, et conséquemment mieux en rapport avec les besoins généraux du service médical. Sans négliger les avantages de ces bains en commun et bien réglés, qui sont la véritable richesse des grandes stations, peu à peu on avait développé le système des bains particuliers en cabinets. Ainsi Luxeuil acceptait avec une patriotique résignation toutes les innovations que lui imposaient sa réputation et les exigences du temps.

Mais à côté de ses eaux salino-thermales, peu à peu ses eaux ferrugineuses étaient devenues l'objet d'études attentives. Traditionnellement la connaissance de leur valeur thérapeutique s'était maintenue. Leurs fontaines, recommandées par Dom Calmet, Cossigny, Morel (¹), D. Gastel (²), Fabert (³), avaient été examinées avec un soin particulier par Foderé, professeur à la Faculté de Strasbourg (⁴), qui le premier y signalait la présence du manganèse associé au fer.

Les nouveaux médecins-inspecteurs de la station, les docteurs Leclerc, Aliès (⁵), Molin (⁶), Revillout (⁷), Chapelain (⁸), Delacroix, ont aussi plus ou moins appelé l'attention sur ces eaux, dont la richesse était à divers temps signalée par les chimistes Braconnot (⁹), Levrey (¹⁰), Longchamp (¹¹), par les

---

(¹) *Observations sur les eaux minérales de Luxeuil* : Besançon, 1756.
(²) *Traité sur les eaux minérales et thermales de Luxeuil* ; Besançon, 1761.
(³) *Essai historique sur les eaux de Luxeuil* : Paris, 1773.
(⁴) *Mém. sur les eaux minérales des Vosges*, dans le *Journal complémentaire des sciences médicales*, t. V et VI, 1819.
(⁵) *Précis sur les eaux thermales et minérales de Luxeuil*, 1831 ; — *Etudes sur les eaux minérales et sur celles de Luxeuil en particulier*, 1850.
(⁶) *Notice sur Luxeuil et ses eaux minérales*, 1833.
(⁷) *Recherches sur les propriétés physiques, chimiques et médicinales des eaux de Luxeuil*, 1838.
(⁸) *Luxeuil et ses Bains*, 1851 ; — *Bains de Luxeuil*, 1857.
(⁹) *Examen d'un sediment des eaux salines de Luxeuil*, dans les *Annales de chimie et de physique*, 1821.
(¹⁰) *Analyse des eaux de Luxeuil*, 1831.
(¹¹) *Note sur une source ferrugineuse de Luxeuil*, dans les *Annales de chimie et de physique*, 1836.

docteurs Martin Lauzer (¹), Billout (²), A. Rotureau (³) Pétrequin et Socquet (⁴), Constantin James (⁵), Leconte (⁶), Delaporte (⁷), Aimé Robert (⁸), ainsi que par la plupart des hydrologues de nos jours, notamment par l'auteur de ce mémoire (⁹), et par ceux du *Dictionnaire général des eaux minérales*, MM. Durand-Fardel, Le Bret, J. Lefort et J. François.

IV

PÉRIODE CONTEMPORAINE.

Déjà, en 1838, on pensait à établir à Luxeuil un bain ferrugineux; mais ce n'est que le 13 janvier 1853 que le projet de construction fut approuvé par la ville. Les ressources n'étaient pas grandes. Heureusement l'Etat intervint.

A la pressante sollicitation de l'administration et, il est juste de le rappeler, de l'inspecteur Chapelain, qui fut fortement appuyé par la princesse Mathilde, l'Etat accepta, le 5 décembre 1853, la propriété des Thermes de Luxeuil. L'acte de cession, fait à la préfecture à la date ci-dessus, est signé du préfet Dieu, du maire Vergain, du sous-préfet de l'arrondissement de Lure Destremau, du directeur des domaines Lançon.

(¹) *De l'action thérapeutique du manganèse et des eaux qui en contiennent (Luxeuil, Karlsbad, Cransac)*, dans le *Journal des connaissances médico-chirurgicales*, 1849 ; — *Les eaux de Luxeuil*, 1866.

(²) *Notice sur les eaux minéro-thermales de Luxeuil et spécialement sur le bain ferrugineux*, 1857.

(³) *Des principales eaux minérales de l'Europe*, 1859.

(⁴) *Traité général pratique des eaux minérales de la France et de l'étranger*, 1859.

(⁵) *Guide pratique aux eaux minérales françaises et étrangères*.

(⁶) *Etudes chimiques et physiques sur les eaux thermales de Luxeuil*, 1860.

(⁷) *Hydrologie médicale : Bains de Luxeuil*, 1862.

(⁸) *Guide du médecin et du touriste aux Bains de la vallée du Rhin, de la Forêt-Noire et des Vosges*; Strasbourg, 1ʳᵉ édit. (1857), 2ᵉ édit. (1867).

(⁹) *Notice sur les fouilles faites en 1857 et 1858 aux sources ferrugineuses de Luxeuil*, dans les *Mém. de la Soc. d'Emul. du Doubs*, 3ᵉ série, t. VII (1862), pp. 93-105.

Par cet acte :

« ART. 5. L'Etat s'engage à conserver aux habitants de Luxeuil seulement le privilége dont ils jouissent depuis un temps immémorial et qui consiste dans la faculté : 1° de se servir de l'eau des fontaines destinées à la consommation de la table; 2° de prendre des bains, depuis le 15 septembre jusqu'au 15 mai de chaque année, moyennant une rétribution de cinq centimes dans les bassins, et de vingt-cinq centimes dans les cabinets, en se servant de leur linge personnel; s'ils emploient celui de l'établissement, ils le paieront au même taux que les étrangers, sous la déduction d'un tiers.

» ART. 6. Le département de l'Agriculture, du Commerce et des Travaux publics fera effectuer, jusqu'à concurrence d'une somme de 125,000 fr. et dans la proportion des ressources dont il pourra disposer chaque année pour cet objet, les travaux d'agrandissements et d'améliorations dont le projet a été étudié par M. Charles Gourlier, membre du conseil général des bâtiments civils. Il fera notamment établir un Bain ferrugineux avec des cabinets de douches de diverses espèces.

» ART. 7. La ville de Luxeuil prend, de son côté, l'engagement de seconder l'Etat de tous ses efforts pour la prospérité de l'établissement, notamment pour les grands travaux d'embellissement et d'utilité générale qu'elle projette et auxquels toutes ses ressources devront être consacrées. »

A Luxeuil, comme à Plombières, à Vichy et dans d'autres grandes stations, l'Etat, il faut le dire, a dépassé largement ses promesses ; mais la ville a-t-elle bien tenu les siennes ? L'éclairage au gaz et les trottoirs, qu'elle a établis depuis, sont incontestablement d'utilité générale; mais ses ressources ne paraissent pas encore lui avoir permis de faire aux environs des embellissements faciles, qui seraient si précieux pour les habitants eux-mêmes, pour l'agrément des baigneurs étrangers et pour la prospérité de la station. Il est vrai qu'antérieurement la ville avait bien fait sa part.

En 1826, Alibert ([1]) parlait déjà des Thermes de Luxeuil comme d'un des plus beaux établissements que l'on pût citer. Depuis qu'ils appartiennent à l'Etat, les *Bains ferrugineux* et les fouilles faites aux sources pour les alimenter, le *Bain des Fleurs*, le Parc, une foule de travaux d'appropriation, les ont rendus plus remarquables encore. Aussi le docteur Leconte n'a-t-il fait que leur rendre justice dans son savant mémoire ([2]), en disant qu'ils comptent parmi les principaux thermes que possède la France. D'après le docteur Rotureau ([3]), aucun établissement d'Europe ne surpasse en goût et en élégance les *Bains ferrugineux;* et le docteur Constantin James, si bien informé, ne craint pas de dire aussi que le nouvel établissement est peut-être le plus gracieux édifice de ce genre que l'on connaisse ([4]). Ajoutons, pour rendre à chacun l'honneur qui lui est dû, que M. J. François, actuellement inspecteur général des mines, est un de ceux qui ont pris la plus large part à sa construction.

Une description complète des Bains de Luxeuil, telle que plusieurs de nos devanciers ont voulu la faire, exigerait de longs développements. Nous essaierons de l'abréger à l'aide du plan annexé à ce travail.

Les Thermes sont dans un parc de cinq hectares, limité au sud par l'ancienne route dite *rue des Bains,* au nord-est par la nouvelle route de Saint-Loup, à l'ouest par une ruelle bordée d'habitations, à l'est par les jardins de MM. de Grammont et Pierrey. Deux magnifiques avenues de platanes séculaires se prolongent, l'une à droite, l'autre à gauche des établissements.

Au sud, devant un jardin à compartiments anguleux, tracé à la Lenôtre, et devant la cour d'honneur, est une belle grille

---

([1]) *Précis historique sur les eaux les plus usitées en médecine.*

([2]) *Etudes chimiques et physiques sur les eaux thermales de Luxeuil;* Paris, 1860.

([3]) *Des principales eaux minérales de l'Europe,* 1859.

([4]) *Guide pratiqu eaux eaux minérales françaises et étrangéres,* 5ᵉ édition : Paris, 1861.

d'entrée, tirée de l'ancienne abbaye. Toutes les plantations nouvelles, distribuées en jardin paysager, sont au nord, au delà des Bains.

Ces Thermes, dont la perspective, vue de l'entrée, est encore à peu près telle que l'avaient établie les anciens architectes, comprennent :

A gauche, dans l'avant-corps, le *Bain des Bénédictins* et le *Bain des Dames;* latéralement, derrière le long portique vitré faisant promenoir, le *Bain des Fleurs* et le *Bain gradué.*

Au fond de la cour, un portique ouvert ; un grand vestibule carré donnant à gauche sur le *Grand Bain,* à droite sur le *Bain des Capucins,* et conduisant en axe aux *Bains ferrugineux.*

A droite de la cour est un espace libre, où l'on espère qu'il y aura bientôt une vaste piscine ferrugineuse de natation, sorte de gymnase aquatique particulièrement destiné à la jeunesse.

Toutes les piscines de Luxeuil étant alimentées directement et incessamment par les sources thermales, les meilleures conditions de propreté et de traitement y sont ainsi bien assurées, ainsi qu'une certaine constance de la température du bain, dont les variations n'obéissent qu'avec beaucoup de lenteur à celles de l'atmosphère. Plus loin, nous nous occuperons de la température des sources mêmes. Entrons d'abord, à vue du plan, dans quelques détails concernant chaque partie de l'établissement. Chacun peut y trouver, à l'aide des numéros des cabinets, la place que lui assure à son tour son rang d'inscription au bureau du régisseur.

C. Le *Bain des Bénédictins,* près du bureau du régisseur et du cabinet du médecin-inspecteur, est une piscine circulaire alimentée par trois sources : deux sont réunies dans la colonne centrale ; la troisième est au bord de la piscine. Ce bassin est divisé en deux compartiments, pour hommes et pour dames, et peut contenir 24 baigneurs. Sa température est variable, suivant la saison, de 34°,75 à 35° et peut aller même au delà.

Deux vestiaires et un cabinet de douches diverses, dont une écossaise, sont annexés au Bain *des Bénédictins*.

D. Le *Bain des Dames*, à l'ouest du précédent, est nouvellement restauré. Il se compose d'une piscine sans compartiments et de plusieurs cabinets. Une douche écossaise est à proximité. L'abondance et la température (42°,4) de la source *des Dames*, excédant de beaucoup les besoins ordinaires de la piscine, qui est de petite dimension et ne contient guère que dix personnes, la plus grande partie de l'eau est ordinairement dérivée dans un vaste réservoir, d'où elle descend aux cabinets du *Bain des Fleurs* et à ceux du *Bain gradué*.

E. Le *Bain des Fleurs*, entièrement reconstruit, en 1859, par l'architecte Grandmougin, a été dédié à la princesse Mathilde. Dix cabinets sont aux côtés de cette élégante salle, où sont aussi deux buvettes, l'une alimentée par la source *des Dames*, l'autre par la source dite *gélatineuse*. Tous les cabinets sont pourvus de douches. Trois robinets : pour l'eau *des Dames*, l'eau *gélatineuse* et l'eau d'*Hygie*, sont à chaque baignoire.

F. Le *Bain gradué* a conservé le style large des Bains de Luxeuil au siècle dernier. Sa vaste salle carrée, dont les naissances de voûtes sont portées par huit colonnes, a trois vestiaires et onze cabinets, dont deux sont pourvus des douches nécessaires au service général de la piscine. Cette piscine, au centre de la salle, est la plus vaste de l'établissement et la plus fréquentée. Elle peut contenir 40 baigneurs bien à l'aise, en quatre compartiments : deux pour les hommes et deux pour les dames. Le *Bain gradué* tire son nom de ce qu'autrefois il avait quatre températures différentes, une pour chaque case, sans distinction de sexe. Aujourd'hui la séparation des services ne permet plus que deux températures, qui sont ordinairement 33°,50 et 34°,50, écart qui peut être augmenté ou diminué par une disposition intérieure de l'appareil central qui associe, en proportions variables à volonté, quatre sources de diverses températures.

B. Nous avons dit que le grand vestibule central, donnant

entrée à tous les Bains situés dans les bâtiments du nord, a pris la place d'un ancien Bain dit *des Cuvettes.* Aujourd'hui sa source, qui est reçue dans un vaste réservoir sous les dalles, a pour principal usage l'entretien d'une des buvettes préférées de Luxeuil.

K. Le *Grand Bain,* ainsi nommé, non parce qu'il est le plus spacieux, mais parce qu'il a été substitué à la piscine de même nom qui fut la plus considérable pendant longtemps, se compose de dix cabinets pourvus d'appareils à douches. Une nouvelle disposition des conduites permet d'y recevoir à volonté, ou l'eau des sources du *Grand Bain* élevée par une machine, ou de l'eau ferrugineuse arrivant par sa pente naturelle. Ainsi le *Grand Bain* est devenu, pour les temps de presse, une annexe momentanée des *Bains ferrugineux.*

KK. Deux salles destinées aux douches de forme et de direction variables, mais particulièrement aux douches écossaises, c'est-a-dire alternantes ; un *tepidarium* L précédant une salle d'étuves à gradins ; d'autres accessoires, et notamment tout ce qui concerne un service de douches internes P, complètent de ce côté l'établissement.

J. A l'opposé, le *Bain des Capucins,* où l'on descend par un escalier de sept marches, consiste en deux jolies piscines elliptiques, adossées, et séparées par une vasque d'où tombe l'eau des sources. Là est le véritable bain tempéré de Luxeuil. Sa température, assez habituellement de 33°, ne s'élève guère, dans la saison la plus chaude, au delà de 34°. Il peut contenir aisément de 16 à 20 baigneurs. La salle, d'un style simple et de bon goût, a été construite par l'architecte Monnier. Quatre cabinets munis de douches sont aux angles. Au fond sont les vestiaires.

M. On descend aux *Bains ferrugineux* par un escalier, au bas duquel on trouve à droite la *Fontaine ferrugineuse,* à gauche celle *des Cuvettes.* Une première salle, d'une jolie perspective et d'une gracieuse architecture entremêlée de glaces et d'ornements sculptés, est bordée de dix cabinets. Les deux premiers sont disposés chacun pour deux baignoires; les deux derniers pour piscine de famille.

N. On passe de cette première salle dans une deuxième demi-circulaire, non moins gracieuse et plus luxueuse encore, où sont disposés en éventail dix nouveaux cabinets : c'est le *Bain* dit *impérial ferrugineux*, où chaque cabinet est précédé d'un vestiaire. Au sommet de l'éventail sont les deux cabinets d'honneur de l'établissement, réservés au service impérial ou à de hauts fonctionnaires ; mais quand ils sont inoccupés, le public y peut être admis.

Tous les cabinets du *Bain ferrugineux* sont munis des divers appareils de douches nécessaires à la spécialité du traitement. Là, comme dans toutes les parties de l'établissement, sauf au *Bain des Dames*, les baignoires sont en grès fin, et à demi-enfoncées dans le sol pour un plus facile accès.

Dans la précédente énumération, nous n'avons pas compris les cabinets situés dans les passages, c'est-à-dire ceux qui précèdent le *Bain des Capucins*, le *Grand Bain* et le *Bain des Dames*, ni les deux cabinets du nouveau Bain dit *des Arcades*, qui est sous le fronton du bâtiment de l'ouest.

On peut dire que tout est disposé dans l'établissement de Luxeuil pour un certain luxe d'élégance et de propreté. Partout où les parois intérieures ne sont pas revêtues de faïence à vernis blanc, on a su mettre à profit pour les panneaux les plus belles nuances des magnifiques tables du grès bigarré. C'est la décoration naturelle et en même temps la caractérisation la plus accentuée de la station minérale.

CHAPITRE SIXIÈME.

Territoire de Luxeuil et des environs.

I

GÉOLOGIE.

La ville de Luxeuil, au centre d'un hémicycle de forêts qui l'abritent au nord, est assise à une altitude de 339^m sur une dernière colline ondulée des monts Faucilles, qui vont mourant, comme on sait, à l'ouest des Ballons des Vosges. Au midi de la ville, la vallée du Breuchin, élargie par une plaine venant de Lure, se relève vers une première ligne des chaînes jurassiques. Cette dépression intermédiaire, large de plus d'une lieue, est chargée d'alluvions. Elle reçoit du sud-est les eaux de la Lanterne, qui passe à Baudoncourt; du nord-est, par Faucogney, celles du Breuchin, qui, avant de passer entre Luxeuil et Saint-Sauveur, donne au-dessus de la Corveraine une dérivation traversant la ville. La plaine, sous Luxeuil, est à peu près parallèle aux autres vallées qui, plus au nord, suivent les Faucilles perpendiculairement à la grande vallée de la Moselle.

Dans cette région, au sud-ouest des Vosges, appartenant en grande partie au département de la Haute-Saône, nous trouvons au nord de Luxeuil : le ruisseau de Roge, coulant au bas de Saint-Valbert, à la Grande-Gabiote et à Fontaines; la Combeauté, qui suit la magnifique vallée d'Ajol et passe à Fougerolles; l'Ogronne, qui traverse Plombières; la Sémouse, qui serpente dans la vallée dite *des Forges,* avant de se rendre à Aillevillers; le Coney, qui passe derrière Bains. La Sémouse, l'Ogronne et la Combeauté, réunies vers Saint-Loup, se jettent à Conflans dans la Lanterne, qui a reçu le ruisseau de Roge et le Breuchin, et le tout se rend dans la Saône, au-dessus de Port-sur-Saône, avec d'autres affluents. Ainsi le pays de

Luxeuil, avec tout ce qui l'avoisine, appartient au grand bassin du Rhône, dont les limites, de ce côté, sont à peu près celles de l'ancienne Franche-Comté.

Si nous considérons Luxeuil et ses environs au point de vue de la constitution géologique, nous voyons qu'ils se rattachent presque entièrement à la grande formation du TRIAS : *grès bigarré, muschelkalk* (calcaire coquillier) et *marnes irisées* (keuper). Sous la ville même, à part quelques lambeaux d'argile tertiaire, on ne trouve que le grès bigarré, dont l'épaisseur, d'après un sondage fait en 1855, serait de 18 à 19 mètres (1). Il est assis là, comme dans la plus grande étendue du pourtour des Vosges, sur le *grès vosgien*, qui lui-même repose directement sur le granite ou sur d'autres masses d'origine ignée. En allant vers Faucogney, notamment au-dessus de Saint-Colomban, on retrouve les bancs de grès des Vosges élevés sur le porphyre.

On comprend que ces dépôts arénacés des vieux âges de la terre, étendus autour des Vosges, aient suivi en s'y rattachant les ondulations de leurs massifs ; ils ont de plus pris part à tous leurs mouvements postérieurs, subissant des exhaussements ou de nombreuses déchirures. Là, dans toute vallée un peu profonde, ouverte jusqu'au granite, les écroulements ont laissé rouler souvent pêle-mêle d'énormes blocs de grès des Vosges et de grès bigarré, qui ne contribuent pas peu au cours cascadé des rivières.

Le grès des Vosges varie beaucoup d'aspect, tant pour le volume de ses éléments, qui donnent depuis un grès fin jusqu'au poudingue à cailloux volumineux, que pour la dureté même du ciment qui les lie. Parfois il arrive qu'il se désaggrége au moindre choc, et on serait alors tenté de prendre ses galets dispersés à travers les terres pour une alluvion récente. Quand il est bien résistant, la forme qu'il affecte le plus volontiers dans ses larges brisures sur les flancs de vallées, est

---

(1) ERALLON, *Du sol dans une partie de la Haute-Saône.*

celle d'un encorbellement caverneux. Et comme ordinairement il offre une couche assez perméable, assise sur une roche massive que l'eau ne pénètre guère, il n'est pas rare de voir à ses pieds de petites sources.

En ce qui intéresse plus particulièrement Luxeuil, on peut se faire à distance une idée générale bien nette de la disposition des terrains, en consultant la carte de M. Thirria (¹). On voit que le premier étage du Trias, le grès bigarré, s'étend là du nord-ouest au sud-est, jusque vers Villersexel; et que transversalement, c'est-à-dire du sud-ouest au nord-est, des environs de Conflans aux Vosges, il s'élargit et occupe une étendue de près de 25 kilomètres. Couvrant les hauteurs, entre Plombières et Val-d'Ajol, comme entre Val-d'Ajol et Saint-Bresson, à une altitude de 621 mètres au point dit *Pierre-la-Sentinelle*, et de 743 vers le village de La Montagne, il descend au bas de Luxeuil à moins de 330 mètres, et se perd on ne sait où au-delà de la plaine, sous les terrains postérieurs; car on le considère comme une formation littorale (²). Son inclinaison générale vers le sud-ouest est sous des angles qui varient, dans les carrières où on peut l'observer, de 5 à 20 degrés, ce qui indique au moins de notables ondulations. De plus, par l'effet des fractures et même en constituant de petites failles, il peut incliner en sens inverse, c'est-à-dire vers le nord-est, comme on a pu le constater dans les fouilles faites à la recherche des eaux ferrugineuses de Luxeuil, sous la direction de MM. les ingénieurs Drouot et Descos, en 1857 et 1858.

Nous avons dit que l'épaisseur du grès bigarré sous la ville ne paraît pas dépasser une vingtaine de mètres. Elle est pro-

---

(¹) *Statistique minéralogique et géologique de la Haute-Saône*, 1833.

(²) « Les trois formations dont la réunion compose le TRIAS semblent s'être déposées dans une mer où les montagnes qui constituent le *système du Rhin* formaient des îles et des presqu'îles..... La zône ondulée du grès bigarré dessine le pied occidental des Vosges. » (DUFRÉNOY et Elie DE BEAUMONT, *Explication de la carte géologique de France*, t. II, p. 11.)

bàblement moindre sous l'établissement thermal, par suite des travaux faits pour asseoir les captages à l'époque romaine. Là, la roche est fracturée à peu près du nord au sud en plusieurs lignes parallèles à l'axe de la petite vallée; et ce qu'il y a de remarquable, c'est qu'à 500 mètres en aval, il y a discordance complète dans l'aspect des grès, à droite et à gauche de la *Fosse-Pageot* : à droite, la roche de la carrière dite de *la Saline* est blanche, extrêmement compacte et crie comme verre sous le marteau; à gauche elle est molle et tellement friable qu'elle servirait au besoin de sable à mouler, si elle n'était pas trop ferrugineuse. Y aurait-il là faille accentuée? De pareilles dissemblances, établies côte à côte, paraissent se rattacher à des phénomènes intéressant d'assez près notre établissement thermal.

Le *grès bigarré* mérite bien son nom à Luxeuil, car il y affecte une foule de couleurs et de nuances, variant du rouge amarante au blanc jaunâtre ou verdâtre quand c'est le fer qui domine dans le ciment, et du gris clair jusqu'au noir quand c'est le manganèse. Ces couleurs, souvent peu apparentes au sortir de la carrière, vont s'accentuant à l'air par l'oxydation. Disposées en ellipses, en bandes, en zônes, elles arrivent, quand la roche est dure et susceptible d'un demi poli, à constituer de grandes marbrures un peu mates du plus bel effet.

Mais souvent des paillettes micaciques ajoutent au brillant de la roche en diminuant sa qualité. Les dernières couches des carrières sont ordinairement chargées d'une telle quantité d'un beau mica blanc argentin, qu'elles s'effeuillent avec une facilité extrême et n'ont plus assez de consistance pour former même des dalles de recouvrement, ou des laves pour toiture. Ce sont les bancs profonds ou moyens qui donnent la bonne pierre de construction.

Les grains quartzeux du grès bigarré sont parfois bien translucides, surtout quand ils sont unis par une sorte de gelée siliceuse durcie, comme à la carrière de *la Saline*. Plus souvent ils sont liés par une fine argile, dont la proportion peut

être telle que la roche soit happante et manque de ténacité.
Aussi les mauvais constructeurs, qui ne tiennent qu'à aller
vite en besogne et à ménager leurs outils, préfèrent-ils ces
mauvais grès, quoique à la base des maisons ils soient destinés à s'égrainer dans une humidité perpétuelle, et même à
rester imbibés d'eau pluviale aux étages supérieurs. On a con-
seillé avec raison, pour améliorer ces grès tendres, de les tenir
quelque temps immergés dans de l'eau de chaux ; mieux serait
encore de ne pas s'en servir pour les habitations, surtout dans
un pays où tant de malades viennent avec l'espoir bien fondé
de se dépouiller de leurs affections rhumatismales.

Une grande amélioration à faire à Luxeuil, au point de vue
de l'hygiène, consisterait à bâtir en calcaire la partie inférieure des maisons : réforme facile et peu dispendieuse, car
on trouverait à peu de distance les matériaux.

En effet, si nous embrassons là du regard tout l'amphi-
théâtre des collines, du sud-est au nord, nous trouvons à peu
près partout, dans un rayon de six à sept kilomètres, les deux
étages supérieurs du Trias : d'abord le *muschelkalk*, dont le
calcaire, quoique un peu inégal de structure, est de bonne
cohésion ; puis le *keuper,* dont le calcaire magnésien (dolo-
mie) donne souvent une belle et bonne pierre à bâtir.

La disposition de ces terrains, en avant de Luxeuil, est
parfaitement conforme a ce qui a été dit d'une manière générale de l'enveloppe du pied des Vosges. « Les trois grandes
assises du Trias occupent trois zônes qui enveloppent consécutivement le pied des Vosges, disposition qui est due à ce
qu'elles s'enfoncent successivement l'une au-dessous de l'autre,
en plongeant légèrement du pied des Vosges vers l'intérieur
de la France (¹). »

La première de ces assises, celle du grès bigarré, a des caractères minéralogiques qui, ordinairement, la distinguent

---

(¹) DUFRÉNOY et E. DE BEAUMONT, *Explication de la carte géologique de
la France,* t. II, p. 10.

bien du grès des Vosges; mais quand les deux roches se montrent superposées, le passage de l'une à l'autre est souvent peu sensible : c'est comme la continuation d'un même dépôt, sauf les différences se rattachant aux temps et à la durée de la formation. On peut supposer qu'autour de cette sorte d'archipel primitif, qui semble avoir constitué le système de ces montagnes, le plus gros sable siliceux et les cailloux, entraînés dans la mer ambiante, ont été ramenés par les marées et étendus le long de la plage, formant ainsi le grès vosgien; qu'ensuite le dépôt, continuant dans des temps plus calmes et avec plus de lenteur, aura donné un grès fin et régulier (devenu plus tard bigarré par la pénétration des solutions métalliques), ainsi que les dépôts argileux qui accompagnent ces grès.

Depuis, ces formations ont évidemment subi, avec le massif des Vosges, de nouveaux mouvements. Non seulement elles penchent, comme nous l'avons vu, vers le sud-ouest, perpendiculairement à un axe de soulèvement indiqué par la vallée de la Moselle, mais sur différents points on dirait que de nouvelles éruptions, granitiques ou autres, aient pris jour postérieurement à la formation du grès des Vosges. Ainsi à Plombières, on voit à mi-côte, sur le flanc droit de la vallée, le granite porphyroïde tellement engagé dans le grès vosgien, qu'on a peine à dire si c'est celui-ci qui se serait comme moulé par son poids dans une masse encore molle, ou si c'est la pâte granitique encore fluide qui aurait pénétré dans les interstices du grès.

Ce qu'il y a de certain, c'est l'intrusion de la silice seule, ou accompagnée de diverses substances métalliques, dans des fissures de la roche, à proximité des sources thermales de toute la région. A Plombières c'est principalement à travers le grès vosgien, à Luxeuil à travers le grès bigarré, qu'on trouve des filons de jaspe à pâte plus ou moins fine et diversement colorée.

Faut-il, avec M. Hogard [1], avec M. Jutier [2], et d'autres géologues, voir une relation plus ou moins intime entre ces filons et les sources thermales? Ce qu'on ne saurait nier, c'est la coïncidence des sources chaudes et des brisures formant les vallées au sud-ouest des Vosges. Une assez grande analogie de composition des eaux de Bains, de la Chaudeau, de Plombières et de Luxeuil semble indiquer de plus, sinon une certaine communauté d'origine, au moins un même mode de minéralisation dans les mêmes terrains granitiques. On peut dire que ces eaux ne diffèrent que par des qualités accessoires, empruntées à la composition des terrains stratifiés qu'elles peuvent avoir eu à traverser en sortant des terrains massifs.

En ce qui concerne Luxeuil, nous verrons qu'il faut y tenir compte aussi des formations qui se montrent à l'horizon. En effet, on trouve dans les eaux minérales émanées de fond, c'est-à-dire du granite et à travers les grès, non-seulement ce qu'ont fourni le granite et les grès, mais ce qu'ont pu donner, par des infiltrations souterraines latérales, les deux étages supérieurs du Trias. Il en résulte incontestablement que ses eaux salino-thermales ont un caractère plus complexe, qui les différencie de celles de Plombières et de Bains et enrichit leur minéralisation.

De plus à Luxeuil, une disposition particulière des grès bigarrés, sur une grande longueur à l'est des Bains, forme une sorte de barrage qui ralentit la marche latérale des eaux de surface qui s'étaient engagées dans ces grès; et, grâce à ce ralentissement, l'acide carbonique d'émanation souterraine a le temps d'intervenir largement pour la constitution d'une eau mangano-ferrugineuse attiédie par le voisinage des courants thermaux [3].

Telle est l'origine de ces fameuses sources ferrugineuses,

---

[1] *Description du système des Vosges*, 1837, p. 258.
[2] *Etudes sur les eaux minérales et thermales de Plombières*, 1862, p. 16.
[3] E. DELACROIX, *Sources ferrugineuses de Luxeuil*, loc. cit.

abondantes et demi-thermales, qui avaient attiré fortement l'attention des anciens et qui, de nos jours, seraient déjà la principale richesse de la station, si le traitement ferrugineux y était institué plus largement avec l'hygiène fortifiante qui doit l'accompagner.

II.

HYDROLOGIE.

Les eaux de Luxeuil peuvent être divisées, d'après leur origine et conséquemment leur nature, en *eaux potables ordinaires, eaux mangano-ferrugineuses, eaux salino-thermales.*

1° *Eaux potables ordinaires.*

Les eaux ordinaires sont nécessairement ici des eaux superficielles ou peu profondes; cela résulte de la constitution même du terrain. La formation du grès bigarré présente sa couche argileuse la plus épaisse à l'étage supérieur, où elle est entremêlée des débris d'une mauvaise roche connue sous le nom de *crassin*. Or il suffit ordinairement de cette disposition pour que l'eau pluviale ne pénètre pas au delà, et qu'elle suive immédiatement les pentes à une petite profondeur, ou même les rigoles des prés.

Si elle a pu pénétrer dans les cassures verticales des bancs de grès, jusqu'à la rencontre d'une autre couche argileuse formant arrêt, elle donne lieu à de véritables sources sortant de la roche et qui généralement sont plus nombreuses qu'abondantes. Les plus considérables sont à la base de la formation. Les grains siliceux ne pouvant que se désagréger et résistant à la dissolution, il est aisé de comprendre pourquoi les cassures du grès n'arrivent pas à constituer de larges trajets souterrains, comme on en voit dans les montagnes calcaires, et comment les eaux pluviales, qui ne trouvent pas d'assez vastes drainages naturels, restent stagnantes à la surface, quand elles ne sont pas immédiatement entraînées à l'état torrentiel; chose doublement fâcheuse : pour l'agriculture, qui récolte dans beaucoup de prairies autant de joncs que de bonnes graminées ; pour l'industrie, dont les cours d'eau n'ont pas de réservoir souterrain qui les mette suffisamment à l'abri des sécheresses. Là, l'atmosphère reprend en grande partie les eaux qu'elle apportait ; le climat s'en ressent, mais la végétation forestière en tire une incontestable vigueur, une richesse remarquable.

A l'ouest, au nord et à l'est de Luxeuil, à travers les magnifiques forêts à sol siliceux, où malgré de nombreux filets d'eau la boue est inconnue, on peut errer librement sous un dôme majestueux de futaies qui, pour la rectitude et l'élévation, semblent défier les sapins de la région plus montueuse des Vosges. Là sont les sources chéries des habitants de Luxeuil, les *fontaines* qui tour à tour ont attiré leurs hommages et l'attention des étrangers. Elles ont changé si souvent de nom qu'il nous serait difficile de dire tous ceux que chacune d'elles a pu porter. Les plus abondantes ont entretenu longtemps les fontaines de la ville, et il est bien regrettable qu'on les ait tout à fait abandonnées. Aujourd'hui c'est l'eau du Breuchin, prise à cinq kilomètres en amont, qui reste seule chargée de ce service. Elle offre sans contredit les principales conditions de salubrité, mais elle ne peut pas avoir cette constance de température qui est une des plus précieuses qualités des sources.

Toutes les eaux ordinaires, descendant la pente sud-ouest de la contrée, n'ont été en rapport qu'avec des terrains siliceux et sont conséquemment d'une simplicité extrême de composition, si rien n'est venu les altérer ; mais toutes renferment au moins quelques traces de fer, qui bientôt se dépose.

Dans le lit de beaucoup de ruisseaux, alternativement torrentiels ou à sec, on peut aussi remarquer des galets de grès, dont la surface est tellement marquée de manganèse peroxydé à l'air qu'on dirait cette surface peinte en noir (¹).

(¹) Il n'est pas rare de trouver du peroxyde de manganèse en dépôt

2° *Eaux mangano-ferrugineuses*.

Les eaux *mangano-ferrugineuses* de Luxeuil sont *bicarbona-tées*. Les principaux éléments de leur minéralisation, fer et manganèse, se trouvent plus ou moins partout de le grès bigarré de la région; mais il n'y a pas partout assez d'acide carbonique pour en opérer la dissolution richement et sur une vaste échelle. Or à Luxeuil, avons-nous dit, se trouvent les plus heureuses coïncidences. Il y a là collection des eaux sur une assez grande étendue, ralentissement marqué de la marche latérale des eaux imbibées dans la roche, arrivée incessante d'acide carbonique d'émanation souterraine, éléva-tion de température dans tout le sol ambiant; mais de plus il y a tendance au mélange des eaux ferrugineuses arrivant par côtés et des eaux salino-thermales poussant de fond.

Ce mélange, qui s'établit naturellement si on n'y met obstacle, avait été respecté sur un point à l'époque romaine; et depuis, on l'a conservé dans la construction du vaste réser-voir appelé *Puits romain*. A côté, c'est-à-dire à quelques mètres plus à l'est, sont les sources plus pures dites *du Temple*.

Empruntons au Dr Leconte, qui avait été chargé par la So-ciété d'hydrologie de l'examen des eaux de Luxeuil, l'analyse qu'il a faite de ces eaux ferrugineuses.

---

pulvérulent dans les lacunes des grès. Les géodes pleines de cette poudre ont reçu des carriers le nom de *tabatières*. Existe-t-il quelque rapport d'origine entre le manganèse ainsi répandu dans le grès bigarré, et celui qu'on cherche à exploiter dans les riches filons des porphyres au delà de Faucogney?

Eaux mangano-ferrugineuses.

Substances contenues dans un litre d'eau.

	SOURCES du Temple.	PUITS romain.
Sesquicarbonate de potasse	0,01551	0,01909
Sulfate de soude.	0,10826	0,06865
Chlorure de sodium	0,11122	0,23596
Chlorure de calcium.	0,02470	»
Chlorure de magnésium.	0,02230	»
Carbonate de chaux	0,15489	0,04011
Carbonate de magnésie	0,02428	0,00990
Fluorure de calcium.	0,00359 }	0,00239
Alumine.	0,00479	
Oxyde rouge de manganèse	0,01220	0,00499
Sesquioxyde de fer	0,02500	0,00939
Acide silicique.	0,03120	0,04100
Matières organiques.	0,00405	0,00911
Iode	Traces très faibles	Traces tr. faibles.
Arsenic	Id.	Id.
Perte résultant des calculs. . . .	0,00001	0,00001
Total des matières solides	0,54200	0,44060
Eau	999,45800	999,55940
	c. c.	c. c.
Gaz { Oxygène	0,00	0,42
Acide carbonique. . . .	25,95	30,58
Azote	17,45	9,42

Cette analyse, due à un hydrologue distingué et faisant autorité dans la science, exprime bien, on n'en peut douter, la constitution chimique d'une eau soumise dans le laboratoire à toute la série des épreuves connues. Mais est-il bien certain qu'elle nous rende compte de toutes les substances qui peuvent exister dans les eaux ferrugineuses de Luxeuil, de leur état de combinaison, et surtout qu'elle nous éclaire suffisamment sur les réactions auxquelles ces substances ont pu prendre part dans un travail de minéralisation évidemment exceptionnel et très complexe? Ici le problème à étudier nous semble exiger une attention toute particulière et prolongée sur les lieux mêmes. Il est plusieurs faits qui demandent encore explication. On ne nous a pas dit ce que peut être cette belle patine à éclat doré si vif, qui recouvre par une sorte de galvanoplastie naturelle toutes les pièces de bronze, styles, fibules, monnaies, au moment où on les tire des remblais profonds baignés par les eaux ferrugineuses, et qui met des années à se ternir; ni quel est le rôle de ces concrétions mamelonnées, jaunes, rouges, brunes, noires, qui tapissaient les parois de la faille à l'est des sources quand on en a fait l'exploration; ni celui de la boue métallique noirâtre, à odeur de plombagine, qu'à différentes époques on a trouvée arrêtée au-dessus de l'établissement dans de profonds barrages. On n'a pas expliqué non plus, que nous sachions, ni autrement que nous avions essayé de le faire (¹), cette singulière transformation que subissait l'eau, qui de bicarbonatée devenait sulfatée, dans de petits bassins rocheux où elle arrivait lentement, se concentrant au soleil et au grand air. Ainsi, nous avons plus d'une raison de considérer l'étude chimique fort intéressante des eaux mangano-ferrugineuses de Luxeuil comme n'étant pas encore achevée, et notre devoir est d'en recommander la continuation aux hommes tout à fait spéciaux que cette étude concerne plus que nous.

Comme toutes les eaux ferrugineuses et comme beaucoup d'autres encore, ces eaux sorties du sol et livrées à l'air sont très sensibles. Elles ont bientôt perdu de leur acide carbonique et pris de l'oxygène: une couleur ocreuse s'ensuit. Mais ce qui paraît surtout accélérer le mouvement de décomposition, c'est, comme nous l'avons dit ailleurs, le développement d'une conferve qui semble vivre aux dépens mêmes du sel ferrugineux. Partout où se montre à l'air un suintement de l'eau minérale sur la roche ou sur les parois des galeries, une agglomération de filaments a bientôt constitué une masse

---

(¹) *Notice sur les fouilles faites aux sources ferrugineuses*, loc. cit.

fongueuse, légère et tremblante, qui retient le précipité ferrugineux avec ses teintes successives et graduées arrivant au rouge brun ; sur quelques points la matière est noirâtre, et c'est le manganèse qui paraît avoir fourni le plus au dépôt. Le moindre choc détruit tout l'édifice de cette végétation enchevêtrée, et il en résulte une boue moitié organique, moitié minérale. Cette boue, qu'on peut recueillir en grande quantité dans les réservoirs, et qui est très propre à divers emplois thérapeutiques, n'est pas une des moindres richesses de la station. Elle renferme le fer dans un état de ténuité que les préparations du laboratoire donneraient difficilement.

Le mélange qui se fait au fond du *Puits romain*, où l'on a pu observer jusqu'à dix points d'émergence bien distincts, dont quatre d'eau salino-thermale à dégagement gazeux et d'une température de 28 à 31°, donne une température moyenne de 29°. Son rendement à l'époque des travaux, quand plus d'une émergence ferrugineuse était contrariée par les fouilles, a été évalué par le Dr Leconte à 44,695 litres en vingt-quatre heures.

Quant aux sources *du Temple*, elles ont donné, dans le temps des explorations faites par MM. Drouot et Descos, environ 40,000 litres. Leur température, aux divers points de sortie déterminés par les vieux drainages romains, variait de 18 à 20° et plus. Aujourd'hui, elles sont recueillies dans une cunette creusée dans la roche et formant un bassin souterrain bien clos, d'une longueur de 40 mètres sur un mètre de largeur et autant de profondeur, où arrivent en vingt-quatre heures 25,000 litres d'eau. Un puits d'accès est à chaque extrémité de la cunette.

Ainsi, tout compensé et dans l'état actuel des choses, on peut disposer chaque jour à Luxeuil d'environ 70 mètres cubes d'eaux mangano-ferrugineuses plus ou moins chargées : quantité qui serait bien augmentée s'il devenait nécessaire d'utiliser les suintements encore aujourd'hui perdus tant à distance qu'au pourtour de l'établissement.

3° *Eaux salino-thermales.*

Nous avons vu que pendant longtemps, et presque jusqu'à nos jours, l'accumulation des ruines avait tellement dissimulé aux habitants de Luxeuil l'existence des sources ferrugineuses et l'usage qu'en avaient fait les Gallo-Romains, que les sources chaudes à peu près seules attiraient l'attention. C'est pour ces eaux salino-thermales qu'avaient été faits tous les travaux du XVIIIe siècle. On les comparait alors assez volontiers à celles de Plombières, avec lesquelles elles ont sans contredit beaucoup d'analogie. Mais ce qui aurait pu servir au premier aspect à les différencier, c'est la facilité avec laquelle les plus riches eaux de Luxeuil, notamment celles de la source *des Dames*, impreignent d'oxyde noir de manganèse les parois des bassins. Un autre fait, curieux et non moins caractéristique de la station, est la diversité des teintes prises par le linge de service. En voyant l'étalage bariolé des chemises des baigneurs, mises à sécher le long du pré de la *Fosse-Pageot*, involontairement on pense au grand teinturier du lieu : au *grès bigarré*.

a. *Captages.*

La plupart des sources salines ont encore leur captage tel qu'il existait à l'époque romaine. Il consiste, pour chacun des principaux griffons ou points d'émergence, en une cheminée de pierre formée d'assises superposées, dans laquelle s'élève l'eau pour déborder au niveau que lui permet sa force ascensionnelle. Au pourtour, sur la roche où ces cheminées sont établies, tous les petits griffons sont écrasés par d'énormes quantités de béton et de ciment.

Si nous consultons le profil indiquant le niveau des points d'émergence des principales sources, ainsi que la hauteur de leurs jets et des tubes de captage, relativement à la surface dallée du grand vestibule central du *Bain des Cuvettes* ([1]), nous voyons que :

([1]) GRANDMOUGIN, ouvrage cité.

La source centrale *des Bénédictins* arrive à $\quad$ 0^m,40
Celle *des Dames* à . . . . 0^m,10
La centrale du *Bain gradué* à . . . . 1^m,02
Celle du *Grand Bain* à . . . . 0^m,36
Celle *des Cuvettes* à. . . . . 0^m,20
Celle *des Capucins* à. . . . . 0^m,90 et 91

au-dessous du niveau du dallage du vestibule central.

Ces différences expliquent assez comment on a pu établir les piscines *des Bénédictins* et *des Dames* presque à fleur de sol, tandis qu'on descend par un escalier à celles du *Bain gradué* et du *Bain des Capucins*.

Au *Bain gradué*, une des sources accessoires qui contribuaient à l'alimentation de la piscine, celle qui est sous le vestiaire nord-est, a baissé de quelques centimètres et n'arrive plus à destination.

Au *Bain des Capucins*, une troisième source, qui est sous le chauffoir, à l'extrémité de la galerie adossée au Bain, est à une profondeur de 1^m,16 et n'a pas été captée. Il en résulte que ce Bain n'a pas toute l'eau qu'il pourrait utiliser.

C'est en dehors et au nord de l'établissement que sont les émergences les plus hautes.. Celle de la source d'*Hygie* est à 0^m,55 au-dessus du dallage central, et celle de la source *Eugénie* ou du *Pré-Martin*, située dans le Parc à 150 mètres environ au nord-est des Bains, a son déversoir à trois mètres *au-dessus* du même dallage.

b. *Température et débit.*

Les principales sources de Luxeuil, depuis qu'on les soumet à une observation bien attentive, ne paraissent pas avoir varié; ce n'est que dans leurs trajets accessoires et tout à fait secondaires qu'elles ont pu éprouver quelques changements de température et de rendement.

Avant de comparer leur état actuel avec leur état le plus anciennement connu, voyons ce qu'il était en 1866. Nous établissons le tableau qui suit d'après les renseignements empruntés à l'ouvrage de M. Grandmougin (¹).

	POINT D'ÉMERGENCE et tube de captage.	Température.	PRODUIT	
			par heure	par jour.
			Litres c.	Litres c.
1° Source du *Bain des Bénédictins*, communiquant souterrainement avec la source n° 10, située dans la paroi droite du canal d'écoulement des eaux de service des Bains.	Au centre de la piscine.	40°	284 15	6819 60
2° Source du *Bain des Bénédictins*.	Sous le pied droit méridional de la porte d'entrée du cabinet de douches.	37°,2	499 80	11995 20
3° Source du *Bain des Dames*.	Au centre de la piscine.	42°,4	2214 »	53136 »
4° Source du *Bain des Fleurs*.	En dehors des bâtiments.	32°,3	240 »	5760 »
5° Source gélatineuse du *Bain des Fleurs*.	Dans le cabinet occidental, placé sur l'axe de l'est à l'ouest.	37°,6	85 95	2062 80
6° Source du *Bain gradué*, communiquant sous sol avec deux petites sources :	Au centre du petit bassin de graduation.	36°,4	1620 »	38880 »
	l'une sous le vestiaire est *des Dames*; l'autre sous la baignoire du cabinet n° 10.	40°,3		
7° Source du *Bain gradué*.	Dans la cour, devant la grande galerie vitrée, dans la paroi gauche du canal d'écoulement des eaux.	43°,2	2989 08	71737 92

(¹) *Histoire de la ville et des thermes de Luxeuil.*

	POINT D'ÉMERGENCE et tube de captage	Température.	PRODUIT	
			par heure	par jour.
8° Source *des Yeux.*	Dans la cour.	39°	Litres c. 73 80	Litres c. 1771 20
9° Source *savonneuse.*	A l'angle est de l'avant-corps du bâtiment principal, sous le trottoir.	31°,3	13 »	312 »
10° Source communiquant avec la centrale n° 1 *des Bénédictins.*	Dans la paroi droite du canal d'écoulement des eaux de service, en face de la grande galerie vitrée.	42°,6	443 82	10651 68
11° Source des *Cuvettes.*	Près de l'entrée du grand vestibule central.	42°,5	856 85	20564 40
12° Source du *Grand Bain.*	Au pied de l'escalier d'accès dans le bassin de réserve.	50°,4	1012 20	24292 80
13° Source du *Grand Bain.*	A l'angle sud-est du petit bassin de l'étuve.	52°,4	665 88	15981 12
14° Source du *Bain des Capucins.*	Sous le revêtement en dalles formant paroi de la salle au midi, près de la buvette ferrugineuse.	34°,6	260 »	6240 »
15° *Bain des Capucins.* Source A. 2 Sources B.	Puits creusé sous le chauffoir de la galerie contiguë. L'une dans le cabinet nord-est; l'autre entre la piscine et le cabinet des vestiaires.	38°,6	1440 »	34560 »

	POINT D'ÉMERGENCE et tube de captage.	Température.	PRODUIT	
			par heure	par jour.
			Litres c.	Litres c.
16° Source d'*Hygie*.	En dehors et au nord-est de l'établissement.	29°,8	249 »	5976 »
17° Source Labienus.	Non captée. A quelques mètres au nord-est du *Bain ferrugineux*	34°,6	370 79	8899 »
Total des produits par jour.				319539 72

Ce tableau, qui ne renferme que les sources salino-thermales anciennement captées, représenterait ainsi un volume d'eau de près de 320 mètres cubes, dont la température moyenne serait, si tout était réuni, de 41°,7.

D'autre part, la source considérable du *Pré-Martin*, située aujourd'hui dans le Parc et dite source *Eugénie*, ayant un débit d'environ 300,000 litres à 24°, il en résulte que la station pourrait disposer d'environ 620 mètres cubes d'eau véritablement thermale, mais dont la température moyenne ne serait plus que de 33°,12 s'il était possible de tout comprendre dans un même captage, en ne laissant de côté que les eaux ferrugineuses.

Il y a sans contredit quelque chose de séduisant dans ce système d'unification des sources d'une station. Ordinairement il permet, sinon d'augmenter, au moins d'assurer le rendement des eaux. Malheureusement aussi, il blesse un peu la foi des fidèles, en brisant l'urne des vieilles Naïades.

A Luxeuil, on a pu conserver jusqu'à ce jour ces distinctions de sources auxquelles le public a confiance, et que respecte avec raison toute bonne thérapeutique. Il pourrait se faire cependant qu'il devînt urgent, pour la conservation même des émergences, de remanier profondément plus d'un captage.

On sait que, dans les établissements thermaux de l'Etat, ce genre de travaux ne s'entreprend qu'après d'attentives études, comme toute amélioration ne s'y fait qu'en vue du bien public.

En ce qui concerne les sources du *Grand Bain* de Luxeuil, nous trouvons dans le mémoire de Charpentier de Cossigny, que nous avons déjà cité et qui nous donne une observation faite en juin 1746, des termes précieux de comparaison avec l'état actuel des choses.

« A huit heures du soir, ayant fait écouler toute l'eau du plus grand bassin, j'y plongeai le thermomètre dans l'un des trous par où sort l'eau de l'une des sources qui le remplissent et qu'on disoit être la plus chaude. Ce trou, quarré d'environ 6 pouces, est pratiqué dans le milieu de l'une des grandes pierres taillées qui pavent ce bassin. La liqueur s'y est élevée à 45 degrés.

» Dans l'autre trou d'un pied de longueur sur trois pouces de largeur, fait également dans une pierre du sol de ce bassin, la liqueur du thermomètre s'est tenue à 41 degrés 1/4. Je n'ai pu retirer de ce dernier trou qu'un peu de sable pur, mais le premier étoit presque plein d'une boue fort noire en pâte.

» J'en fis enlever à la main deux écuelles pleines, et j'y remis mon thermomètre dont la liqueur ne put s'élever alors que de 41 degrés 1/4, c'est-à-dire 3 degrés 3/4 moins qu'auparavant, ce qui semble prouver que c'est la même source qui fournit aux deux trous, ou que si ce sont deux sources différentes, elles ont le même degré de chaleur. »

Aujourd'hui, la piscine du *Grand Bain* d'alors est remplacée par un réservoir, où retombe l'eau qui s'élève par deux canaux de pierre construits sur les sources. Les températures n'ont pas baissé : dans l'un, nous avons trouvé 53°,4, et dans l'autre 51°,4 du thermomètre centésimal, ou si l'on veut en moyenne 52°,4, ce qui représente autant que possible les 41° 1/4 Réaumur observés par Cossigny. Quant au sable signalé dans un trou, tandis que l'autre était encombré d'une pâte noire, on peut encore observer cette différence en fouillant légèrement avec une cuillère longuement emmanchée le fond des tubes de captage : on retire de celui du nord-ouest une boue noirâtre, tremblante et comme gélatineuse. Ajoutons que ce point était le plus rapproché de la source mangano-ferrugineuse de l'ouest, qui pendant longtemps a été la buvette privilégiée annexée à la piscine du *Grand Bain*.

Mais existe-t-il plus ou moins profondément une communauté entre les deux sources du *Grand Bain*, comme le pensait Cossigny, de telle sorte qu'on ne puisse modifier l'émergence de l'une sans influencer les conditions de débit et de température de l'autre ? C'est probable. Une question de cette nature a sans contredit son intérêt médical ; néanmoins son étude concerne plus particulièrement nos deux honorables ingénieurs des mines, MM. Trautmann et Demongeot, dont elle a déjà attiré l'attention.

Si les principales sources de la station ne paraissent pas avoir sensiblement varié depuis 1746, peut-on en dire autant de celles *des Capucins*, ou du moins de leur mode d'ascension dans les piscines ? La vasque intermédiaire où se fait le partage et où arrivent les eaux par deux tubes ascensionnels, nous a montré une température moyenne qui, en 1866 et 1867, a varié de 38° à 40°. Il est vrai que si nous admettons que la température la plus habituelle y soit de 39° cent., elle diffère peu de celle de 31° Réaumur, observée par Cossigny en 1746, dans le bassin même où les eaux arrivaient alors sans intermédiaire, et où probablement elles étaient à un niveau moins élevé qu'aujourd'hui.

La vasque et les piscines du *Bain des Capucins* se couvrent incessamment d'un bel enduit verdoyant, dû à des conferves, qui leur donne un aspect de malakite, et qu'on ne retrouve pas dans les autres bassins de l'établissement. Cette végétation dépend-elle d'une modification légère dans la composition des eaux qu'on observe de ce côté, ou simplement de ce que les sources *des Capucins* ont plus de relations que les autres avec des eaux de surface et sont aussi plus aérées, ce qui est incontestable, et aussi de ce qu'elles sont notablement plus riches en acide carbonique ?

L'allure de ces sources et leurs variations sous les influences atmosphériques sont vraiment curieuses. Si les grandes pluies facilitent leur débit, alors, et contrairement à toute prévision, leur température augmente, ce que nous avons plus d'une fois constaté.

N'hésitons pas non plus à signaler ici un phénomène qui nous a paru constant : les nombreuses observations que nous avons faites sur les deux tubes ascensionnels ne permettent guère de douter que leur température ne s'élève quand la pression barométrique diminue. Mais laissons à d'autres le soin de rechercher les causes de ces variations.

Nous empruntons encore au docteur Leconte l'analyse qu'il a faite de nos eaux thermales en 1860; elle est la plus récente, comme elle est aussi la plus complète.

Tableau indiquant les quantités des différentes

salino-thermales

	SOURCE centrale des Bénédictins.	SOURCE latérale des Bénédictins.	SOURCE du Bain des Dames.	SOURCE du Bain des Fleurs.	SOURCE gélatineuse du Bain des Fleurs.
	Gr.	Gr.	Gr.	Gr.	Gr.
Sesquicarbonate de potasse....	0,03084	0,01718	0,04350	0,02621	0,01883
Chlorure de potassium........	0,01861	0,01428	0,02589	0,05175	0,00427
Sesquicarbonate de soude	»	»	»	»	»
Sulfate de soude.............	0,19206	0,16692	0,13716	0,14427	0,07943
Chlorure de sodium...........	0,72957	0,71974	0,72333	0,73042	0,43031
Chlorure de magnesium.......	»	»	»	»	»
Carbonate de chaux...........	0,04421	0 05924	0,03859	0,03276	0,03223
Carbonate de magnésie........	0,00215	0,00081	0,00215	0,00416	0,00237
Oxyde rouge de manganèse....	0,01145	0,00821	0,01385	0,01486	0,00157
Acide silicique...............	0,08649	0,08267	0,09810	0,07982	0,05024
Matières organiques...........	0,03019	0,02590	0,02589	0,01673	0,00873
Iode.........................	Tr. tr. faibl.	Tr. tr. faibl.	Tr. tr. faibl.	Tr. tr. faibl.	Tr. tr. faibl
Arsenic......................	Id.	Id.	Id.	Id.	Id.
Perte résultant des calculs.....	0,00003	0,00005	»	0,00002	0,00002
Total des matières solides.....	1,14560	1,09500	1,10846	1,10100	0,62800
Eau	998,85443	998,90500	998,91600	998,89900	999,37200
	c. c.	c. c.	c. c.		
Gaz { Oxygène	0,32	0,85	2,26	Non déterm.	Non déterm
Acide carbonique ...	4,44	3,40	7,54	Non déterm.	Non déterm
Azote	20,84	16,99	25,66	Non déterm	Non déterm

substances contenues dans un litre d'eau des sources

de Luxeuil.

SOURCE du Bain gradué Mélange des trois.	SOURCE du Bain gradué extérieure.	SOURCE du Grand Bain. Eau du réservoir	SOURCE des Cuvettes.	SOURCE du Bain d. Capucins. Mélange des 3 chaudes.	SOURCE sud du Bain des Capucins.	SOURCE ou Fontaine d'Hygie.	SOURCE dite Labienus
Gr.	Gr.	Gr.	Gr.	Gr.	Gr.	Gr.	Gr.
0,02365	0,01748	0,02707	0,02532	0,02626	0,01773	0,00980	0,01476
0,02131	»	0,04340	0,00350	»	»	0,00644	0,01221
»	0,00114	»	»	0,00171	0,00286	»	»
0,15464	0,08872	0,16466	0,10932	0,10766	0,10212	0,02437	0,05029
0,70552	0,34641	0,66050	0,57168	0,54540	0,30750	0,12185	0,18721
»	»	»	»	»	»	»	0,00426
0,03655	0,03317	0,05670	0,05336	0,04981	0,02127	0,04291	0,04180
0,00198	0,00225	0,00417	0,00323	0,00337	0,00232	0,01197	0,00895
0,01374	0,00461	0,00838	0,00299	0,00692	0,01118	0,00499	0,00501
0,07663	0,05007	0,11371	0,06832	0,07522	0,05404	0,03020	0,04000
0,02286	0,01615	0,02539	0,01622	0,02464	0,02137	0,00444	0,01140
Tr. tr. faibl.	Tr. tr. faibl.	Tr. tr. faibl.	Tr. tr. faibl.	Tr. tr. faibl.	Tr. tr. faibl.	Tr. tr. faibl.	Tr. tr. faibl.
Id.	Id.	Id.	Id.	Id.	Id.	Id.	Id.
0,00002	0,00000	0,00002	0,00006	0,00002	0,00001	0,00003	0,00011
1,05690	0,56000	1,10400	0,85400	0,84100	0,54040	0,25700	0,37600
998,94312	999,44000	998,89600	999,14600	999,15900	999,45960	999,74300	999,62400
	c. c.	c. c.	c. c.	c. c.		c. c.	
Non déterm.	0,56	0,54	1,70	2,98	Non déterm.	4,86	Non déterm.
Non déterm.	5,94	4,86	5,10	14,04	Non déterm.	12,41	Non déterm.
Non déterm.	19,44	14,05	15,31	18,30	Non déterm.	14,24	Non déterm.

CHAPITRE SEPTIÈME.

Usage et mode d'action des eaux de Luxeuil.

Si l'on n'avait à examiner dans une eau minérale que les effets pouvant résulter de sa composition même, quand elle a pénétré dans l'économie, on se rendrait aisément compte de son action curative : et si l'on mesurait ces effets à la richesse de l'eau, celles de Luxeuil, qui renferment généralement plus d'un gramme de principes salins par litre, seraient déjà d'une notable activité ; ce qui est hors de doute quand elles sont prises à l'intérieur.

Mais il est difficile aujourd'hui de parler de l'action d'une eau minérale sans toucher à la question, déjà tant débattue et si peu avancée, de l'absorption, par la peau, de l'eau et des principes contenus dans le bain. Cependant, le désaccord qui existe à ce sujet parmi les thérapeutistes, et même parmi les physiologistes, n'est peut-être pas aussi profond qu'il en a l'air. Sans doute l'étude est pleine d'écueils, parce que le problème est des plus complexes et qu'il est difficile d'établir des bases bien certaines d'observation. On n'a pas rien qu'à voir si la peau humaine, couverte de son épiderme huileux, est pénétrable partout ou seulement par places : il faut tenir compte de la nature de l'agent, et conséquemment de son mode particulier d'action chimique, favorisant ou empêchant l'absorption ; des effets physiques et physiologiques déterminés par la température de l'eau, par son état électrique qu'il faut prendre en considération, quoi qu'on en dise ([1]), et par la pression même qu'elle exerce ; de l'état des fonctions au moment du bain ; et peut-être avant tout des susceptibilités individuelles. En 1867, nous avons eu à donner des soins à Luxeuil à une dame bien résolue à se soumettre à toutes les

---

([1]) Voir les travaux du docteur SCOUTTRTEN sur l'électricité des eaux.

épreúves du traitement, et qui, supportant au mieux la boisson minérale et les douches, a dû renoncer définitivement à
tout essai de balnéation, quelle que fût la température, tant
elle en éprouvait une excitation intolérable. Un pareil sujet
eut été, sans contredit, peu propre à des expériences sur
l'absorption.

En faisant une part peut-être exagérée au rôle que peut
jouer l'absorption dans le bain d'eau minérale, il nous semble
qu'on a beaucoup trop oublié que la peau, même à travers
son épiderme, est assez sensible pour nous rendre compte par
simple attouchement, non-seulement de la présence des agents
extérieurs, mais d'une partie de leurs propriétés, et qu'il n'est
pas indispensable qu'il y ait absorption pour qu'une grande
variété de réactions fonctionnelles s'ensuive.

A ne considérer que les résultats physiologiques de l'application de la chaleur au corps plongé dans le bain, on constate
même de notables différences selon les individus. Tout médecin qui a suivi ces effets avec quelque attention, ne tarde pas à
voir qu'il y a pour chaque malade un point de température
de bain, au-dessus et au-dessous duquel la dépense de la chaleur humaine serait mal réglée.

Ce point d'équilibre tout relatif et qui, lorsqu'il est bien
obtenu, entretient ordinairement une sensation de bien-être,
est souvent une condition indispensable du traitement. Mais
il ne suffit pas de l'avoir trouvé; on peut vouloir le conserver.
Comment y parvenir dans un bain particulier, à supposer
même que les robinets soient toujours prêts à verser un supplément d'eau d'une température constante? On a beau avoir
le thermomètre à la main : tel qui était entré dans un bain à
34° en sort à 35°, ou réciproquement, si ce n'est plus. Aussi,
le médecin fût-il là en permanence, ce qui ne lui est pas plus
possible que cela ne serait agréable au malade, souvent le
traitement en cabinet n'offre-t-il pas toute la sincérité d'action
qu'on pouvait désirer.

I

TRAITEMENT SALINO-THERMAL DIT ALCALIN.

Nous ne sommes certes plus au temps où, sans distinction d'âge, ni de sexe, ni d'état ou de position sociale, il était admis qu'on pût se baigner sans trop de façon dans les mêmes piscines. Nos mœurs sont devenues plus prétentieuses, ou plus cachées, ou plus sévères. Il était donc indispensable de séparer les sexes et de régler les conditions d'admission dans ces bassins, au moins pour la décence et la propreté.

Maintenant à Luxeuil, grâce au respect des règlements, on peut entrer dans tous sans hésitation, et nous avons vu des personnes de condition sociale très élevée se féliciter d'y avoir fait leur traitement.

Les bains en cabinet, malgré les inconvénients que nous avons signalés, sont néanmoins non-seulement indispensables aux personnes qui ont à faire un traitement à part et spécial, mais sont aussi très recherchés de celles qui ne font qu'une saison ordinaire. Ici comme partout, la mode a ses exigences. Heureusement l'Etat, qui est de tous les temps et qui voit les choses à un point de vue plus élevé, a respecté et amélioré nos piscines ; et nous osons dire qu'il a bien fait, tant nous sommes persuadé qu'un jour le public et le corps médical tout entier en demanderaient le rétablissement.

Nous avons vu qu'en 1746 on se baignait dans le *Grand Bain* de Luxeuil à une température de 47°,5, et qu'au sortir du bassin la plupart des malades se reposaient quelques moments étendus sur un long et large banc de pierre [1]. Dans de pareilles conditions, la nécessité du rafraîchissement pouvait se faire sentir ; mais c'était, il faut l'avouer, une singulière médication.

Sans regretter de pareils excès, nous avons entendu plus

---

[1] CHARPENTIER DE COSSIGNY, *Discours cité.*

d'un confrère exprimer le vœu du rétablissement du *Bain*
actuel *des Dames* à une haute température ; ce qui serait facile
assurément, en laissant arriver constamment dans le bassin
une partie de l'eau de la source. Malheureusement ce serait
aussi, pour venir en aide à des cas bien exceptionnels, dépen-
ser une des grandes richesses de la station.

Les piscines étant faites pour les cas ordinaires et les plus
nombreux, la plupart de celles de Luxeuil, qui sont entrete-
nues directement et constamment par des sources à température modérée, offrent au mieux les conditions nécessaires à ce
point d'équilibre relatif et réglant la dépense de la chaleur
humaine dont nous parlions tout à l'heure. Pendant la belle
saison, la piscine *des Capucins* est habituellement à 33° ; celle
des Bénédictins à 35° ; tandis que celle du *Bain gradué* offre,
dans ses divers compartiments, de 33°,5 à 34°,5.

On voit que, dans ces limites, il est facile à chacun de trouver ce qui lui convient pour tout traitement qui n'a rien
d'exceptionnel.

En disant que telle est la température habituelle de nos
piscines, il est bien entendu que nous ne prétendons pas dire
qu'elle soit tout à fait invariable. Evidemment la température
extérieure du moment a son influence sur celle des salles,
qui à son tour agit sur celle des bassins. On ne pourrait avoir
une piscine exactement à même température en toute saison,
qu'en intervenant par quelque artifice ; et alors il serait bien
difficile d'amener les eaux telles que les sources nous les
donnent.

Effets du bain alcalin.

La nature de nos eaux salino-thermales est-elle vraiment
assez alcaline pour avoir bien motivé le nom d'*alcalin* donné
au bain d'une partie de l'établissement ? Un peu de carbonate
de potasse dans toutes, de carbonate de soude dans quelques-
unes, autorisent jusqu'à un certain point cette caractérisation.
Ces eaux, comme on l'a déjà fait observer, sont notablement

plus riches que celles de Plombières en sulfate de soude; mais le chlorure de sodium y dominant, elles ont dû être rangées, d'après la nouvelle méthode de classification, parmi les eaux chlorurées-sodiques.

Pour essayer d'expliquer rationnellement l'action du bain dit alcalin de Luxeuil, on conçoit qu'il ne suffise pas d'étudier les premiers effets physiologiques dont nous avons parlé : il nous faudrait aussi des preuves directes et matérielles d'absorption que nous n'avons pas encore. Quant aux probabilités d'absorption, elles sont incontestables. '

Il y a dans cette eau assez de carbonates alcalins pour nettoyer l'épiderme et le rendre perméable après un certain temps. Au sortir du bain, les frictions aidant, bientôt la peau est comme décapée. Elle prend une vitalité nouvelle. Alors commence une autre série de phénomènes.

Est-ce à ces causes qu'il faut attribuer une distinction assez nette en deux périodes que nous croyons avoir bien remarquée dans la cure faite aux eaux salino-thermales de Luxeuil ? D'abord, pendant un temps qui rarement dépasse une semaine, beaucoup de malades éprouvent une certaine fatigue et dorment peu. Quelques-uns mêmes accusent des douleurs plus vives. On constate aussi parfois un peu de fièvre thermale. L'urine des goutteux et des rhumatisants donne souvent un sédiment d'acide urique. Enfin, peu de baigneurs sont tout à fait exempts de quelque agitation fonctionnelle. Qu'on nous permette d'employer les vieux termes de *période de coction* pour caractériser ce premier temps.

Mais bientôt une détente arrive avec des sécrétions plus faciles et plus normales. L'appétit s'éveille, ainsi que le besoin d'activité. Le sommeil habituellement reparaît; nous l'avons même vu devenir excellent chez des personnes qui disaient l'avoir perdu de longue date. Mais ce qu'il y a de remarquable, c'est que chez la plupart la confiance renaît, comme l'aptitude à faire de longues promenades. En pareil cas, nous nous abstenons de trop contrarier ces dispositions, dût-il en résulter un peu de fatigue. Appelons ce deuxième temps de la cure la *période de renouvellement*. Si elle s'établit assez nettement dans la majorité des cas pendant la durée même du traitement, elle peut aussi ne commencer qu'après. Cette assertion n'est pas seulement une consolation et une espérance pour plus d'un malade : elle est fondée sur l'expérience de toutes les stations ; mais le devoir du médecin est de n'en pas trop faire une règle générale.

Effets de la boisson.

L'eau minérale dite alcaline prise à l'intérieur, entre sans contredit pour beaucoup dans ce travail de pression sur l'économie, puis d'entraînement et de réparation. Quelques personnes plus naïves que réfléchies, ou mal inspirées, tirent de là cette conséquence que plus on boit de cette eau minérale plus on est tôt guéri. Elle renferme, il est vrai, des sels qui, à petite dose, sont les uns toniques et reconstituants, tandis que les autres entraînent par des effets altérants ou fondants ; et il semble que dans la médication un certain équilibre puisse en tous cas se maintenir. Mais, ici comme toujours, la tolérance est très variable suivant l'état du malade. Assez généralement les urines et les sueurs se font très librement, et un peu de constipation se déclare. Quand la sécrétion intestinale l'emporte, il est à peu près certain que le malade a fait quelque abus, soit d'eau soit de régime. Cependant, il faut le dire, les susceptibilités individuelles doivent être prises ici en grande considération. Même avec des eaux plus légères, il nous est arrivé maintes fois de constater, notamment a l'hôpital de Plombières, qu'un seul verre d'eau minérale suffisait à purger certains individus. Mais laissons là les exceptions. A Luxeuil on boit très communément de quatre à six verres par jour.

On attribue à l'eau de la fontaine *des Cuvettes* quelque peu de propriété laxative, surtout quand elle est prise en lavement. Est-ce vrai pour tous les malades? L'évacuation pourrait bien n'être ici que le résultat d'une excitation légère. Tout ce que nous en pouvons dire, c'est que chaque médecin, dans sa propre clientèle, est juge de l'attribution et de l'opportunité de l'emploi. Mais s'il s'agissait d'obtenir un effet plus franchement tonique, nous donnerions sans la moindre hésitation la préférence à l'eau de la fontaine *des Dames,* ou même à la centrale *des Bénédictins* et à celle du *Grand Bain.*

Quant à l'eau de la fontaine d'*Hygie*, en grande vénération chez les habitants de Luxeuil, il est incontestable qu'elle convient surtout aux malades qui n'ont à faire qu'un traitement modéré.

Celle de la source *Eugénie,* qui donne deux fontaines dans la cour d'honneur, est impuissante à exercer une action marquée sur les sécrétions, puisqu'elle est d'une pureté à peu près absolue ; mais par cela même elle peut être en certains cas plus dissolvante que toute autre et non moins propre à faire de l'entraînement.

II

TRAITEMENT FERRUGINEUX.

Quoiqu'il ait été dit souvent que Luxeuil, eu égard à la diversité de ses eaux, avait repris son antique et double attribution, beaucoup de malades y viennent encore sans savoir s'ils auront à faire usage des eaux salino-thermales ou des eaux mangano-ferrugineuses. Aussi, Dieu sait le traitement que font ceux qui ont la prétention de s'y diriger d'après leurs propres lumières ! Il en est qui se décident pour le Bain ferrugineux, uniquement en vue d'un plus beau cabinet. On a là sous la main l'eau tiède et l'eau chaude : l'eau ferrugineuse et l'eau saline. Comment résister au plaisir de se rafraîchir avec l'une quand on s'est échaudé avec l'autre ? et *vice versa.* On appelle cela faire un traitement ferrugineux. Quelques-uns, plus avisés, s'y font tout simplement un bain mieux réglé et différant peu de celui qu'on aurait dans toute autre partie de l'établissement. Par compensation, il en est qui, prenant trop à cœur le traitement ferrugineux et en voulant comme pour leur argent, ont la prétention de rester une heure un quart dans un bain à peu près pur, à 31°, c'est-à-dire à demi frais et qui va se refroidissant. Nous avons constaté dans ce cas des troubles graves de circulation et d'innervation, réveillant des douleurs, congestionnant des points malades. Aussi est-ce toujours au Bain ferrugineux que nous avons eu différentes fois à porter secours à des baigneuses en défaillance. Il est vraiment regrettable qu'un élément de succès aussi riche que celui que donnent les eaux mangano-ferrugineuses de Luxeuil ne soit pas toujours appliqué avec la réflexion que réclament le soulagement ou la guérison des malades.

Est-il possible d'éviter ces abus de traitement dans l'état actuel du matériel de balnéation ? Est-il aisé même, à l'aide de quelques améliorations, de tirer grand parti de l'établissement ferrugineux ? C'est notre avis. Essayons, d'après l'expérience acquise et moyennant un peu de théorie, d'expliquer ce qui se passe et ce qu'il faudrait faire.

Un bain vraiment ferrugineux à 31° ou 32°, comme on l'a d'habitude à la station, n'est qu'un bain tiède, assez agréable en y entrant, mais qui pour la plupart des personnes débilitées qui en font usage est presque frais après vingt-cinq minutes et commence à donner du frisson. Évidemment c'est le moment d'en sortir, si l'on veut conserver l'effet tonique et ne pas tomber dans une période de sédation qui peut être fâcheuse. Il est vrai que beaucoup de personnes, luttant contre le malaise, se donnent alors de l'eau simplement thermale à plein robinet : le bain cesse d'être assez ferrugineux; souvent le but est manqué.

Considérons aussi la part due à un sel soluble de fer appliqué à la peau. Quelque légère qu'elle puisse être à travers l'épiderme, son action astringente est bien connue et ne peut être contestée. La sensation qui en résulte ajoute probablement aux effets de la température peu élevée du bain.

Ici se présente encore la grave question de l'absorption. Le sel de fer pénètre-t-il profondément par la peau dans l'économie, lui qui doit être rangé parmi les *plastifiants*, c'est-à-dire parmi les agents qu'arrête et précipite l'albumine ? « Quelques sels deviennent absorbables à la faveur d'un excès de leur propre substance, c'est-à-dire que la combinaison insoluble qui résulte de leur union avec les éléments albumineux du sang ou des tissus, est soluble dans un excès du composé salin qui lui a donné naissance : tels sont certains sels d'alumine, de zinc, de fer et de cuivre ([1]). » S'il faut ranger dans cette catégorie le sel ferreux de nos eaux, ce serait une raison de plus, on l'avouera, pour ne pas trop l'affaiblir ou le décomposer par un excès d'eau thermale, dont le jet, surtout quand il tombe de haut, introduit dans le bain une notable quantité d'air.

Ainsi, bien des raisons concourent à justifier l'opinion que nous avions déjà émise : que le bain ferrugineux de Luxeuil, pour produire tout son effet, ne devrait pas être prolongé au delà d'une demi-heure. En donnant le même temps aux opérations accessoires, y compris la douche quand il y a lieu, chaque série serait réduite à une heure. Cette opinion est justifiée par notre propre expérience et celle de plus d'un de nos confrères. Nous insisterons autant qu'il le faudra auprès de ceux qui ne l'auraient pas encore admise.

Quant aux effets de l'eau ferrugineuse en boisson, il est peu de malades qui n'apprennent bientôt ici que ces effets diffèrent suivant l'heure et le mode d'emploi. Veut-on utiliser leur action tonique immédiate sur les voies digestives ? évidemment c'est à la buvette même qu'il faut les boire. En n'en faisant usage qu'aux repas, on évite le premier effet trop

---

([1]) MIALHE, *Chimie appliquée à la physiologie et à la thérapeutique*, p. 203 ; Paris, 1856.

astringent pour beaucoup de malades; et l'expérience démontre qu'on n'en retire pas moins le résultat final qu'on se propose sur la constitution du sang.

Autant le bain ferrugineux en cabinet convient aux personnes qui ont besoin du traitement sous différentes formes, notamment des irrigations internes si usitées dans ce service, autant, pour des cas plus simples, il est à désirer que bientôt une vaste piscine plus légèrement ferrugineuse, permettant le mouvement si nécessaire à la jeunesse, et même la natation, vienne compléter des améliorations en quelque sorte promises, et dont le projet a été soumis à l'attention de S. Exc. le Ministre des Travaux publics.

Cette piscine, qui aurait constamment une température de 24 à 25°, c'est-à-dire la plus élevée qu'on puisse trouver pendant la belle saison dans nos rivières, offrirait en tout temps les ressources d'une douce hydrothérapie jointe au traitement ferrugineux. Les exercices du corps y permettraient une durée de bain toute facultative et variable selon les besoins de chacun. Sa création, dont la nature a déjà fait la plus grande partie des frais, est demandée par la plupart des médecins visitant la station. Elle serait pour les familles un bienfait, comme elle serait une facile application des idées tant de fois exprimées par l'Empereur au sujet des Bains publics.

III

TRAITEMENT MIXTE.

Il n'est pas rare qu'on fasse usage à Luxeuil de l'eau mangano-ferrugineuse en boisson, pendant qu'on se livre d'autre part au traitement salino-thermal le plus complet. Quand cette méthode n'est suivie que par esprit d'imitation, ce qui pour beaucoup de personnes est un motif assez déterminant, on s'expose à ne tirer de la cure aucun résultat, si ce n'est de la fatigue. Mais le monde est plein de gens qui croient encore que le remède est tout, que la manière de l'employer n'est rien. De là beaucoup d'erreurs de bien des genres, dont on a écrit et dont il resterait à écrire des volumes.

En ce qui concerne le sujet actuel, il est hors de doute que dans la majorité des cas les deux médications, l'une plus ou moins entraînante et l'autre analeptique, employées simultanément se contrarient et peuvent se neutraliser. Mais il n'est pas moins vrai qu'appliquées successivement, elles peuvent être appelées quelquefois à rendre les plus grands services. Prenons un exemple.

En juin 1867 arrive à la station, entre autres officiers de marine, M. X., qui six mois auparavant avait eu la fièvre jaune au Sénégal. Il a le teint cuivreux et bizarrement diapré, de la diarrhée fréquente, quelquefois de la céphalalgie, une grande maigreur; il manque absolument d'appétit. L'insomnie, l'agitation, quelquefois la fièvre le fatiguent; un grand abattement s'ensuit. Pendant la première semaine, il est soumis à la médication salino-thermale dite alcaline : bains, eau minérale d'*Hygie* en boisson; puis, graduellement quelques douches généralisées. Déjà le teint semble s'éclaircir; les excrétions se régularisent, l'appétit revient avec un peu de sommeil, et les promenades sont bien supportées. Pendant la deuxième semaine, eau minérale plus active pour boisson : le matin, quatre verres eau *des Dames;* eau ferrugineuse aux repas.

Ce traitement d'une activité graduelle est continué pendant près d'un mois. Dans la dernière semaine, non-seulement le malade se porte bien et commence à se diriger sans conseils; mais tout son être est comme transformé. Il prend part aux excursions les plus éloignées de la station et compte au salon parmi les plus infatigables danseurs. On citait sa résurrection inespérée, son aimable et spirituelle gaîté, que nous souhaitons à tous. Au moins est-il possible à tous de faire un emploi judicieux des ressources de la station, souvent même de s'appliquer avec profit l'à-propos·de l'*ex-voto* antique : Luxovio et Brixiae.

Autre exemple, 1866. Madame X. Assez belle constitution, teint mat, tempérament lymphatico-nerveux. Inappétence fréquente, avec troubles digestifs. Diathése urique accentuée ; souvent sable rouge dans les urines. Innervation, circulation et calorification très irrégulières; anémie, caractère impressionnable, mobile; souvent défaillances; profond découragement. En somme : névropathie générale, goutte vague ? anémie. La malade est allée de consultation en consultation et se dit incurable. Son indocilité est d'autant plus grande que son état pathologique a été pris à différents points de vue et qu'on l'envoie à différentes stations, thermo - minérales ou hydrothérapiques.

Il fallait la laisser partir.... ou venir à bout de ses incertitudes; ce qui, soit dit en passant, est beaucoup plus aisé à un médecin d'Eaux qu'au médecin ordinaire, dont l'autorité peut s'user à la longue, ou au médecin consultant, dont l'intervention est souvent trop passagère.

Madame X... resta :

Première semaine. Bain alcalin tempéré d'une heure, à 34°. Essai d'eau *des Cuvettes* en boisson, toléré. Quelques douches enveloppantes en *pluie-couronne.*

Deuxième semaine. Bain d'une heure et quart, même température. Avant et après, un verre d'eau du *Grand Bain.* Après, douche générale en arrosoir. Eau ferrugineuse aux repas.

Troisième et quatrième semaines. Continuation du même traitement, qui est bien supporté.

De l'acide urique a d'abord été rendu abondamment : puis est survenu à la face un furoncle qui a étrangement contrarié la malade ; mais l'état général était bon, ce qui la rassurait. Enfin elle a quitté Luxeuil, fort étonnée, disait-elle, de n'être plus malade, et surtout pleine de confiance. Revenue en 1867, elle s'est occupée de ses domestiques malades beaucoup plus que d'elle-même qui continuait à se bien porter.

Si nous cherchions d'autres exemples dans les cas les plus ordinaires envoyés à la station, tels que ceux de chlorose, avec ou sans névropathie générale, de troubles menstruels, d'affections utérines, etc., nous verrions qu'il en est beaucoup dans lesquels on trouve un incontestable avantage à ne pas commencer d'emblée le traitement ferrugineux; qu'il en est même où l'action du fer est d'autant plus certaine et mieux tolérée que ce traitement alterne avec le traitement alcalin, notamment avec les grands bains de piscine, qui nous ont souvent paru le meilleur moyen de reposer des malades trop impressionnés par le bain ferrugineux.

Nos observations de 1867 nous fournissent, à ce propos, l'exemple suivant : Mlle X, 19 ans, constitution faible, tempérament très nerveux, intelligence cultivée. Formée à 12 ans, mais avec un flux menstruel d'abord excessif, suivi de dysménorrhée, elle a tantôt des palpitations, tantôt de la gastralgie, et lutte, avec une énergie peu commune en pareil cas, contre un état de chlorose des plus prononcés. Son teint est véritablement verdâtre.

Traitement antérieur : hydrothérapie, bains de mer, exercices gymnastiques, équitation, ferrugineux, antispasmodiques, tout a été mis en œuvre avec un succès douteux ou de peu de durée.

A Luxeuil, les premiers bains ferrugineux, quoique mitigés, semblent plutôt fatiguer la malade, augmenter ses douleurs et les troubles de circulation. Un bain de jambes à 40°, pendant que des lotions ferrugineuses sont pratiquées vivement sur les autres parties du corps, et ensuite une douche générale en arrosoir, sont beaucoup mieux supportés. Un certain bien-être s'ensuit. La malade consent à prendre trois bains de piscine sous les yeux de sa mère (*Bain gradué*, case chaude). L'eau ferrugineuse en boisson est dès lors mieux tolérée.

Pour la troisième semaine : alternance du bain de piscine de une heure et demie, et d'un bain ferrugineux de vingt-cinq minutes, suivi de la douche. Eau ferrugineuse surtout aux repas. Les douleurs ont à peu près disparu. Le teint commence à prendre un peu de coloration normale. La fonction menstruelle intervient sans peine, quoique modérée. Pendant deux jours un bain alcalin est continué, en cabinet.

Après cinq semaines de traitement mixte, Mlle X. quitte la station dans un état qui laisse espérer un entier rétablissement.

Dans les trois types d'observations que nous venons de donner, on remarquera peut-être qu'il s'agit de traitements d'un mois au moins de durée ; mais nous sommes loin de faire de cette condition une règle générale. Evidemment la mesure du temps est pour les malades toute relative ; à la rigueur même on pourrait dire qu'il n'y en a pas deux, par saison, qui se trouvent également bien d'un traitement absolument identique.

Aussi, qu'on nous pardonne de nous élever contre l'usage assez ridicule des saisons de vingt-un jours, ni plus ni moins, qui se font assez généralement aux Eaux. Cet usage, fondé, dit-on, sur la doctrine un peu cabalistique des septénaires, a pu convenir aux intérêts de quelques logeurs ; mais il est inexact d'avancer qu'il soit partout ancien. Montaigne nous dit au sujet de Plombières, et probablement Luxeuil était dans le même cas : *La coutume est d'y passer pour le moins un mois* (1).

IV

MALADIES TRAITÉES AUX EAUX DE LUXEUIL.

Une étude à allure rapide et à forme synthétique, comme celle que nous faisons en ce moment, s'accommoderait mal de la lenteur de ces séries d'observations individuelles qu'on aime à étaler sous les yeux d'un lecteur généralement plus curieux qu'attentif.

Ce que nous avons dit pouvant déjà suffire à caractériser en quelques traits le traitement de la station, nous ajournons la partie purement médicale de notre travail, qui d'ailleurs nous semble exiger, pour sortir de la routine, plus de discernement

(1) *Journal du voyage de* MONTAIGNE *en Italie, par la Suisse et l'Allemagne, en* 1580 *et* 1581.

analytique et de réflexion qu'on ne le suppose assez communément.

Qu'on nous permette cette fois de finir par une table curieuse des maladies traitées à Luxeuil, et qu'un de nos confrères, le docteur Martin-Lauzer, a eu la patience d'extraire de tous les auteurs qui nous ont précédés.

Adénite.
Age critique.
Aigreurs.
Aménorrhée.
Anémie.
Ankilose incomplète.
Aphasie.
Aphonie.
Apoplexie.
Appétit excessif et déréglé.
Arthrite chronique.
Asthme humide.
Atonie générale.
Atrophie musculaire.
Attaques de nerfs.
Blennorrhée.
Blessures par armes à feu.
Boule hystérique.
Boulimie.
Bourdonnement d'oreilles.
Cachexie paludéenne et africaine.
Catarrhe chronique.
Catarrhe vésical.
Catarrhe utérin.
Chlorose.
Chorée.
Chute de l'anus.
Coliques d'entrailles.
Coliques d'estomac.
Coliques hépatiques.
Coliques néphrétiques.
Congestions cérébrales.
Constipation.
Contractions musculaires.
Coryza chronique.
Couches (paraplégie, suite de).
Crampes.
Crampe des écrivains.
Crampe d'estomac.
Crudités.
Danse de Saint-Guy.
Dartres.
Dartres furfuracées.
—   squammeuses
—   humides.
Dégoûts.

Demangeaisons.
Déplacement douloureux de la matrice.
Diabète.
Diarrhée.
Digestions mauvaises.
Digestions pénibles.
Douleurs des articulations.
Douleurs de tête habituelles.
Dysménorrhée.
Dyspepsies.
Dyssenterie.
Dysurie.
Eczéma chronique.
Engorgement du foie.
Engorgement glanduleux.
Engorgement lymphatique.
Engorgement de la prostate.
Engorgement de la rate.
Engorgement de l'utérus.
Engourdissement des nerfs.
Entéralgies.
Entérite chronique.
Entorses anciennes.
Epuisement.
Etat nerveux de l'âge critique.
Faiblesse des articulations.
Faiblesse générale.
Faiblesse des reins.
Fausses couches.
Feux des enfants.
Feux volages.
Fièvres intermittentes.
Fistules.
Flatulence stomacale.
Flatuosités.
Fleurs blanches.
Gâle (lichen?).
Gastralgie.
Gastrite chronique.
Glaires.
Goutte avec atonie.
Grattelle.
Gravelle blanche.
Gravier des urines.
Hémorragies utérines passives.
Hémorrhoïdes.

Hypocondrie.
Hystérie.
Ictère.
Incontinence d'urine.
Insomnie.
Jaunisse.
Langueur.
Lichen.
Maigreur.
Maladies chroniques invétérées
Maladise de l'estomac.
Maladies froides.
Maladies des intestins.
Maladies nerveuses.
Maladies de peau.
Maladies des reins.
Maladies de la vessie.
Maladies des yeux.
Mélancolie.
Métrite chronique.
Migraine.
Myélite chronique.
Névroses.
Obstructions des viscères
Pâles couleurs.
Paralysies.
Paraplégies.
—   par épuisement.
—   des enfants.
—   suite de fièvres graves.
—   hystériques.
—   rhumatismales.
—   syphilitiques.
—   symptomatiques.
Passions hystériques.

Pierres (petites).
Pléthore abdominale.
Polyurie.
Prurigo.
Pyrosis.
Rétraction musculaire.
Rétraction des tendons.
Rhumatisme.
—   articulaire.
—   goutteux.
—   musculaire.
Sable des urines.
Sciatique.
Scorbut.
Spasmes.
Spermatorrhée.
Stérilité.
Sueurs abondantes.
Suppression des règles.
Surdité.
Syphilis latente.
Tintement d'oreilles.
Tremblement des membres.
Tumeurs froides.
Ulcération du col.
Ulcères (vieux).
Ulcères scrofuleux.
Vapeurs.
Varices.
Ventosités.
Vers intestinaux.
Vertiges.
Vomissements invétérés, in-
coercibles.

N'ajoutons rien à ce long vocabulaire, à cette synonymie confuse empruntée à toutes les doctrines, si ce n'est le désir de les voir ramenés le plus tôt possible à leur plus simple expression.

Sans contredit, la station de Luxeuil, par sa double nature, est propre à des traitements fort divers; mais nous ne sommes plus au temps où la médecine thermale pouvait se permettre de découvrir une foule infinie de nuances de maladies, pour avoir le facile honneur de les guérir toutes avec une même panacée universelle. Aujourd'hui chaque station doit se restreindre à sa spécialité. Tout son avenir est dans la science d'observation, comme celui de la science est dans la vérité.

TABLE

—

)
nets (Douches).
7, 8, 9, 10, (douches)

3, 4, 5, 6, 7, 8, 9, 10 (douches)

douches).

D'AISANCES.

R.

L'EMPEREUR CHARLES-QUINT

ET SA STATUE

A BESANÇON

PAR M. AUGUSTE CASTAN.

Séance du 3 avril 1887.

I

Tant que la province qui s'appela successivement Séquanie, Haute-Bourgogne et Franche-Comté, fit partie d'une nation fortement constituée, la ville de Besançon, qui en était le centre géographique et le groupe de population le plus considérable, y cumula les titres de capitale politique et de capitale religieuse. Mais du jour où, par suite du morcellement féodal, la Haute-Bourgogne isola ses destinées de la nation celto-franque pour devenir la propriété de dynastes qui se rattachaient par les liens si élastiques de la féodalité à l'empire germanique, les archevêques de Besançon n'eurent pas de peine à accaparer la souveraine puissance dans leur ville métropolitaine, et à obliger les comtes, leurs rivaux, à créer une autre capitale politique du pays.

Durant le règne absolu du système féodal, les empereurs eurent intérêt à recevoir séparément l'hommage de l'ancienne métropole, où vivaient encore les traditions du municipe gallo-romain, et celui des bourgs et campagnes, qui se gouvernaient suivant les principes issus de la conquête germanique. Par là s'explique l'appui que prêtèrent aux archevêques les empereurs

13

du xiiie siècle, pour écraser les tentatives qui, sous le nom de *Commune*, devaient aboutir à l'organisation d'un gouvernement civil à Besançon. Mais lorsque le temps, ce grand médiateur des discordes de ce monde, eut dissous les ferments d'antagonisme entre les habitants d'origine diverse qui peuplaient le même sol, l'idée de fusionnement national germa dans la tête des principaux monarques de l'Europe. Les petits souverains, ceux de l'ordre clérical particulièrement, durent s'insurger contre ces projets d'unification ; les communes, au contraire, qui ne pouvaient qu'y gagner, s'y associèrent : elles obtinrent de cette façon leur reconnaissance officielle, et un protectorat puissant contre leurs adversaires, mais non gênant pour elles, puisqu'il s'exerçait de loin et qu'elles pouvaient régler à leur gré l'usage des sentences qui en découlaient. Ce fut ainsi que la commune de Besançon, disputant pied à pied le terrain aux archevêques et retirant successivement à elle tous les éléments du pouvoir, finit par constituer un petit Etat, analogue comme organisation aux républiques italiennes et aux villes libres allemandes (1).

Cette indépendance de la principale place de guerre du pays, la seule capable de tenir en échec une armée, portait ombrage à la vanité et atteinte à la puissance des comtes de Bourgogne : aussi mirent-ils tout en œuvre pour y avoir accès. A chaque menace d'invasion qui survenait au dehors, comme à chacun des troubles intérieurs qui sont le lot de toute démocratie, on les voyait accourir pour prêter main-forte à la commune ou aider ses magistrats à y rétablir la paix ; mais ces services n'étaient point désintéressés, et leur usage ne tarda pas à créer un droit. Par un traité du 24 mai 1386, le comte-duc Philippe le Hardi fut déclaré gardien de la ville, et à ce titre se fit constituer une redevance annuelle de 500 francs sur la caisse communale. Philippe le Bon, son fils, alla plus loin encore :

---

(1) Voir nos *Origines de la commune de Besançon*, dans les *Mémoires de la Société d'Emulation du Doubs*, 3e série, t. III, 1858, pp. 183-383.

profitant d'une insurrection de la plèbe contre la bourgeoisie, il obtint, en échange de son intervention et par un traité du 10 septembre 1451, la moitié des gabelles et des amendes de la cité, ainsi que la faculté d'avoir en permanence un juge et un capitaine qui siégeaient dans le conseil de la commune toutes les fois qu'on y instruisait des procès ou qu'on y agitait des questions militaires (¹).

Besançon eut à compter dès lors avec trois puissances, qui auraient été fort dangereuses pour son indépendance, si la rivalité ne les eût pas amoindries : c'étaient d'abord les empereurs, qui pouvaient étendre ou restreindre à volonté les priviléges de la commune; puis les comtes de Bourgogne qui, à la moindre querelle, coupaient les vivres aux citoyens, en interdisant les marchés de la grande ville aux habitants du reste de la contrée; c'étaient enfin les archevêques, qui se prétendaient toujours seigneurs de Besançon et usaient fréquemment des foudres ecclésiastiques pour défendre les vestiges de leur ancienne splendeur. Ce qu'il fallut d'abnégation, d'énergie et de dextérité pour cheminer entre d'aussi redoutables adversaires et les neutraliser, en opposant les unes aux autres leurs prétentions concurrentes, nos héroïques prud'hommes auraient pu seuls le dire.

Cet état de luttes permanentes, qui absorba pendant trois siècles les ressources morales et matérielles de la commune, ne cessa qu'avec l'avénement de Charles-Quint.

II

Entre tous les Etats que ce monarque réunit sous son sceptre, et dont l'assemblage dépassa les proportions de l'empire de Charlemagne, rien ne lui fut plus cher que les an-

---

(¹) Ed. CLERC, *Essai sur l'histoire de la Franche-Comté*, t. II, pp. 208-210, 475-485.

ciennes possessions de la maison de Bourgogne. C'était là qu'il était né, qu'il avait été élevé par sa *tante et bonne mère,* Marguerite d'Autriche, dont le tendre cœur était régi par une tête de profond diplomate et inspiré par une imagination d'artiste. « Ne criez pas *Noël!* avait-elle dit aux populations qui acclamaient son début dans la vie politique, mais bien : *Vive Bourgogne* (¹)! » Et au moment de quitter ce monde, elle priait et suppliait l'empereur, son neveu, de garder, tant qu'il vivrait, la Franche-Comté, « pour non abolir, disait-elle, le nom de la maison de Bourgoingne (²). »

Charles-Quint demeura fidèle à cette tradition de famille. La nature des Franc-Comtois convenait d'ailleurs à son esprit, qui était plus judicieux et ferme que vif et brillant (³). C'était de chez eux que sa tante avait tiré ses plus sages conseillers; il ne crut lui-même pouvoir puiser à meilleure source, et l'on vit les Granvelle parvenir à la suite des Carondelet, puis ouvrir la carrière aux Richardot et aux Antoine Brun (⁴).

De même que l'empereur Maximilien, son aïeul, Charles-Quint regardait Besançon comme « la retraicte de tous les gens du conté en cas d'éminant péril (⁵), » et il prévoyait bien que ce cas devait être amené plus d'une fois par les orages de l'avenir. Depuis le jour où la France avait retrouvé le sentiment de son unité nationale, le comté de Bourgogne, qui parlait sa langue et rentrait dans ses frontières naturelles, lui semblait une conquête légitime à réaliser : deux fois déjà,

---

(¹) Le GLAY, *Notice sur Marguerite d'Autriche,* à la suite de la *Correspondance de l'empereur Maximilien Ier,* t. II, p. 425.

(²) Codicille ajouté au testament de Marguerite d'Autriche, le 28 novembre 1530, publié à la suite de l'*Histoire de l'église de Brou,* par M. J. BAUX, p. 104.

(³) MIGNET, *Rivalité de François Ier et de Charles-Quint,* dans la *Revue des Deux-Mondes,* n° du 15 mars 1867, p. 426.

(⁴) Ch. WEISS, *Notice préliminaire des papiers d'Etat du cardinal de Granvelle.*

(⁵) *Correspondance de l'empereur Maximilien Ier et de Marguerite d'Autriche, sa fille,* édition Le Glay; lettre du 7 nov. 1513, t. II, p. 215.

sous Philippe le Bel et sous Louis XI, elle avait pu temporairement s'en saisir; mais en attendant que la valeur de ses armes et l'habileté de ses diplomates eussent donné raison à sa convoitise, la pauvre province, aussi éloignée de ses maîtres que facilement accessible pour leurs rivaux, allait forcément devenir la première victime de toute coalition contre la maison d'Autriche. On comprend dès lors que Charles-Quint, qui tenait à perpétuer le nom de Bourgogne dans sa descendance, ait été touché par cette perspective navrante, et se soit efforcé d'assurer au comté de Bourgogne tous les éléments de résistance que comportait sa triste situation.

Le point délicat de cette entreprise était de lier étroitement l'une à l'autre la province de Franche-Comté et la république de Besançon, afin qu'au jour du danger il y eût concordance d'action entre le gouvernement du pays et celui de sa principale place de guerre. Maximilien avait déjà jeté les amorces de cet arrangement : il s'était attaché le corps municipal en détruisant à son profit les derniers restes du droit d'asile que possédaient les églises ([1]), et en appliquant presque constamment aux fortifications de la cité la prestation annuelle que celle-ci lui devait comme gardien; aussi, dans ses lettres à sa fille Marguerite, appelait-il les Bisontins « nos bons subgectz et désirans l'augmentacion et accomplissement de nostre maison de Bourgoigne, comme se originelement ilz en estoient yssuz ([2]). »

Ces assurances sentimentales ne satisfaisaient point l'esprit pratique de Charles-Quint; il aurait voulu des garanties plus formelles pour le présent et plus certaines pour l'avenir. C'est dans ce but qu'il avait imaginé, en 1521, de créer un vicaire impérial dans le comté de Bourgogne et de fixer à Besançon

([1]) Diplôme de Maximilien Ier abolissant, au profit de la juridiction municipale, le privilége de l'asile que le quartier de l'abbaye Saint-Paul offrait aux malfaiteurs, Anvers, 24 février 1503 ; dans nos *Pièces justificatives* (n° II).

([2]) Lettre de Maximilien citée plus haut.

le siége de ce gouvernement supérieur. « Moyennant lequel,
envoyait-il dire aux Bisontins, le conté de Bourgoingne vous
pourra mieulx secourir en voz affaires et necessitez, et en se-
rez plus fortiffiez, avec ce que les gens de bien dudit conté,
pour la pluspart, se habiteront audit Besançon, dont la cité
sera grandement méliorée et par succession de temps pourra
venir en grande prospérité, estans ainsi joinctz et conformes
avec ceulx de nostredit conté, et demeurant nostredite cité en
tous ses priviléges, libertez, franchises et bonnes exemptions,
et aussi l'auctorité et supériorité de nostre sainct empire ré-
servées comm' il appartient ; de sorte que ledit vicariat bien
veu et entendu redonde entièrement à vostre grand avantaige,
seurté et préservation, comme ceulx que tenons et réputons
estre et avoir esté de toute ancienneté noz bons et loyaulx
subgectz et serviteurs (¹). »

Tout doré qu'il était, ce langage ne séduisit pas la commune
de Besançon ; elle savait par une longue expérience que rien
n'est fatal à l'indépendance des petits Etats comme l'immixtion
permanente d'un pouvoir supérieur dans leurs affaires. Elle
voulait bien faire corps avec la province en face du danger ;
mais elle entendait que ce fût dans la limite de ses intérêts et
d'une liberté qui lui était plus précieuse que tous les trésors (²). Voilà ce que les Bisontins objectèrent à l'empereur,
en s'appuyant sur un diplôme de Sigismond qui les dispensait

(¹) Lettre de Charles-Quint aux gouverneurs de Besançon, Bruxelles,
27 juin 1521, dans les Archives de notre ville. — Le dernier paragraphe de
cette dépêche exprime d'une façon très nette la préoccupation qui domina
les rapports de Charles-Quint avec notre commune : « ..... Au surplus,
continue le monarque, madame nostre bonne tante nous a dit les bonnes
assistances et plésirs que fuictes journellement à ceulx dudit conté, dont
nous vous sçavons bon grey, et voulons que persévérez en vous aydant
les ungs aux aultres, actendu que c'est pour vostre commung bien ; et tout
ce que on ferez, l'estimerons estre fait à nous-mesmes. Si n'y faictes faulte. »

(²) Le préambule d'un édit municipal de 1427, que nous publions dans
nos Pièces justificatives (nº I), montrera quelle idée la commune de Besançon
se faisait de son importance et de l'antiquité de ses priviléges.

d'obéir à tout vicaire impérial qui serait autre chose qu'un envoyé temporaire et ne respecterait pas jusqu'au moindre de leurs priviléges (¹). Cette réponse coupa court au projet de Charles-Quint. Il préparait alors sa grande lutte contre François Iᵉʳ, et le moment eût été mal choisi pour risquer d'amoindrir les sympathies des Bisontins envers la maison d'Autriche. Il savait d'ailleurs qu'un traité d'alliance défensive existait entre la commune de Besançon et les villes de Berne, Fribourg et Soleure (²), et l'arrière petit-fils de Charles le Téméraire devait éviter, plus que tout autre, un sujet de brouille avec les Suisses. Mais l'intelligence de l'empereur avait suffisamment de ressources pour tourner une pareille difficulté.

A la suite du merveilleux succès qui avait mis à sa discrétion le roi de France (³), Charles-Quint fut assez maître de lui pour ne mesurer que davantage les coups de son autorité, et c'est avec cette disposition qu'il reprit la poursuite de ses desseins sur notre commune : n'ayant pu réussir à décréter cette union si désirable entre Besançon et la province, il tenta de la réaliser par les moyens moraux et économiques. Il se reposa de ce soin sur Granvelle, dont il avait fait le chef de

---

(¹) Diplôme de l'empereur Sigismond, Bude, 9 octobre 1423, dans les Archives de la ville de Besançon.

(²) Traité du 24 décembre 1518, dans les Archives de la ville de Besançon.

(³) Voici les termes dans lesquels la municipalité de Besançon consigna sur ses registres la nouvelle de la bataille de Pavie :

« MARDI VIIᵉ DE MARS 1524 (V. S.)

» *Prinse du roy de France.*

» Ce jourd'huy messieurs ont reçeu lettres de maistre Pancras de Chaffoy, escuyer de la maison de monseigneur l'archiduc, datées à Ysbrug du xxviiᵉ de febvrier, contenant que les gens de monseigneur de Bourbon avoyent donné bataille au roy de France estant au camp devant Pavye, occis plus de quinze mil françeois et le roy de France prins prisonnier, et que monsieur de la Mothe, maistre d'hostel de mondit seigneur de Borbon, avoit icelluy prins. »

ses conseils et qui, par son alliance avec l'une des familles les plus considérables de Besançon, était le mieux à même de diriger la conscience politique du corps municipal de la cité (¹).

Il y eut d'abord à vaincre les susceptibilités de la petite république vis-à-vis d'un pouvoir qui n'aurait pas eu de peine à l'étouffer sous prétexte de caresses : il ne fallut pas moins de six décisions impériales, plus chargées de faveurs les unes que les autres, pour démontrer la sincérité et la bienveillance des intentions du monarque. Non-seulement tous les priviléges de la commune se trouvèrent confirmés dans des termes magnifiques (²), mais son alliance avec les Suisses avait dû être officiellement tolérée (³); puis elle fut déclarée exempte de tout impôt levé pour les nécessités de l'empire (⁴), et trois énormes canons de l'artillerie impériale, autrefois laissés dans ses murs par Maximilien, furent définitivement adjugés à son arsenal (⁵).

En retour de chacune de ces gracieusetés, la république bisontine relâchait quelque chose de sa raideur et devenait de plus en plus confiante envers les délégués du souverain ; le maréchal du comté et le président du parlement finirent par y avoir en quelque sorte droit de cité, et par acquérir une influence sérieuse sur le conseil de la commune (⁶). La brèche

---

(¹) Voir notre *Monographie du palais Granvelle*, dans les *Mémoires de la Société d'Emulation du Doubs*, 4ᵉ série, t. II (1866), pp. 71-165.

(²) Diplôme de Charles-Quint, Essling, 5 février 1526, dans les Archives de la ville de Besançon.

(³) Lettre de Charles-Quint à la commune, en date du 27 septembre 1520. — Délibération municipale du 9 janvier 1524.

(⁴) Lettre de Charles-Quint à la commune, Tolède, 1ᵉʳ mai 1534, dans les mêmes Archives.

(⁵) Cette concession de Charles-Quint fut enregistrée dans les actes municipaux sous la date du 28 janvier 1536. Le 18 avril suivant, la commune traitait avec le maître artilleur de la ville de Strasbourg pour la conversion des trois canons impériaux en « nouvelles et plus duysantes artilleries. »

(⁶) Le maréchal du comté, qui avait en même temps le titre de capitaine

était ouverte dans la muraille cinq fois séculaire qui isolait Besançon du reste de la province : il s'agissait de la maintenir en y faisant passer un courant continu de population. Ce fut là l'objet de deux nouveaux diplômes donnés à Tolède, le 8 mai 1534.

Le chancelier Granvelle, en édifiant au centre de la cité un magnifique palais, éveillait chez ses concitoyens le goût des embellissements publics, et parquait dans Besançon une première colonie d'ouvriers venus de tous les points du comté ; mais le mauvais vouloir du propriétaire d'une bicoque enclavée dans son terrain avait singulièrement contrarié l'exécution de ses plans (¹). Il ne fallait pas que la commune, qui était disposée à suivre cette impulsion, fût arrêtée par de semblables chicanes. Une patente impériale enjoignit à tout habitant de Besançon, propriétaire de maisons ruinées ou de places vides, d'avoir à construire dans un délai de trois années ; faute de quoi la municipalité était en droit de se saisir de ces immeubles, moyennant un prix fixé par deux prud'hommes, et d'adjuger ensuite les lots expropriés, et dégrevés par le fait de toute servitude, à tels gens qui seraient disposés à bâtir (²). Jamais le retrait pour cause d'utilité publique n'avait été formulé par un souverain d'une manière aussi peu restrictive (³).

Un tel mouvement de reconstructions devait avoir pour conséquence d'impatroniser dans la ville le commerce, seul agent capable de procurer des habitants et de donner de la valeur aux nouveaux édifices. Trois causes avaient fait échouer jusqu'alors toute tentative d'établissement de ce genre : c'é-

dans la ville de Besançon pour le comte de Bourgogne, était Claude de la Baume, chevalier de la Toison d'or ; le président du parlement de Dole se nommait Hugues Marmier.

(¹) Voir notre *Monographie du palais Granvelle,* déjà citée.

(²) Voir le texte de ce diplôme dans nos *Pièces justificatives,* nº III.

(³) Cf. MERLIN, *Répertoire de jurisprudence,* t. XI, p. 829, et DALLOZ, *Répertoire de législation,* t. XXIII, p. 449.

taient d'une part la défiance de la commune envers tous les étrangers, d'autre part l'absence d'une monnaie locale suffisante pour servir aux transactions, enfin le déplorable état des voies de communication. Charles-Quint n'hésita pas à enlever aux archevêques un monopole monétaire qui avait toujours été stérile entre leurs mains : il autorisa la municipalité à élever un hôtel des monnaies et à y frapper des pièces de tout métal, portant au droit sa propre effigie et à l'avers les armoiries de la cité ; ces espèces durent avoir cours dans le comté de Bourgogne, après vérification de leur aloi par le parlement de Dole (¹). En même temps, à la considération de l'empereur, une compagnie de banquiers génois se fixait à Besançon et venait commencer l'éducation commerciale de la ville (²). Quant aux routes qui convergeaient sur Besançon, l'expropriation des terrains utiles à leur redressement ne devait pas tarder à en aplanir les plus dangereux passages (³).

Du même train que les améliorations civiles, marchaient les perfectionnements militaires. Une maison pour l'artillerie, élevée dans le jardin de l'hôtel de ville (⁴), se peuplait chaque année de quelques nouveaux canons, et le corps municipal prêtait sans trop de difficultés ces engins de guerre et des tonnes de poudre aux autres localités de la province (⁵). Tous les citoyens aisés et valides étaient tenus d'entrer dans les compagnies d'archers et d'arquebusiers, et obligés de racheter

---

(¹) Diplôme de Charles-Quint, Tolède, 8 mai 1534. Mandement de la cour souveraine, rendu au nom de Charles-Quint, Dole, 23 mai 1538. Voir ces deux actes dans l'*Essai sur les monnaies du comté de Bourgogne*, par MM. PLANTET et JEANNEZ, pp. 198, 277 et 278.

(²) Les négociations pour l'établissement des Génois datent du mois de février 1535.

(³) Voir, dans nos *Pièces justificatives* (nᵒ V), le mandement de Charles-Quint (Augsbourg, 19 août 1550) relatif à la rectification de la rampe du *Moutdart*, près Besançon.

(⁴) Cette construction eut lieu dans le cours de l'année 1530.

(⁵) Délibérations municipales des 18 novembre 1522, 11 mai 1525, 26 mai 1536 et 14 avril 1537.

de la commune les corselets, morions et armes qu'elle tirait des manufactures les plus renommées de l'Allemagne (¹). Cette milice locale allait quelquefois disputer des prix dans les villes du voisinage. Enfin les vieilles murailles de Besançon étaient mises en harmonie avec les progrès de la science des fortifications et avec les enceintes analogues qui s'exécutaient autour des diverses places de la contrée ; on imposait des corvées aux habitants pour accélérer cet important travail, et la commune trouvait bon que le capitaine de Charles-Quint rendît une ordonnance pour obliger les particuliers à tenir leurs manoirs à une certaine distance des remparts (²).

Tous les préjugés qui avaient si fortement trempé le caractère des Bisontins, mais avaient aussi singulièrement entravé l'agrandissement de leur cité, s'étaient fondus comme par enchantement sous le soleil des faveurs impériales : une solidarité étroite, et dont la durée était garantie par des intérêts réciproques, allait désormais unir les destinées de la ville de Besançon à celles du comté de Bourgogne. Ce résultat, que Charles-Quint avait obtenu par sa modération et son habileté, le premier monarque du monde avait le droit de s'en féliciter. On jugera, par la dépêche suivante (³), de la satisfaction qu'il en ressentait et du souci qu'il avait de conserver dans cet état les esprits et les choses :

« A nos chiers et féaulx les Gouverneurs de nostre cité impériale de Bezançon.

» Chiers et féaulx, par lectres des mareschal et président en nostre conté de Bourgoingne, et ce qu'ilz ont escript à nostre très chier et féal chevalier le sieur de Grantvelle, avons entendu les amyables et honestes offices que derrièrement avez fait faire ausdictz mareschal et président, pour en toute bonne

---

(¹) Délibération municipale du 11 mai 1536.
(²) Voir le texte de cette ordonnance dans nos *Pièces justificatives*, n° IV.
(³) Cette dépêche est transcrite au fol. 315 du registre des délibérations municipales de 1535-1537.

et sincère intelligence vous emploier en ce que seroit advisé convenir au bien, tranquilité et seurté de nostredict conté; qu'est selon l'affection et amitié que vous et voz prédécesseurs avez continuellement eu à icelluy pays et dévocion envers nous et les nostres, et à la bonne voisinance envers noz officiers et subgectz oudict conté. Et est nostre intencion que le réciproque se face par eulx envers vous et ce que concernera nostre cité de Bezançon, comme l'escripvons à nosdictz mareschal et président. Et aussy nous aurons tousjours regard à tout ce que sera au bien de ladicte cité, en laquelle désirons estre entretenue bonne union et paciffication, selon que ledict sieur de Grantvelle nous a affermé qu'elle y est, dont nous avons très grant contentement, comme sçet le Créateur, que, chiers et féaulx, vous ait en sa sainte garde.

» Escript en nostre cité de Naples, le derrier jour de février xvᵉ xxxv.

(Et plus bas :)

» (Signé) CHARLES.

» PERRENIN. »

III

Le règne de Charles-Quint passe encore dans nos annales pour l'âge d'or de l'histoire municipale de Besançon. Du vivant même de ce monarque, la commune avait fait une loi à tous les habitants de la ville de s'agenouiller chaque jour, à l'heure de midi, « pour rendre grâce à Dieu le créateur des biens qu'il luy plait mettre apparans, » et prier « pour la conservation de la personne et estat de la très sacrée majesté de l'empereur (¹). » Il y eut de bonnes raisons pour que ces sentiments survécussent à la retraite de Charles-Quint.

(¹) « Edict de prier Dieu pour l'empereur nostre souverain seigneur, au son des cloches ordonnées estre sonnées à heure de midy. » — « De par messieurs les Gouverneurs de la cité de Besançon, et à fin nous employer comme nous debvons à rendre grâce à Dieu le créateur des biens qu'il luy plait mettre apparans, et pour la conservation de la personne et estat de la

Le nouvel empereur fut, en effet, d'une indifférence profonde envers la république bisontine, et ses délégués auprès d'elle durent obéir aux inspirations de l'infernal génie qui stérilisait, par des *auto-da-fé*, les Espagnes, les Pays-Bas et les Indes. Les commissaires impériaux et royaux qui entraient constamment dans la ville, par la porte que Charles-Quint leur avait ouverte, n'y venaient plus, comme ceux du règne précédent, avec des missions gracieuses ou conciliatrices : armés de réquisitions sanguinaires, ils constituaient une sorte d'inquisition laïque dans la cité (¹).

Chacune de ces sinistres assises était pour la commune l'occasion de se ressouvenir des procédés si paternels et si discrets de l'empereur Charles-Quint. On comprend ainsi que la municipalité bisontine ait tenu à maintenir sur ses monnaies une figure qui lui était si chère, et que ce type ait persisté invariablement jusqu'en 1664, époque où Besançon cessa d'être ville impériale pour être placé sous le protectorat de l'Espagne (²). Il fut également entendu que le portrait de Charles-Quint, qui ornait la salle du conseil de la cité, conserverait toujours la place d'honneur et primerait même celui du souverain régnant (³). Mais un hommage plus solennel encore était réservé à la mémoire du bienfaisant monarque.

---

très sacrée majesté de l'empereur nostre souverain seigneur, exercité et prospérité d'icelluy, l'on ordonne que chascun jour, heure de midi, au son des cloiches, tous citoiens et habitans en ladicte cité ayent dévotement et à nue teste soy mettre à deux genoulx ès lieux esquelx se trouveront, et prier nostre souverain Créateur pour ladicte prospérité et conservation et augmentation de sadicte majesté, aussi de cesté sa cité et du pays, en suyvant ce que du passé a esté en tel cas statué et publié. Donné le pénultième jour du mois de juillet, l'an nostre Seigneur mil cinq cens trente six. »

(¹) *Chronique* de Jean BONNET, citoyen de Besançon (1567-1613), dans les *Mémoires et documents inédits pour servir à l'histoire de la Franche-Comté*, t. I, pp. 257-320.

(²) D. GRAPPIN, *Recherches sur les anciennes monnoies du comté de Bourgogne*, pp. 69-73. — PLANTET et JEANNEZ, *Essai sur les monnaies du comté de Bourgogne*, p. 202.

(³) *Récit véritable de l'acquisition de la grande et belle cité de Besançon au roi (d'Espagne)*; Bruxelles, 1664, in-4°, p. 4.

C'était en 1566. La municipalité venait d'amener dans la ville des eaux saines et abondantes, et cinq fontaines monumentales se dressaient pour les distribuer. Déjà quatre d'entre elles avaient reçu le couronnement obligé d'une statue mythologique en pierre (¹). On voulut faire mieux encore pour la fontaine dont on avait ménagé la place en réédifiant la façade de l'hôtel de ville. Il fut décidé que la grande niche contiguë au portail de cet édifice, et dont l'arc était supporté par deux colonnes en marbre rouge de Sampans, encadrerait la figure en bronze d'un César « assise sur une aigle impériale, tirée du portraict de feu de très heureuse mémoire l'empereur Charles cinquiesme. » Le modèle de l'effigie fut commandé à un maître maçon, nommé Claude Lulier, et on chargea les frères Journot, de Salins, artilleurs de la cité, de le jeter en bronze. Cette dernière opération eut lieu le 15 mars 1568, à huit heures du soir, « ayant le tout succédé si heureusement que la figure s'est treuvée parfaicte et partout accomplie au grand contentement d'ung chacun (²). » On fondit ensuite à part les ailes et les deux cous de l'aigle impériale, puis un serrurier vint armer de griffes les deux pattes de l'animal. Pour réparer la figure, on avait mandé de Lyon un ouvrier spécial; mais les exigences de celui-ci furent telles que l'on dut le congédier, et Claude Lulier entreprit lui-même, avec le concours des fondeurs et d'un orfèvre, le regrattage de son œuvre (³).

Quelques-uns s'étonneront peut-être de ce cumul du métier de maçon avec les plus hautes fonctions de l'art. C'était cependant le cas ordinaire des ouvriers de la Renaissance, et il ne faut pas chercher ailleurs la cause de cette merveilleuse

---

(¹) S. Droz, *Recherches historiques sur les fontaines publiques de la ville de Besançon,* pp. 212-239.

(²) Délibération municipale du 15 mars 1568.

(³) Ces détails, ainsi que ceux qui vont suivre sur le prix de revient de la statue, sont empruntés aux comptes de la commune de Besançon pour les années 1566-1569.

harmonie qui existe entre la conception et la facture de tous les produits de cette admirable époque. Un divorce s'est opéré depuis entre l'art et l'industrie : l'ouvrier et l'artiste reçoivent une éducation complètement distincte, appartiennent à deux classes différentes de la société, ne parlent plus le même langage; il en résulte qu'ils ne peuvent que difficilement se comprendre et que très souvent les plus nobles projets sont travestis par les mains qui les exécutent.

La dépense totale pour la statue de Charles-Quint atteignit environ 2,000 francs : le sculpteur avait reçu 100 francs pour son modèle et 300 francs pour l'entreprise du travail de réparation; le métal, dont le poids atteignait 3,863 livres 8 onces, avait été payé 613 francs 1 gros et demi.

Les Bisontins furent bientôt idolâtres de ce monument; ils n'hésitaient pas à le proclamer un chef d'œuvre de l'art, pouvant être comparé sans désavantage au Jupiter Olympien [1]. Les ambassadeurs suisses, qui le virent au mois d'avril 1575, en ont laissé la description suivante : « Vers l'entrée (du palais de la ville), s'élève une fontaine où se dresse une aigle à deux têtes aux ailes déployées. Sur cet aigle, dont les pattes sont découvertes, est assis Charles V, empereur des Romains, tenant l'épée de la main droite et de la gauche le globe impérial. L'image de César est d'une exacte ressemblance, et sa grandeur est celle d'un homme fort et robuste. L'aigle rejette par son double bec une eau très limpide et très abondante... L'endroit où figurent l'empereur et l'aigle est une niche pratiquée dans la pierre contre la muraille [2]. » Ajoutons que,

---

[1] « Le Jupiter Olympien n'imprimoit pas plus de respect et n'avoit pas plus de majesté : on ne sçauroit voir cet ouvrage sans admiration, et peut-être n'y a-t-il pas de pièce en Europe qui marque mieux que les modernes n'ont rien à envier aux anciens. » (PROST, *Histoire de la ville de Besançon*, manuscrit de la bibliothèque de cette ville, p. 562.) — Cf. *Journal de Besançon*, nº du 10 avril 1786.

[2] G. CELLARIUS, *Itinéraire des députés suisses se rendant à la cour de Henri III, roi de France*, publié en latin dans le t. XIV des *Archiv. für*

dans l'entablement qui dominait cette niche, ressortait en lettres de bronze doré l'inscription : PLEVT A DIEV, devise favorite de Charles-Quint, laquelle, sous sa forme latine VTINAM, est devenue le complément héraldique des armoiries de la ville de Besançon ([1]).

On a déjà compris que Claude Lulier avait ajusté sa composition d'après le type si connu de l'apothéose antique. La manière de ce sculpteur, à en juger par deux ouvrages qui nous restent de lui ([2]), comportait plus de puissance que de finesse, plus de vigueur que d'élégance : c'est d'une réalité quelque peu lourde, tempérée toutefois par ce sentiment du goût, alors universellement répandu et qui n'eût toléré dans une œuvre d'art rien de lâché ni de trivial.

IV

Lorsque le grand Condé vint, le 8 février 1668, prendre possession de notre ville qui avait capitulé entre ses mains, « il s'arrêta, dit Jules Chifflet, à considérer la statue en bronze de l'empereur Charles-Quint, assise sur un double aigle impérial qui jette de l'eau par ses deux testes; puis il osta son chapeau ([3]). » C'était assez affirmer que le gouvernement de Louis XIV respecterait ce souvenir des bienfaits d'un autre régime.

La Révolution française ne devait point avoir les mêmes égards. Comme toutes les réactions violentes et qui sont de

---

schweizerische Geschichte (Zurich, 1864), et traduit en partie dans les *Annales franc-comtoises*, t. III, pp. 167-178, par M. G. Perrenet.

([1]) Voir, dans les *Pièces justificatives* de ce travail (n° VI), une note sur les origines et variations des armoiries de notre ville.

([2]) La statue de Neptune, sur la fontaine dite *des Carmes*, à Besançon, et le buste en terre cuite d'un seigneur allemand, conservé dans la bibliothèque de cette ville.

([3]) Jules CHIFFLET, *Mémoires sur les deux conquêtes de la Franche-Comté par Louis XIV*, liv. II, c. II, manuscrit de la bibliothèque de Besançon.

longue durée, elle dépassa le louable but en vue duquel elle avait été entreprise : elle détruisit souvent là où il n'y aurait eu qu'à rectifier. Les hommes nouveaux qui arrivèrent alors aux affaires, ignorant les précédents des choses, ne purent obéir à cette loi qui veut que toute institution humaine soit la déduction du passé, la satisfaction du présent et la préparation de l'avenir. Ce qui se dit au conseil général de la commune de Besançon, le 21 août 1792, fera voir à quel point les esprits étaient éloignés de telles préoccupations. « Un membre du conseil, porte le procès-verbal, après avoir rendu compte des crimes des despotes, et notamment de la conduite tyrannique de l'empereur Charles-Quint qui fit couler le sang des Français, a fait la motion que sa statue soit enlevée sur-le-champ et brisée. Cette motion appuyée a été adoptée à l'unanimité, et les ordres ont été donnés sur-le-champ pour en procurer l'exécution (¹). »

Aussitôt cet arrêt rendu, la statue fut brisée. On avait songé d'abord à fondre avec ses débris une pièce de canon ; mais la matière n'ayant pas été trouvée d'une ductilité suffisante pour cet emploi, il fut décidé, dans la séance du 20 septembre 1792, qu'on la convertirait en pièces de 12 deniers : le produit net, déduction faite de 39 livres de fer et de terre adhérant au cuivre, donna comme poids 3,823 livres 8 onces, et comme valeur 5,151 livres 6 sous 8 deniers (²).

Le monument ne vécut plus dès lors que dans la mémoire de ceux qui avaient pu l'envisager. On n'en connaissait pas le moindre croquis, lorsque le hasard nous le révéla tout entier dans la marque typographique d'un libraire qui, en 1591, tenait boutique vis-à-vis l'hôtel de ville de Besançon (³). Nous

---

(¹) Délibérations du conseil général de la commune de Besançon, dans les Archives de cette ville.

(²) Comptes-rendus de l'officier municipal Martin et de Détrey aîné, aux Archives de la ville de Besançon.

(³) Voici la description bibliographique de l'unique volume sur le titre duquel existe cette marque : « *Nova-vetus Rhetorica ad usum collegii Bisun-*

14

reproduisons ici cette image microscopique, afin que si jamais notre municipalité voulait redonner son ancien lustre à la vénérable façade de la maison commune, le nouvel artiste puisse s'éclairer d'une lueur de la pensée de son devancier.

---

tini conscripta, per Corn. CAMERARIUM Gandav. Pr.; ad Illustrem, ac R^{mum} Heroem, Prosperum a Bauma, comitem Montisrivelli, Carloci antistitem commendatarium, etc.; *Vesontione, ex typographia Jani Exerterii*; de licentia sup. riorum; M.D.XCI; » in-4°, 62 pages de texte, et 4 feuillets préliminaires comprenant le titre, la dédicace et des pièces de vers latins à la louange du livre.

PIÈCES JUSTIFICATIVES.

---

1. — Préambule d'un édit municipal, en date du 15 septembre 1427, énumérant les priviléges politiques de la commune de Besançon et les prérogatives de ses magistrats. (Archives de la ville de Besançon.)

CIVITAS BISUNTINA, a priscis Romanorum tribunis condita, imperio romano immediate subjecta, insignis, amplissima ac diffusa, muris et turribus magnificis vallata, extra regnum Francie et in confinibus Alamanie sita, ab imperatoribus et regibus romanis pro tempore existentibus quamplurimis privilegiis notabilibus dotata, et per eadem privilegia imperatores et reges prelibati recognoverunt et professi sunt : quod civitas Bisuntina, cives et incole civitatis Bisuntinensis predicte, nec non habitatores in ea, sunt et esse debent, per jura suarum libertatum, tantummodo subdicti imperatorie majestati ; quodque ipsi imperatores seu reges non possunt nec debent civitatem predictam, universitatem et cives predictos, seu habitatores in eadem, vendere, quictare, donare, obligare, vel etiam alienare in quacunque manu, nisi ad proprium dominium romani imperii, cui ipsa civitas, universitas et habitatores in ea nullo medio sunt subjecti ; item et quod ipsi cives habent et habere debent custodiam clavium portarum et introituum civitatis Bisuntine, que nunc sunt vel esse poterunt infuturum ; quodque ipsi cives Bisuntini habent et habere debent communitatem seu universitatem, domum, archam communem, procuratorem, actorem vel sindicum, sigillum universitatis, campanas communes ad convocandum universitatem predictam, vexilla seu bannerias ; et quod ipsi cives, quociens eis placuerit seu majori parti ipsius universitatis, possunt eligere unum vel plures ad regendum et ordinandum omnia negocia ipsius universitatis; et qùod, pro sue libito voluntatis, rectores dicte universitatis possunt facere et exigere, absque judice et justicia, captiones, huancias et taillias inter cives et habitatores dicte civitatis, et habere peccuniam communem pro suis faciendis negociis ut melius et utilius sibi videbitur expedire, et de predictis uti possunt libere, nullo judice impediente vel aliquatenus reclamante; item et quod omnes habitantes in civitate predicta, qui utuntur libertatibus et rebus communibus civitatis predicte, seu bona patrimonialia tenentes et possidentes in eadem, sunt et esse debent porcionarii ut alii de missionibus quas cives ordinati pro universitate regenda predicta facient infuturum; item et quod dicti cives qui pro tempore electi fuerunt, ut dictum est, ad regendum et ordinandum negocia universitatis predicte, possint, auctoritate sua, sine juris et judicis offensa, tociens quociens necesse fuerit, capere et in ipsius universitatis carceribus communibus detinere quoscunque cives ipsius civitatis et habitantes in ipsa civitate qui mandatis ipsorum rectorum licitis non paruerint, seu contra privilegia ipsorum forefecerint in toto vel in parte, donec super inobediencia et delicto ad satisfactionem devenerint et amendam.... Datum in domo communi dicte civitatis, die lune post festum exaltacionis sancte Crucis, anno Domini millesimo quadringentesimo vicesimo septimo.

(Signatum) J. LANTERNERII.

II. — **Diplôme de l'empereur Maximilien I**, en date à Anvers du 24 février 1503, abolissant, au profit de la juridiction municipale, le privilége d'asile que le quartier de l'abbaye Saint-Paul de Besançon offrait aux malfaiteurs. (Archives de la ville de Besançon.)

MAXIMILIANUS, divina favente clementia, Romanorum Rex semper augustus, ac Hungarie, Dalmacie, Croacie, etc., Rex, Archidux Austrie, Dux Burgundie, Lotaringie, Brabantie, Stirie, Carinthie, Carniole, Lymburgie, Lucemburgie, Gheldrie, Lantgravius Alzacie, Princeps Suevie, Palatinus in Habsburg et Hannonie, Princeps et Comes Burgundie, Flandrie, Tyrolis, Goricie, Holandie, Zelandie, Ferretis, in Kyburg, Namurci et Zutphanie, Marchio sacri Romani Imperii ad Anasum et Burgovie, Dominus Frisie, Marchie sclavonice, Mechline, Portus Naonis et Salinarum, notum facimus universis :

Recte olim et sapienter a legislatoribus institutum est eum qui autoritatem legis condende habet, ejusdem etiam solvende potestatem habere. Cum itaque omnis auctoritas legum penes Romani Imperii principem et totius orbis moderatorem supremumque ab ipso Creatore mundi constitutum dominum collocata sit, habeatque condende tollendeque legis potestatem, multo magis privilegia ac libertates a se aut predecessoribus suis datas vel concessas limitare, coartare, minuere, et si visum fuerit penitus abolere et tollere potest. Nam quamvis imperatoria celsitudo nemini quod concessum fuit aufert, debet tamen providere diligenter ut ita concessa privilegia conservare conetur ne respublica ac commune bonum exinde enormiter ledatur aut detrimentum patiatur : quod cum nos, qui Dei optimi maximi nutu ad hanc Imperii sublimitatem provecti sumus, pro viribus ex omni parte facere semper conemur, mentis nostre aciem undequaque diligenter intendimus ut oneri nobis commisso fideliter preesse videamur.

Quocirca, cum relatum nobis sit monasterium sive abbatiam sancti Pauli, ordinis sancti Augustini canonicorum regularium ; pro securitate ipsius ecclesie et abbatie ac habitantium in ea, a divis Romanorum Imperatoribus et Regibus, predecessoribus nostris, hujusmodi esse privilegio donatos : quod confugientes ad dictam ecclesiam sive abbatiam et, ut asseritur, vicum eidem coherentem, qui vulgo vicus sancti Pauli cognominatur, una cum bonis et rebus suis omnibus et quibuscunque et quomodocunque secum delatis, immunitate et securitate plenaria gaudeant, nec possint per quemvis judicem quavis auctoritate fungentem deprehendi, arrestari, citari realiter sive personaliter, aut quovismodo cum eorum personis aut bonis distringi. Unde, sumpta occasione et spe confugiendi ad dictum vicum, quilibet passim per furtum, homicidium ac rapinam direpta bona ad ipsum vicum libere et impune defert cum securitate fruendi, absque alicujus metu, dictis bonis. Ex quaquidem concessione exorbitanti, prebetur licentia in dicta civitate latrocinia, homicidia, furta, rapinas et alia innumerabilia et enormia mala impune committendi et passim in quoscunque grassandi. Cumque id ab omni equitate et honestate, ac communi jure gentium et unione penitus alienum, et postremo nostre civitati predicte ruinam et exterminium ultimamque desolationem pariturum sit; et omnes humane societates ex hoc dissolvantur et corruant, cum malefactoribus prebetur audacia, et bonis, metu malorum, omnis est adempta libertas. Itaque cum novis supervenientibus causis novis sit remediis providendum, predictam concessionem diligenti consideratione revolventes, eam denique ratam firmamque habendam esse legem existimamus, que ratione quoque fulcita esse dinoscitur. Cum igitur concedens, si mala que exinde secuta sunt considerasset, verisimiliter non creditur dictum privilegium voluisse concedere.

Idcirco, cum prefata Bisuntina civitas, in limitibus Imperii constituta, nobis et sacro Romano Imperio singulari fide et devotione se semper prestiterit obedientissima, nec ullis unquam periculis, adversitatibus aut perturbationibus ab observantia nostra et sacri Imperii divelli potuerit, sed tanquam arx munitissima et clipeus fortissimus adversus hostes Imperii se semper objecerit, eam singulari gratia nostra prosequi rei-publice ipsius honestatique ac communi utilitati adesse, et, hujusmodi malis evenientibus, ut tenemur, oportunis remediis providere cupientes, prenominatum privilegium et concessio-nem auctoritate Romana nostra regia, motu proprio et ex certa scientia et de plenitudine nostre potestatis, limitandum, coartandum et quo ad hanc partem tollendum, cassandum, irritandum et annullandum duximus, et tenore presentium limitamus, coartamus et quo ad hoc tollimus, cassamus, irri-tamus et annullamus ac penitus abolemus : ita quod in pos-terum fures domestici, latrones, homicide et animo deliberato delinquintes et hujusmodi graviter et enormiter scelerati, confugientes cum bonis ablatis et etiam sine ipsis bonis ad dictum vicum, nulla amplius securitate et immunitate gau-deant et potiantur, sed libere et absque aliqua contradictione ac impedimento possint a judicibus et habentibus jurisditionem temporalem capi, deprehendi ac detineri, et debitis modis jus-ticie, juxta ipsius civitatis jura et jurisditiones, contra eosdem procedi et fieri ea que de jure facienda occurrerint; ita tamen quod in reliquis, preter ea que hic sunt manifeste expressa, omnia privilegia dicto monasterio et abbatie concessa conser-ventur illesa et inviolata; non obstantibus quibuscunque legi-bus, constitutionibus, concessionibus, privilegiis, confirmatio-nibus, etiam apostolicis aut imperialibus, necnon quibuscunque gratiis, donationibus, largitionibus, immunitatibus ac prero-gativis dicto monasterio hactenus concessis, quibus omnibus et singulis, quavis auctoritate fulgeant, presentium per teno-rem, motu proprio et auctoritate supradictis, derogamus et derogatum esse volumus.

Nulli ergo hominum liceat hanc nostre privationis, cassa-tionis, annullationis, limitationis, irritationis, constitutionis. derogationis et decreti paginam infringere, aut ei quovis modo ausu temerario contraire. Si quis autem hec attemptare pre-sumpserit, indignationem nostram gravissimam ac penam

quinquaginta marcharum auri puri fisco **nostro regali** appli-
candum se noverit incursurum. Harum testimonio litterarum
sigilli nostri appensionis munitarum.

Datum in civitate nostra Antwerpia, die vicesima quarta
mensis februarii, anno Domini millesimo quingentesimo tercio, regnorum nostrorum Romani decimo septimo, Hungarie
vero tercio decimo.

(Signatum) PER REGEM, *pro. m.*

Ad mandatum Domini Regis proprium :

(Signatum) N. ZIEGLER.

Grand sceau armorié en cire rouge, dans une capsule de cire jaune, suspendu au
diplôme par une double cordellière de soie natée aux trois couleurs bleue, blanche
et rouge.

III. — Diplôme de l'empereur Charles-Quint, en date à Tolède du 8 mai
1534, concédant à la municipalité de Besançon le droit de forcer les
propriétaires de maisons ruinées ou de places vides, situées dans l'intérieur de la ville, à bâtir dans un délai de trois ans, ou, en cas d'inexé-
cution, de pouvoir exproprier les immeubles de cette nature et les
adjuger ensuite à tels gens disposés à construire. (Archives de la ville
de Besançon.)

CAROLUS QUINTUS, divina favente clemencia, Romanorum
Imperator augustus ac Rex Germaniæ, Hispaniarum, utriusque Siciliæ, Hierusalem, Hungariæ, Dalmatiæ, Croatiæ,
Insularum Balearium, Sardiniæ, Fortunatarum et Indiarum,
ac terræ firmæ, maris Oceani, etc., Archidux Austriæ, Dux
Burgundiæ, Lotharingiæ, Brabantiæ, Lymburgiæ, Lucem-
burgiæ, Geldriæ, Wiertembergæ, etc., Comes Habspurgi,
Flandriæ, Tyrolis, Arthesiæ et Burgundiæ palatinus, Hanno-
niæ, Hollandiæ, Zelandiæ, Ferreti, Namurci et Zutphaniæ,
Lantgravius Alsatiæ, Marchio Burgoviæ et sacri Romani Imperii, etc., Princeps Sueviæ, etc., Dominus Frysiæ, Molinæ,
Salinarum, Tripolis et Mechliniæ, etc., recognoscimus tenore

præsentium, pro nobis et nostris successoribus in Romano Imperio, ac notum facimus universis : cum nobis, pro parte honorabilium nostrorum et Imperii sacri fidelium dilectorum gubernatorum imperialis civitatis nostræ Bisuntinæ, reverenter fuerit expositum quod, retroactis temporibus, eadem civitas, crebra incendiorum vi subinde grassante, graves ruinas passa sit, eoque deventum esse ut complura ædificia, domus et areæ, per suos possessores aut censuales desertæ, in hodiernum diem aut collapsæ, aut ruinis obnoxiæ remaneant, quæ res non modo deformitatem in diversis et insignioribus locis, verum etiam evidens detrimentum civitati pariat, nobis propterea humiliter supplicando ut ipsorum et prædictæ civitatis conservationi benigne consulere et super præmissis opportune providere vellemus. Cum itaque nobis, tanquam Romanorum Imperatori et supremo ejus civitatis Domino, ratione imperialis nostræ dignitatis et officii, incumbat ea quæ publicum ejus bonum concernunt, diligenti studio promovere et taliter prospicere debemus ut ipsa civitas, in limitibus sacri Imperii constituta, quæ ad Imperii fines tuendos multum habet momenti, ruinis non deformetur, sed in pristina sua dignitate ac decore conservata permaneat.

Eapropter, ex prænarratis et aliis causis nos juste moventibus, et ut deinceps prædicta civitas in nostra et Imperii sacri fide et devotione (prout hactenus fecit) constanter perseverare valeat, animo deliberato, ex certa nostra scientia et auctoritate imperiali, de potestatis nostræ plenitudine, dedimus, concessimus ac tenore præsentium damus et concedimus prædictis gubernatoribus eorumque successoribus et civitati Bisuntinæ hanc specialem gratiam et privilegium quo statuimus, decernimus et ordinavimus : ut, per eorum syndicum qui pro tempore fuerit, possint et valeant omnes et singulos ad quos hujusmodi collapsæ aut desertæ ac ruinosæ domus, ædificia sive areæ spectant vel hereditario jure pertinent, aut quibus alioqui ratione cujuscunque census perpetui vel remibilis, hypothecationis, debiti, seu quovis alio titulo obstrictæ sunt, monere ac requirere ad instaurandum et reædificandum illas seu illa, infra triennium proxime sequuturum post publicationem hujus nostri decreti et ordinationis, voce preconis per frequentiora civitatis loca aut aliàs factam, prout moris est; et si prædictæ personæ, eodem triennio elapso, illud facere neglexerint aut contempserint, nec compertus fuerit qui eadem ædificia ruinosa seu areas instaurare aut reparare velit, extunc prædicti gubernatores, ad ipsius syndici instantiam et requisitionem, duos probos et honestos viros designabunt qui hujusmodi domos ædificiaque collapsa et areas (mediante eorum juramento) extimabunt et taxabunt, habita ratione ad verum et justum valorem duntaxat, non ad census, hypothecas, servitutes aut alia quæcunque jura quibus dicta loca et areæ gravantur; qua quidem æstimatione per illos facta, eisdemque areis, domibus, ædificiis per dies viginti et unum publicæ auctioni seu incanto per syndicum expositis, si reperiatur qui ea aut aliquod ex eis pluris emere velit quod æstimata fuerint, huic in primis concedantur per ipsos gubernatores libera et immunia ab omni censu et servitute; si vero, prædictum terminum viginti et unius dierum infra, non reperiatur qui plus offerat quam æstimata fuerint, eo casu liberum sit eisdem gubernatoribus illa seu illas aut eorum aliqua pro precio sic æstimato vendere, aut, si desint emptores, ipsi gubernatores vel syndicus eadem pro hujusmodi precio sibi servare sub libertatibus et immunitatibus prædictis, ita tamen ut ex hujusmodi precio, prius deductis ipsius syndici qui prosequuttonem facturus est impensis per eosdem gubernatores taxandis et æstimandis, quod reliquum fuerit prædictarum ædium, ædificiorum sive arearum dominis, proprietariis vel censualibus, aut aliis quibus censu sive alio jure vel titulo pertinere, habita ratione censuum quorumcunque ut ex quolibet centenario quinque duntaxat (quatenus precium se extenderit) in solutionem et satisfactionem numeretur; quodque quicunque hujusmodi domos, ædificia sive areas, ut supra, acquisiverint aut comparaverint, teneantur illico instaurare et reædificare, juxta moderamen et judicium gubernatorum qui pro tempore fuerint, solutoque hujusmodi precio, ut supra, easdem domos et ædificia libere et pacifice, ab omnibus hypothecis, oneribus, censibus tam perpetuis quam remibilibus et servitutibus quibuscunque immunia, exempta et libera, possidere ac retinere valeant et possint; quod idem in domibus et ædificiis quæ infuturum vel incendio absumi vel aliàs collabi, seu ruinæ obnoxias fore continget, servari volumus, hac interim lege adjecta, ut liberum sit dominis qui, inopia gravati, hujusmodi domos seu ædificia ruinosa sive areas instaurare non possunt, eas vendere seu alienare, dummodo tamen et hi qui illa comparaverint seu acquisiverint eas infra triennium exædificare, juxta præscriptum et moderamen gubernatorum, teneantur.

Decernentes ac volentes ut iidem gubernatores ac syndici et eorum successores, et prædicta civitas Bisuntina, hac nostra concessione et privilegio perpetuo gaudere, seque in eisdem conservare possint et valeant, neque cuique ea de causa intra vel extra judicium respondere aut aliquid præter præmissa solvere teneantur.

Mandantes idcirco et serio præcipientes omnibus et singulis principibus ecclesiasticis et sæcularibus, prælatis, ducibus, marchionibus, comitibus, baronibus, nobilibus, militibus, militaribus, proceribus, capitaneis, vicedominis, præfectis, castellanis, præsidibus, judicibus, procuratoribus, officialibus, quæstoribus, civium magistris, consulibus, civibus, communitatibus, et denique omnibus nostris et Imperii sacri subditis et fidelibus dilectis, cujuscunque præeminentiæ, dignitatis, status, gradus, ordinis aut conditionis existant, ut præfatos gubernatores, syndicos et eorum successores inperpetuum, ac civitatem Bisuntinam, in hujusmodi nostro privilegio, concessione, statuto, ordinatione, aliisque prædictis non perturbent nec impediant, sed illis pacifice et quiete uti, frui et gaudere, et in eis permanere sinant et permittant, quatenus gratiam nostram charam habent, ac pœnam quinquaginta marcharum auri puri, pro dimidio fisco nostro imperiali et pro residuo injuriam passo sive passis, quotiescunque contrafactum fuerit, irremissibiliter applicandam, incurrere formidant. Harum testimonio litterarum manu nostra subscriptarum et sigilli nostri cæsarei appensione munitarum. Datum in civitate nostra Toleti, die octavo mensis maii, anno Domini millesimo quingentesimo trigesimo quarto, Imperii nostri decimo quarto et Regnorum nostrorum decimo nono.

(Signatum) CAROLUS.

Ad mandatum cæsareæ et catholicæ majestatis proprium :

(Signatum) J. OBERNBURGER.

A ce diplôme est appendu, sur une double queue de parchemin, un grand sceau de cire rouge aux armes de l'empereur, encastré dans une capsule de cire jaune.

IV. — Ordonnance du capitaine de Charles-Quint dans la ville de Besançon, en date du 31 juillet 1536, réglementant les distances auxquelles les constructions privées devront se tenir des remparts de la place, et mandement de la municipalité, en date du 10 octobre suivant, rendant ces prescriptions exécutoires. (Délibérations municipales, registre de 1535 à 1537, fol. 436 et 437.)

CLAUDE DE LA BAUME, chevalier de l'ordre du Toison d'or, baron et seigneur de Mont-Sainct-Sorlin, Montrublot, Presilly, Tholonjon, Igny, Chemilly, Valay, Chastenoy, etc., mareschal de Bourgoingne, bailly d'Amont et capitaine en la cité impériale de Besançon, etc., sçavoir faisons que, ensuyvant le bon vouloir et plaisir de la très sacrée majesté de l'Empereur nous ayant ordonné, comme capitaine audict Besançon, entendre et veoir quelle distance estoit nécessaire entre les murailles, d'une part, manoirs et héritaiges des particuliers de sadicte cité, d'aultre, afin pourveoir à la seurté, forteficacion et deffense d'icelle, nous susmes transportez en plusieurs lieux et quartiers aux entours desdictes murailles, ayans précédemment prins et eu communicacion avec messieurs les gouverneurs de ladicte cité en leur hostel consistorial, et appellé avec nous sur lesdicts lieux les par eulx adce commis, veu et visité lesdictes murailles, manoirs et héritaiges, considéré aussi ce que le droit a sur ce en tel cas ordonné et mesme en cité de semblable qualité audict Besançon, et pour la forteficacion, seurté et préservacion d'icelle présentement plus que requises et nécessaires, tant à raison du temps courrant que pour l'advenir, nous a apparu et avons advisé : de doiz la porte de Rivotte jusques à la tour y contiguë, nommée du Port, sur la rivière du Doulx, ladicte distance doit estre continuée de trois toises, selon qu'elle est commencée, pour y conduire et getter du long d'icelle muraille, et à l'entour de ladicte tour, la plate forme y nécessaire; pour la deffense des advenues d'icelle porte de Rivotte ou de piéça, il a esté advisé réduire la garde de la porte Taillée; et doiz ladicte tour, circuyant et environnant le reste de toutes les aultres murailles de ladicte cité, icelle distance doit estre de deux toises et demye franchement; et semblablement que, deans icelles distances et lieux aboutissans sur lesdicts particuliers manoirs et héritaiges, se debvoir planter bons abres de noyers assés prouchains l'ung de l'aultre, afin entre icelles murailles et abres se puissent plus commodément et seurement dresser bons et puissans rampaires, plates formes, résistances et aultres fortificacions duysantes et nécessaires pour ladicte deffense et conservacion d'icelle cité. A ces causes, comme commis de sadicte majesté en ceste partie, et de par icelle, avons ordonné et ordonnons que, par lesdicts sieurs gouverneurs, doibvent estre, précisément, réalment et de fait, contrainctz tous ceulx et celles qu'il appartiendra souffrir et permettre estre exécuté ce que dessus, deans le jour de feste sainct Martin d'iver prouchainement venant, nonobstant toutes contradictions faictes ou à faire au contraire.

En tesmoingnaige de ce, avons signer cestes de nostre main, seelleer de nostre seel et fait signer par nostre secrétaire, audict Besançon, le derrier jour de juillet, l'an nostre Seigneur mil cinq cens trente six.

(Ainsi signé) CLAUDE DE LA BAULME.

Seellées de son seel armoyé de ses armes, en cire vermeil et quehue pendant;

Et signées de son secrétaire :

J. Piquenet.

LES GOUVERNEURS DE LA CITÉ IMPÉRIALE DE BESANÇON,

Pour mettre à exécution le mandement précédemment escript, décerné par nostre très honoré et doubté seigneur monseigneur le mareschal de Bourgoingne, capitaine en ladicte cité, commissaire de l'Empereur nostre souverain seigneur, député en ceste partie, avons commis et commectons Nicolas Boncompain, Pancras de Chaffoy, escuyer, Anthoine Buzon et Claude Monyet, noz confrères, les quatre, les trois et les deux d'iceulx, leurs donnant toute puissance adce pertinente et nécessaire. Donné au conseil de ladicte cité, le dixiesme jour du mois d'octobre, l'an mil cinq cens trente six.

———

V. — Mandement de l'empereur Charles-Quint, en date à Augsbourg du 19 août 1550, instituant des commissaires pour étudier la rectification de la rampe du *Montdart*, près Besançon, et pour exproprier les terrains à ce nécessaires. (Archives de la ville de Besançon.)

CHARLES, par la divine clémence, Empereur des Romains tousjours auguste, Roy de Germanie, de Castille, de Léon, de Grenade, de Navarre, d'Arragon, de Naples, de Secille, de Malliorque, de Sardaine, des isles Yndes et terre ferme, de la mer Océane, Archiduc d'Austrice, Duc de Bourgoingne, de Lothier, de Brabant, de Lembourg, de Luxembourg et de Gheldres, Conte de Flandres, d'Artois, de Bourgoingne palatin, et de Haynnault, de Hollande, de Zélande, de Ferrette, de

Hagnau, de Namur et de Zutphen, Prince de Zwave, Marquis du sainct Empire, Seigneur de Frise, de Salins, de Malines, et Dominateur en Asie et en Affrique, à tous qui ces présentes verront salut. De la part de noz très chiers et féaulx les gouverneurs de nostre cité impériale de Besançon, nous a esté remonstré comme près d'icelle et rière nostre conté de Bourgoingne, au lieu dit le *Montdart,* y a certain chemin tant précipiteux et difficile que sans danger et péril l'on ne peut aller ne venir par icelluy de nostredict conté de Bourgoingne en ladicte cité, et bien souvent advient que les chevaulx et chariotz y passans tumbent et périssent, pour estre icelluy chemin quasi inaccessible, et journellement se rend pire et plus difficile, que vient à grande incommodité, intérest et dommaige des habitans de nostredict conté et de ladicte cité, parce qu'ilz ne peuvent bonnement amener ne conduyre leurs denrées et marchandises en icelle cité, ny les citoyens audict conté. Nous supplians à ceste cause lesdictz gouverneurs, désirans le bien commung d'icelluy conté et de notredicte cité et pour avoir meilleur et plus grande fréquence et amitié ensemble, qu'il nous pleut leur permettre réparer et rendre plus commode ledict chemin du *Montdart,* ou le dresser et conduyre par aultre lieu convenable et moins difficile rière nostredict conté, et, afin que noz haulteurs, jurisdictions et droictures, tant en qualité d'Empereur que Conte de Bourgoingne, fussent mieulx gardées, depputer et commectre personnaiges telz qu'il nous plairoit, avec povoir que s'il convenoit pour la commodité dudict chemin prendre et approprier à icelluy quelque portion d'héritaiges d'aucuns particuliers, de contraindre lesdictz particuliers vendre et laisser audictz supplians lesdictz héritaiges ou partie d'iceulx, pour applicquer et servir audict chemin, moyennant pris raisonnable et tel que par lesdictz commis seroit advisé, toutes oppositions, appellations et contradictions cessantes ad ce que une si bonne et si nécessaire œuvre, emportant au bien publicque de nosdictz conté et cité de Besançon, ne fut retardée ou empeschée.

Nous, les choses susdictes considérées, inclinans favorablement à la supplication et requeste desditz gouverneurs, avons, comme Empereur et d'auctorité impériale, commis et député, commectons et députons par ces présentes, pour austant que la susdicte matière peult concerner nostredicte cité de Besançon, nostre chier et bien amé le lieutenant de nostre juge en ladicte cité de Besançon, et semblablement, en tant qu'icelle nous peult toucher comme Conte de Bourgoingne, nos chiers et bien amez maistre Philippe Marchant, trésorier de Dole, ou son commis, et celluy à présent commis procureur fiscal en nostre bailliage dudict Dole, ausquelz avons donné et donnons par cesdictes présentes plain povoir et auctorité d'entendre à la susdicte matière et y besongner, et faire comm'ilz treuveront convenir pour la réparation dudict chemin du *Montdart* et le dresser par aultre lieu plus convenable rière nostredict conté, si mestier est, aussi pour l'achat des héritaiges desditz particuliers.

Ordonnant et commandant expressément que ce que par nosdictz commis sera advisé soit mis à dehue exécution, nonobstant toutes contradictions, oppositions et appellations, et sans préjudice d'icelles, auctorisant, comme auctorisons par cesdictes présentes, ce que par iceulx commis y sera faict et ordonné.

Mandant et commandant très expressément à tous nos officiers, serviteurs et subgectz que en ce que dessus ils obéissent à nosdictz commis et leur prestent toute ayde, faveur et assistance dont ils seront requis et besoin auront. Car ainsi nous plaist-il. En tesmoing de ce, nous avons fait mectre nostre seel à cesdictes présentes. Donné en nostre cité impériale d'Ausbourg, le dix-neufième d'aoust, l'an de grâce mil cinq cens cinquante, de nostre Empire le trente-ungième, et de nos Règnes de Castille et aultres le trente-cinquième.

Par l'Empereur et Roy, Duc et Conte de Bourgoingne :

(Signé) BAVE.

Grand sceau de cire rouge à l'effigie impériale, avec contre-sceau armorié, sur double queue de parchemin.

VI. — Origines et variations des armoiries de la ville de Besançon.

Les armes de Besançon se blasonnent ainsi : d'or à l'aigle éployée de sable et lampassée de gueule, soutenant en chacune de ses serres une colonne de gueule mise en pal.

On a beaucoup disserté sur l'origine de ces armoiries, et cette question fut même l'objet d'un concours ouvert par l'Académie de Besançon en 1761 ; mais il n'en sortit aucune solution satisfaisante, les auteurs qui y prirent part ayant beaucoup plus consulté leur imagination que les documents. Le problème ne nous paraît pouvoir être résolu qu'au moyen d'un examen attentif des différents sceaux dont usa notre municipalité.

Le plus ancien de ces sceaux, qui est mentionné dans une bulle pontificale dirigée contre la commune en 1259, représente une croix ornée de médaillons, accostée à sa gauche d'un bras de saint Etienne bénissant. M. Ed. Clerc a publié ce monument dans le tome I, p. 448, de son *Essai sur l'histoire de la Franche-Comté.*

La commune de Besançon étant entrée, à la suite du siége de 1290, dans le vasselage immédiat des empereurs d'Allemagne, un symbole nouveau, l'aigle impériale, vint équilibrer, sur le sceau qui fut fait alors, l'image du bras de saint Etienne. (V. Ed. Clerc, *ouvrage cité,* t. I, p. 474.)

Puis la commune étant parvenue à isoler complètement ses destinées de celles de l'Eglise et à imposer un gouvernement civil à la totalité du territoire de la cité, la croix et le bras de saint Etienne disparurent de ses sceaux, et la seule image d'une aigle impériale éployée remplit le champ de celui qui fut gravé vers 1410 et servait encore en 1433.

A partir de janvier 1434, apparaît un sceau plus monumental que le précédent. On y voit une aigle éployée, planant au-dessus d'une montagne sur laquelle se dressent deux colonnes: cette montagne n'est autre que le rocher où est assis notre

15

citadelle, et les colonnes sont celles du portique d'un temple gallo-romain qui occupait le centre de l'*arx* antique et dont les vestiges ne furent rasés qu'à l'époque de la construction stratégique de Vauban (¹); le populaire considérait ces colonnes comme les piédestaux de quatre divinités du paganisme (Voy. J.-J. Chifflet, *Vesontio*, pars I, pp. 56 et 57.)

Concurremment avec le grand sceau que nous venons de décrire, la commune en employait un de plus petite dimension, soit pour contremarquer le premier, soit pour authentiquer les actes de moindre importance; dans celui-ci on avait supprimé la montagne, mais les deux colonnes se dressaient de chaque côté de l'aigle, dont les griffes buttaient contre chacune des bases. Ce petit sceau fut renouvelé, avec la même représentation, vers 1450, et servit à l'expédition des diplômes municipaux jusqu'à la Révolution française.

Ce fut seulement dans la première moitié du xvi° siècle que nos héraldistes locaux, obéissant à une pure fantaisie artistique, retournèrent les griffes de l'aigle et y insérèrent les bases des colonnes; cette modification se montre pour la première fois sur l'avers des monnaies qui furent émises par la commune à partir de 1537 (V. Plantet et Jeannez, *Essai sur les monnaies du comté de Bourgogne*, pl. VII-X et XV.)

_____

(¹) Si nos sceaux ne représentent que deux de ces colonnes, c'est qu'il n'en restait debout que ce nombre dès la fin du quatorzième siècle. Les actes municipaux relatent, en effet, que « l'an nostre Seigneur mil ccc ɪ.xxx et saze, le jour de la festo de la Conversation (*sic*) saint Pol, cheut par terre l'une des trois columpnes de Saint-Estienne, c'est assavoir celle devers la porte de Revelle. »

TABLE

—

L'Empereur Charles-Quint et sa statue à Besançon.

§ I.

§ II.

§ III.

§ IV.

Pièces justificatives.

I. Préambule d'un édit municipal (15 septembre 1427) énumérant les priviléges de la commune de Besançon.

II. Diplôme de l'empereur Maximilien Ier (Anvers, 24 février 1503) abolissant, au profit de la juridiction municipale, le privilége d'asile de l'abbaye-Saint-Paul de Besançon.

III. Diplôme de l'empereur Charles-Quint (Tolède, 8 mai 1534) concédant à la municipalité de Besançon le droit d'exproprier pour cause d'utilité publique.

IV. Ordonnance du capitaine de Charles-Quint dans la ville de Besançon (31 juillet 1536), réglementant les distances à observer entre les constructions privées et les remparts.

V. Mandement de l'empereur Charles-Quint (Augsbourg, 19 août 1550) instituant des commissaires pour la rectification d'une route dangereuse aux abords de Besançon.

VI. Origines et variations des armoiries de la ville de Besançon.

ÉTUDE COMPARATIVE

DU CHEMIN CELTIQUE DE PIERRE-PERTUIS

ET DE LA VOIE ROMAINE QUI L'AVAIT REMPLACÉ

Par M. A. QUIQUEREZ

Ancien Préfet de Delémont (Suisse).

Séance du 10 août 1867.

La Société d'Emulation du Doubs a bien voulu admettre dans ses *Mémoires* une note relative à un *tronçon de voie celtique à Pierre-Pertuis* (¹). Elle y a ajouté quelques observations sur lesquelles je me permettrai de revenir.

J'ai voulu m'assurer du mode de confection de ce tronçon de route, et, le 6 août courant, je me suis rendu à Pierre-Pertuis, à 30 kilomètres de mon domicile, pour y opérer une fouille.

J'en ai déblayé une longueur de 12 mètres, entièrement taillée dans le roc, avec pente régulière de 14 pour cent. Une longueur pareille avait été enlevée précédemment pour une carrière.

Les parties qui y aboutissent des deux côtés sont construites en gravier de montagne pris sur place, et en grosses pierres très arrondies par le frottement, mais qui ne forment pas un pavé régulier.

Le plan et les coupes ci-jointes donneront des mesures exactes et normales. J'avais d'abord trouvé une voie de 1ᵐ,20; mais ce n'est pas la largeur moyenne, qui n'est que de 1ᵐ,14. La différence provient de ce qu'en certains lieux il y avait

---

(¹) *Mém. de la Soc. d'Emul. du Doubs*, 4ᵉ série, t. II (1866), pp. 339-343.

plus d'ébattement, à raison de l'inégalité de dureté de la roche et du niveau transversal de la voie qui n'est pas toujours régulier. C'est un défaut de construction, et non pas d'usure, et qui provient aussi de l'inégalité du rocher.

Par contre, les rainures transversales sont d'une régularité très remarquable. Elles n'offrent que des variantes sans importance. Elles sont faites avec le marteau à pointe, ce qu'il est facile de reconnaître à leurs extrémités où elles ne sont nullement usées : nouvelle preuve qu'on attelait les chevaux à la file et non pas de front.

Les ornières sont plus ou moins profondes ; quelquefois, au niveau des rainures et ailleurs, elles descendent sensiblement plus bas.

Ce chemin étant encaissé dans le roc, ses côtés, surtout celui vers la montagne, sont taillés au marteau à pointe, et le bout de l'essieu a usé le roc à une hauteur moyenne de 30 centimètres, ce qui rappelle des roues de 60 cent. de diamètre.

La voie étant ainsi étroite et encaissée, on ne pouvait passer à côté d'un char qui en occupait absolument toute la largeur. Pour remédier à ce grave inconvénient, on avait taillé un trottoir, du côté de la montagne, sur une largeur de 30 centimètres. Son niveau n'est pas constant, à raison de l'inégalité du rocher ; cependant il varie peu.

Les ornières ont une largeur moyenne de 9 centimètres dans le haut et de 6 centimètres dans le fond qui est arrondi, ce qui indique que les bandes ou les cercles des roues étaient un peu convexes ou usés par le frottement. Les différences de profondeur des ornières proviennent de la dureté variable de la pâte du rocher et des cahotements quand la voie n'est pas de niveau transversalement.

Évidemment les roues, les bouts des essieux et les pieds des chevaux étaient ferrés.

Ce tronçon se courbait à sa partie inférieure, et comme le roc manquait alors de régularité, les ornières se sont élargies et même quelquefois déplacées ; mais cette irrégularité ne figure pas sur mon plan : elle n'apparaît qu'un peu pl·s bas. La route moderne, à peu près superposée à celle romaine, est à deux mètres au-dessous du niveau du chemin celtique et à sept mètres vers l'occident.

Comme les documents des xive et xve siècles parlent souvent du château de Pierre-Pertuis, j'ai cherché dans tout le voisinage du tunnel s'il y avait des restes de constructions murées; mais on ne découvre rien de semblable. Il est probable que cette porte des montagnes a été fortifiée plus d'une fois par des levées de terre et surtout des palissades, comme on l'a encore fait en 1813 et 1815.

Sur le rocher à crête étroite et bordée de précipices, j'ai trouvé un petit emplacement fermé à l'orient par un fossé coupant la crête; mais il n'a pu y avoir en ce lieu qu'un corps de garde en bois, un poste d'observation d'où l'on découvrait les approches du tunnel des deux côtés. Près de là, on avait placé une petite pièce de canon en 1815; mais le fossé dans le roc et l'emplacement sont d'une époque très éloignée.

Une charrière passe non loin de ce lieu. Elle sert au transport du bois de la montagne, et ce n'est point une ancienne route pour franchir celle-ci. Les chevaux et les roues ont seulement arrondi le rocher sans creuser d'ornières. Cette différence entre le tracé des charrières et celui des anciennes voies régulières est très remarquable.

Les environs de Pierre-Pertuis offrent un autre tronçon de voie antique absolument semblable à celle précédemment décrite. Elle partait du pied de la montagne, du côté de Tavannes, et se dirigeait vers Tramelan par un pli de terrain ou une combe. Elle est taillée dans le roc plus profondément encore, avec mêmes rainures transversales et même trottoir latéral. Il y a deux voies ou trois ornières. La voie étroite a 1^m,14. J'avais d'abord trouvé 1^m,20, mais ce n'était pas la voie normale. L'autre est un peu plus large et plus moderne : c'est un élargissement de ce chemin d'un côté pour donner passage aux voitures à voie plus large.

Ces routes, ainsi taillées profondément dans le roc, avec ces rainures transversales, ces trottoirs, sont un indice manifeste qu'elles ont eu jadis une grande importance. Elles révèlent l'usage de l'acier ou du fer aciéreux, dont on a trouvé récemment un morceau près d'une forge d'époque inconnue.

Sur cette voie vers Tramelan, comme sur celle de Pierre-Pertuis, on a recueilli plusieurs de ces fers de cheval à bords onduleux, remontant chez nous aux temps celtiques, comme à chaque instant j'en acquiers de nouvelles preuves.

La voie de Pierre-Pertuis a laissé des traces, toujours semblables, dans les gorges de Court, de Moutier, du Vorbourg, et plus en aval vers Bâle. Elle suivait quelquefois un niveau très bas, que lui a encore emprunté la voie romaine forcée de suivre son tracé.

Cet hiver, j'ai retrouvé un tronçon de cette route romaine, près de ma maison, à Bellerive. Il est à un mètre plus bas que la route moderne. Sa construction, de bas en haut, consiste en une espèce de pavé posé sur le vieux sol, qui est peut-être la vieille voie celtique, puisqu'on y a trouvé un fer de cheval à bord onduleux et une cheville de roue. Au-dessus il y a une couche de gravier de montagne sans mélange de terre. Cette couche renfermait un fer de cheval à rainure et une monnaie en moyen bronze, presque fruste, mais appartenant à un des premiers empereurs romains. Vient alors un pavé fait avec soin, mais sans ciment, et qui n'a éprouvé que peu ou point d'usure. Plus haut, il y a des rechargements successifs de gravier avec traces d'ornières dont la distance varie entre $1^m,14$ et $1^m,20$, mais d'une manière peu certaine. On reconnaît enfin un mauvais empierrement formant la base de la route moderne, dont toutefois le tracé n'a jamais pu changer, à raison de la conformation du terrain.

Comme la rivière de la Byrse pouvait emporter la voie romaine, on avait établi une digue formée de gros sapins en grume, couchés parallèlement à la voie et à la rivière, et fixés dans le sol par des pieux aiguisés en biseau simple ou double.

C'étaient en général des sapineaux, mais il y avait aussi un carrelet de sapin de six centimètres de côté fabriqué à la scie. Un fouillis de troncs de saules et d'ossements d'animaux (bœufs ou vaches) remplissait ce terrain jadis marécageux, mais depuis des siècles recouvert de sable d'alluvion. Il y avait encore bien des fers de chevaux et d'ânes dans les terrains voisins, à plus de deux mètres de profondeur, et tous à bords onduleux. Dans la couche de terre tout à fait supérieure, sous le gazon, on a trouvé une hache en fer du ve siècle.

La coupe ci-jointe donnera une idée de ce tronçon de route.

Bellerive, le 8 août 1867.

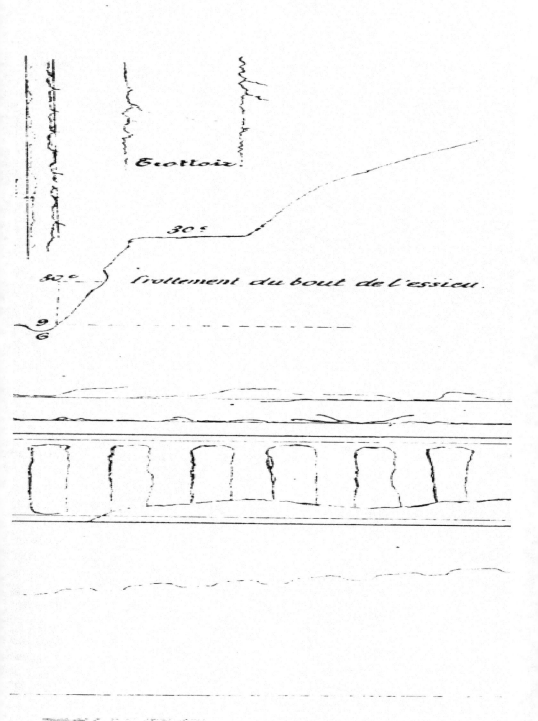

Ecotloir

30ᶜ

50ᶜ

frottement du bout de l'essieu.

9
6

PROFIL OU COUPE

D'un tronçon de la route romaine d'Aventicum à Augusta-Rauracorum, par Pierre-Pertuis, découvert à Bellerive, près Delémont, en 1867.

: Route actuelle avec un mauvais empierrement et rechargements successifs.

: Route romaine, avec traces d'ornières distantes de 1m,14 à 1m,20 au plus, mais peu certaines. Plusieurs rechargements.

: Pavé en moellons, avec bordure, sans appareil des pierres, ni ciment, ni traces sensibles d'ornières. La pente longitudinale de l'est à l'ouest.

: Préparation en gravier de montagne, sans mélange de terre. Une monnaie romaine en moyen-bronze d'un des premiers empereurs. Un fer de cheval à rainure.

: Faux pavé, peut-être route primitive, sur le vieux sol. Un fer de cheval à bords onduleux; une cheville de roue en fer.

: Fin sable de rivière; alluvion se formant très lentement.

: Digue pour garantir la route romaine. Elle est formée de grands sapins en grume, placés longitudinalement et arrêtés par des pieux aiguisés en biseau simple ou double, en bois rond; sapin avec l'écorce; un carrelet de 6 cent. de côté fait à la scie: le tout dans un fouilli de troncs de saules plus décomposés que le sapin. Ossements de bœuf ou de vache épars dans le terrain.

: Sable de rivière, ou plutôt diluvium, allant en augmentant de grosseur aux approches du terrain keupérien, ou sous-sol.

: Argiles calcaires, ressemblant au Loess, avec galets alpins et calcaires dans la couche supérieure.

: Plusieurs fers de cheval et d'âne à bord extérieur onduleux.

La Byrse basses eaux.

Niveau des hautes eaux.

20 mètres

ÉBROÏN ET SAINT·LÉGER

ORIGINE, DÉVELOPPEMENT ET RÉSULTATS
DE LA LUTTE ENTRE LA NEUSTRIE ET L'AUSTRASIE

PAR M. LUDOVIC DRAPEYRON
Professeur d'histoire au Lycée impérial de Besançon,
Ancien élève de l'École normale.

Séance du 8 avril 1867.

Si la lutte de la Neustrie et de l'Austrasie n'a cessé d'attirer l'attention des historiens, c'est qu'on y a vu, avec raison, le point de départ de la France et de l'Allemagne. Tous ceux qui ont voulu se rendre un compte exact de ces deux grandes civilisations, parvenues à leur pleine et radieuse floraison, ont été invinciblement ramenés à une époque obscure et compliquée, où triomphait la barbarie. Il importe, en effet, de surprendre dans leur naturelle et instinctive manifestation des caractères irréductibles destinés à réagir l'un sur l'autre, mais non à se combiner, à se fondre ou à s'effacer mutuellement. Aussi bien, aux généralités si profondes et si vraies de l'auteur de la *Germanie*, fait-on succéder les récits saisissants de l'historien ecclésiastique des Francs et les mille légendes aux contours si indécis où la vérité se laisse encore deviner : défrichement laborieux qui prête à notre intelligence, salutairement mise à l'épreuve, des forces nouvelles [1].

---

[1] Les principales légendes à consulter sont celles des saints Colomban, Arnoul, Pepin de Landen, Eloi, Ouen et Léger. On peut tirer grand profit de cette lecture, mais à condition de bien saisir le point de vue où s'est placé chaque hagiographe. Rien n'est plus opposé, par exemple, à la doctrine politique de la *Vie de saint Eloi* que celle de la *Vie de saint Léger*.

16

Peut-être reste-t-il, dans cet ordre d'études, un travail à entreprendre. Il conviendrait de bien déterminer l'origine et de bien expliquer les phases de la longue rivalité de la Neustrie et de l'Austrasie. Le champ de bataille et les péripéties de l'action demandent un général habile, capable d'embrasser et de débrouiller une mêlée confuse. Mais Augustin Thierry, dans ses *Lettres* et dans ses *Récits*, a tellement simplifié la tâche qu'il est moins téméraire de l'essayer.

L'époque mérovingienne se divise en trois périodes bien tranchées : la première est signalée par une invasion rapide et victorieuse qui s'étend à la Gaule entière et s'aventure parfois au delà des Alpes et des Pyrénées; dans la deuxième, les conquérants, rangés sous plusieurs bannières ennemies, se tournent les uns contre les autres et entraînent au milieu de leurs rivalités sanglantes les vaincus eux-mêmes; la troisième nous montre un essai d'organisation sociale contrariée par des violences inouïes et des usurpations réciproques (1).

Puisque c'est l'influence des Gallo-Romains sur les Francs qui a donné lieu à la lutte mémorable dont nous parlons, il est évident qu'on ne saurait la faire légitimement remonter au premier établissement des Barbares. Les courses éperdues d'un Clovis, d'un Clotaire, d'un Théodebert, ne permettaient pas de relations suivies et décisives entre les bandes nomades des guerriers et les populations sédentaires. A Soissons comme à Metz, le roi franc, dans ses courts moments de repos, restait entouré de ses fidèles : la Germanie le suivait partout; il n'y avait encore ni Neustrie, ni Austrasie (2). Avec les querelles

---

(1) On peut assigner des dates assez positives à ces trois périodes : la première comprend les règnes de Clovis et de ses fils (481-561); la seconde ceux de Gontran et de Brunehaut (561-613); la troisième s'étend jusqu'à la bataille de Testry, c'est-à-dire jusqu'à la déchéance irrévocable des Mérovingiens (613-687).

(2) Le nom de Neustriens n'est pas employé une seule fois par GRÉGOIRE DE TOURS. Celui d'Austrasiens est mentionné dans un ou deux passages du même écrivain (lib. V, c. 19).

sanglantes de Chilpéric et de Siegebert, l'histoire mérovingienne change de caractère. Une guerre civile d'un demi-siècle
met en rapport intime les Gaulois et les Francs. Les uns et
les autres sont associés aux mêmes chances, favorables ou
fâcheuses. Les indigènes, grâce à leur supériorité intellectuelle,
se font une large part dans le gouvernement. On les trouve à
la tête des armées, des cités, des provinces, des ambassades,
du palais lui-même. Les évêques, qui, pour la plupart, leur
appartiennent encore, jouent un rôle considérable comme
médiateurs, souvent consultés, parfois écoutés. On n'a plus
devant soi deux sociétés différentes et séparées. Mais il est
juste d'ajouter que, par suite d'un rapprochement brusque et
violent, toute l'organisation sociale a été dissoute. Des éléments
contraires sont en présence et ne peuvent s'amalgamer. De là
ce chaos dont Grégoire de Tours a été le témoin effrayé, et qui
marque un moment unique mais bien triste de l'humanité.
La confusion est universelle. C'est dire suffisamment qu'il ne
s'est pas encore formé dans la Gaule d'Etat ayant une physionomie propre, une idée arrêtée, un but précis. Bien plus, les
Etats sont mal délimités, morcelés à l'infini, incapables de
réunir leurs membres épars. Les villes passent sans cesse de
main en main, suivant les hasards d'une guerre désordonnée.
Les Francs eux-mêmes, que cent années n'ont pu fixer au sol
de leur patrie adoptive, quittent et reprennent leurs rois et
leurs apanages avec une mobilité sans égale. La querelle pro-
digieuse des deux reines vient témoigner de cette anarchie et
de cette incohérence. On serait tout d'abord disposé à penser
que Frédégonde, reine de Neustrie, doit soutenir les intérêts
de la civilisation ; Brunehaut, reine d'Austrasie, ceux de la
Germanie. Or, il en est tout autrement. L'épouse de Chilpéric,
par sa beauté, sa résolution, ses sortiléges, sa sauvagerie même,
exerce un empire souverain sur les Francs. L'épouse de Siegebert combat, neutralise autant que possible cette influence
magique et empêche une ligue générale des Barbares. Qu'on
ne l'oublie pas : la Neustrie, aussi bien que l'Austrasie, avait

été recouverte par le flot de l'invasion. Il y eut dans la suite, nous le reconnaissons, réaction au sein de la première, tandis que la seconde subit une métamorphose tous les jours plus complète.; mais il fallut pour cela un concours d'événements que nous nous proposons d'étudier.

Cette recherche de la Neustrie et de l'Austrasie, qui jusqu'ici nous ont échappé, nous conduit au commencement du vii* siècle, à la chute de l'immortelle et infortunée Brunehaut. Alors s'établit ce que nous appellerions volontiers l'équilibre de la barbarie. Au bouleversement dont les récits mérovingiens nous offrent le tableau succède un grand apaisement. La société, à peu près dissoute, se reforme avec lenteur. L'isolement remplace la confusion. Plusieurs groupes distincts, destinés à poursuivre, chacun pour sa part, un but, une idée, se dessinent. L'Austrasie est définitivement le domaine exclusif des Francs, l'Aquitaine celui des Gaulois; la Bourgogne et la Neustrie apparaissent comme des Etats mixtes et comme une transition du monde romain au monde germain. La belliqueuse Austrasie est retenue sur les deux rives du Rhin par la nécessité de surveiller les tribus allemandes, obligées elles-mêmes de refouler les tribus slaves. La Bourgogne et la Neustrie ont la mission de maîtriser les ennemis intérieurs. C'est ainsi que chaque royaume est tenu en échec et subsiste en permettant à ses voisins de subsister. S'il en eût été différemment, si les Germains n'eussent pas été divisés en nations rivales, la Gaule tout entière serait devenue allemande, et l'une des plus brillantes de ces civilisations dont l'ensemble constitue l'harmonie de l'Europe aurait été sacrifiée.

L'Austrasie et la Neustrie deviennent donc véritablement des Etats après la grande conflagration que nous avons signalée. En Austrasie, l'aristocratie franque, si vivace et si instable, acquiert un fondement solide, la propriété territoriale et l'hérédité : elle échappe presque entièrement à tout contact étranger. En Neustrie, à Paris, c'est un centre romain qui se forme et qui recueille les débris de la société romaine, attirant à lui les Mérovingiens et un grand nombre de conquérants long-temps disputés entre la féodalité et la monarchie.

Recherchons la cause prépondérante de cette organisation séparée des deux royaumes.

Nous avons déjà, l'année dernière, appelé l'attention sur le rôle de la Bourgogne à l'époque mérovingienne, et nous avons indiqué le développement logique de ses destinées depuis l'invasion des Burgondes jusqu'à la bataille de Testry (¹).

Nous mettrons surtout en lumière aujourd'hui ce fait, à notre sens incontestable, que la Bourgogne, grâce à l'avance que lui assuraient son voisinage de l'Italie et son histoire bien connue, a essayé successivement diverses formes de gouvernement qu'elle a livrées plus ou moins perfectionnées à la Neustrie et à l'Austrasie.

C'est elle qui la première a posé le principe de l'égalité des vainqueurs et des vaincus. La loi Gombette, dont la ponctuelle exécution est douteuse, marquait, plusieurs siècles d'avance, le but que l'on devait atteindre.

C'est elle qui cherche tout d'abord à établir sur les rives du Rhône une royauté importée de Constantinople, romaine et chrétienne, fait subir au fils du rude Clotaire, au roi Gontran, des transformations successives, et lui donne un faux air de souverain de Bas-Empire.

C'est elle encore qui, sous la direction de la fille d'Athanagilde, poursuit et même réalise pour quelque temps l'unité gallo-franque.

Là ne s'arrêtent pas ses essais et ses innovations précipitées : la Bourgogne crée véritablement avec Warnachaire, auteur de la chute de Brunehaut, la mairie du palais, institution qui va jouer un rôle si considérable. C'est la Bourgogne qui, avec plusieurs évêques dont le plus célèbre est saint Léger, a

---

(¹) Pour le rôle si considérable de la Bourgogne, voir nos deux études insérées dans les *Mémoires de la Société d'Emulation du Doubs* (4ᵉ série, t. II, 1866) : 1º *Du rôle de la Bourgogne sous les Mérovingiens*; 2º *La reine Brunehilde et la crise sociale du VIᵉ siècle sous les Mérovingiens.*

organisé la féodalité ecclésiastique, autre grand fait dont les conséquences sont immenses. C'est en Bourgogne que l'abbaye de Luxeuil a jeté les bases de la société monastique, bientôt propagée jusqu'à l'Océan.

Cette activité fébrile et en sens divers s'explique par la présence dans le bassin de la Saône des peuples d'une instruction et d'une nature fort diverses. Chacun d'eux cherche à faire prévaloir son point de vue, et c'est ainsi que l'on passe sans transition de la monarchie à l'aristocratie, de l'unité a la division.

A travers ces ébauches de gouvernement, on aperçoit un caractère persistant : la tendance ecclésiastique s'accentue de plus en plus; c'est le christianisme que la Bourgogne organise pour le moyen âge.

Et voilà pourquoi la Bourgogne a pu exercer une influence si prolongée sur la Neustrie et sur l'Austrasie : elle leur a légué, avec ses formes politiques, des idées qu'elle était elle-même incapable de faire prévaloir, parce que des circonstances fâcheuses paralysaient ses efforts.

La royauté byzantine, l'unité, la mairie, l'abbaye de Luxeuil, la féodalité ecclésiastique, furent, au VIIᵉ siècle, des indications précieuses dont profitèrent l'Austrasie et la Neustrie, mais en les appropriant à leur nature.

N'oublions pas d'ailleurs que c'est la Bourgogne qui, en détruisant l'œuvre de Brunehaut et en substituant l'isolement à la confusion, a donné véritablement naissance à la Neustrie et à l'Austrasie.

En effet, il ne faut point s'en tenir à de vaines apparences : l'unité proclamée par le fils de Frédégonde était purement nominale. Il n'y avait plus qu'un roi, on en convient; mais il y avait trois maires du palais.

Pour lequel des trois royaumes allait se prononcer le descendant et l'héritier de Clovis? Question capitale, car du choix qu'on ferait devait dépendre l'avenir de la dynastie.

Tout d'abord, on peut affirmer que le séjour de la Bourgogne lui était interdit par les événements dont elle avait été récemment le théâtre. L'autorité royale venait d'y recevoir un coup trop rude, et, à côté du maire Warnachaire, Clotaire II n'eût été que le premier des rois fainéants (¹).

Restaient l'Austrasie et la Neustrie. L'intérêt bien entendu des Mérovingiens eût été de séjourner sur les bords du Rhin au milieu de leurs guerriers, conservant précieusement leur énergie native et leur prestige séculaire. Les Francs, qui s'étaient accoutumés à ne pas séparer dans leur esprit la royauté du commandement militaire, seraient demeurés, malgré leur organisation aristocratique, strictement subordonnés à leurs défenseurs héréditaires : c'est ce que comprit plus tard Charlemagne, le fondateur d'une nouvelle dynastie.

Mais on l'a démontré dans un fort beau livre, les Mérovingiens avaient, bien plus que les autres Germains, ressenti les effets de la conquête (²). Toutes les voluptés, tous les raffinements que la civilisation et la corruption romaines avaient inventés, ils les avaient goûtés autant que le comportait leur grossière éducation. Caribert, Gontran, Chilpéric, Clotaire le Jeune, n'étaient plus des Francs comparables à ceux qui avaient fait les invasions. Ils avaient tellement modifié leurs mœurs et leurs usages qu'ils ne pouvaient, en se fixant dans

---

(¹) Comparez le récit de l'extermination de Brunehaut et de sa famille dans FRÉDÉGAIRE et dans les *Gesta* : « Tunc adunato agmine Francorum et Burgundionum, cunctis vociferantibus, Brunihildam morte turpissima esse condignam : tunc, jubente Chlothario rege, in camelo levata, toto exercitu girato, deinde, equorum indomitorum pedibus ligata, dissipatis membris, obiit. Ad extremum sepulcrum ejus ignis fuit, ossa ipsius combusta. » (*Gesta Francorum*, c. 40.) — « Warnacharius in regno Burgundiæ substituitur majordomus, sacramento à Chlotario accepto, *ne unquam vitæ suæ temporibus degradaretur*. » (FREDEGAR., c. 42.)

(²) Nous désignons ici l'*Histoire des institutions mérovingiennes* par LEHUÉROU, historien plein de savoir et de sagacité, et notamment le chapitre intitulé : *Influence de la conquête sur la royauté mérovingienne*. L'auteur nous semble çà et là incliner un peu trop vers le système de l'abbé Dubos, et prêter aux Francs une docilité exagérée envers l'empire romain.

l'Austrasie, accepter un rapatriement qui eût été le plus douloureux des exils.

En Neustrie, au contraire, ils rencontraient une position
intermédiaire conforme à leur nature indécise, moitié franque,
moitié romaine : pour leur sécurité des leudes nombreux et
dévoués, pour leur bien-être des sujets industrieux et empressés.

Clotaire prit donc le chemin de la Neustrie : il s'établit non
pas à Soissons aux abords de la forêt des Ardennes, comme
l'avait fait son aïeul, alors qu'il n'y avait ni Neustriens, ni
Austrasiens, mais seulement des Germains ; il s'établit à Paris,
le plus loin possible de ces duchés de Dentelin et de Champagne, que les guerres civiles avaient transformés en déserts.
Cette ville se désignait à leur préférence par sa situation sur
le cours moyen de la Seine, qui, prenant sa source en Bourgogne et ramenant à elle plusieurs affluents considérables issus
de l'Austrasie, assurait les communications avec les provinces (1). Eviter l'isolement, tout en recherchant la solitude,
tel semblait être le vœu des Mérovingiens après la sanglante
mêlée du vie siècle. L'*Ile-de-France* leur agréait sous ce double
rapport. D'ailleurs, dans les premières années, ils ne négli-
gèrent pas de visiter leurs possessions les plus lointaines :
nous trouvons Clotaire en Alsace punissant par le glaive les
rebelles de la Bourgogne (2).

Mais ce reste d'activité disparaît bientôt. Nous remarquons
chez ces descendants de Frédégonde, chez ces ancêtres des
énervés de Jumiéges, une fatigue singulière, qui ne peut être
comparée qu'à l'affaissement de la postérité d'Otman ou
d'Akbar (3).

En même temps, les Austrasiens, dont les mœurs guerrières

---

(1) La Marne, l'Aisne et l'Oise.

(2) « Chlotarius cum in Alesatia, in villa Maurolagia cognomento, cum
Bertetrude regina accesserat, pacem infectans, multos inique agentes gladio
trucidat. » (FREDEGAR, c. 43.)

(3) Voir, dans les *Essais* de MACAULAY, *Vie de lord Clive.*

n'avaient subi aucune atteinte, et que le voisinage des tribus
germaniques forçait à une lutte de tous les instants, réclamaient des rois et des capitaines dignes d'eux. Ils les rencontraient dans la puissante famille d'Héristall, dont la gloire
récente ne pouvait encore se mesurer avec la gloire séculaire
de Clovis. Le présent n'était pas encore égal au passé : une
transaction dut s'opérer. Nous lisons dans Frédégaire : « Clotaire associa à son royaume son fils Dagobert et l'établit roi
sur les Austrasiens, gardant pour lui ce qui s'étendait vers
la Neustrie et la Bourgogne, au delà des Ardennes et des
Vosges (¹). » Arnoul et Pepin étaient investis de la mairie du
palais, institution empruntée à la Bourgogne, au moment où
celle-ci, toujours promptement dégoûtée de ses inventions les
plus originales, la laissait tomber en désuétude. Le maire
devait gouverner et le roi sanctionner les actes du maire. Sous
ce nouveau régime, les deux royaumes rivaux entretenaient
encore des rapports réguliers. Dagobert vient à Clichy (²) visiter
Clotaire et resserre avec lui ses liens de parenté. Mais déjà
l'inimitié s'annonce : « le fils demandait tout ce qui appartenait au royaume d'Austrasie pour le soumettre à sa domination, et Clotaire refusait avec force de le lui céder (³). »
Un jury de seigneurs et d'évêques donna tort à la Neustrie

(¹) « Anno xxxviii regni Chlotarii, Dagobertum filium suum consortem
regni fecit, eumque super Austrasios regem instituit : retinens sibi quod
Ardenne et Vosagus versus Neustes et Burgundiam excludebant. » (FRED.,
c. 47.)

(²) « Anno xlii regni Chlotarii, Dagobertus cultu régio et jussu patris
honeste cum leudibus in Clippiaco, non procul Parisius, venit, ibique
germanam Sichildæ reginæ, nomine Gomadrudem in conjugium accepit. »
(FREDEGAR., c. 53.)

(³) « Transactis nuptiis, die tertio, inter Chlotarium et filium suum
Dagobertum gravis orta fuit intentio. Petebat enim Dagobertus cuncta
quæ ad regnum Austrasiorum pertinebant suæ ditioni velle recipere,
quod Chlotarius vehementer denegabat, eidem ex hoc nihil velle concedere. Electi sunt ab his duobus regibus xii Franci.... Hoc tantum exinde,
quod citra Ligerem vel Proviaciæ partes situm erat, suæ ditioni retinuit. »
(FREDEGAR., c. 53.)

défaillante. La Bourgogne elle-même commençait à se tourner du côté de sa rivale : le meurtre du patrice Aléthée et celui du fils de Warnachaire pouvaient seuls la décider à ajourner ses desseins (¹).

Dagobert, « apprenant la mort de son père, ordonna à tous les leudes qui lui étaient soumis en Austrasie de s'assembler en armée; il envoya des députés en Bourgogne et en Neustrie pour se faire élire roi. Etant venu à Reims et s'étant approché de Soissons, tous les évêques et tous les leudes du royaume de Bourgogne se soumirent à lui. Un grand nombre d'évêques et de seigneurs de Neustrie parurent aussi désirer de lui obéir... Il s'empara des trésors (²). »

L'unité était ainsi refaite par un hardi coup de main sous les auspices de l'Austrasie.

La question que Clotaire avait eu à résoudre au début de son règne se posa devant Dagobert : à qui donnerait-il la préférence ? Au royaume d'Orient ou au royaume d'Occident ? Il l'écarta tout d'abord. En vertu de son premier et vigoureux élan, comparable à celui du grand Clovis, il sembla ne devoir s'arrêter nulle part. Il parut dans la Bourgogne pour la châtier sans pitié. Il frappa de terreur « les évêques, les grands et les leudes, » et procura du soulagement aux pauvres en prononçant des sentences équitables. « Il ne mangeait ni ne dormait, » s'écrie naïvement le chroniqueur pour exprimer cette justice fébrile et impitoyable du redouté Mérovingien. « Son courage avait tellement semé l'épouvante que tous les peuples se sou-

---

, (¹) « Aletheum ad se venire præcepit. Hujus consilio iniquissimo comperto, gladio trucidare jussit. » (FREDEGAR., c. 44.) — « Godinus per præcipua loca sanctorum domni Medardi Suessonis et domni Dionysii Parisius, ea præventione sacramenta daturus adducitur, ut semper Chlotario deberet esse fidelis, ut congrue locus esset repertus, quo pacto separatus a suis interficeretur. » (ID., c. 54.) Voir aussi la sanglante scène de Montmartre. (ID., c. 55.)

(²) « Dagobertus, cernens genitorem suum fuisse defunctum, universis leudibus, quos regebat in Auster, jubet cum exercitu promovere...... » (FREDEGAR., c. 56.)

mettaient à lui avec empressement..... On présageait qu'il subjuguerait tout le pays jusqu'aux terres de la république romaine (¹). » Frédégaire, interprète de l'opinion franque, attribue la gloire de Dagobert aux conseils de trois Austrasiens : Pepin de Landen, maire du palais ; Arnoul, évêque de Metz ; Cunibert, évêque de Cologne.

« Il en fut ainsi jusqu'à son arrivée à Paris, » ajoute d'une manière malveillante le moine bourguignon (²). C'est que le terrible justicier s'était fatigué à son tour, et il avait trouvé refuge en Neustrie. « Il se plut dans la résidence de son père Clotaire et résolut d'y demeurer continuellement. Oubliant alors la justice qu'il avait autrefois aimée, il voulut, avec les dépouilles qu'il amassait de toutes parts, remplir de nouveaux trésors.... Son cœur devint corrompu (³). » L'exagération est évidente. Toutefois on vit les Austrasiens, à la fois abattus et courroucés, se laisser honteusement mettre en fuite par les Wénèdes pour briser cette unité gallo-franque qu'ils avaient reconstituée (⁴).

(¹) « Dagobertus cum jam annos VII regnaret, maximam partem regni patris (ut supra memini) assumpsit, Burgundias ingreditur. Tanto timore pontifices et proceres in regno Burgundiæ consistentes, seu et ceteros leudes adventus Dagoberti concusserat, ut a cunctis esset mirandus.... nec somnum capiebat oculis, nec cibo satiabatur..... Avaros et Sclavos, ceterasque gentes suæ ditioni subjiciendas fiducialiter spondebat. » (FREDEG., c. 58.)

(²) « Usque eodem tempore, ab initio quo regnare cœperat, consilio primitus beatissimi Arnulfi Mettensis urbis pontificis, et Pippini majorisdomus usus, tanta prosperitate regale regimen in Auster regebat, ut a cunctis gentibus immenso ordine laudem haberet.... Post discessum beati Arnulfi, adhuc consilium Pippini majorisdomus et Huniberti pontificis urbis Coloniæ utens, et ab ipso fortiter admonitus,... usque dum ad Parisius pervenit. » (FREDEGAR., c. 58.)

(³) « Revertens in Neustria, sedem patris sui Chlotarii deligens, assidue residere disposuit. Cum omnis justitiæ, quam prius dilexerat, fuisset oblitus.... » (ID., c. 60.) — « Omnibus undique spoliis novos implere thesauros.... » (ID., ibid.)

(⁴) « Non tantum Sclavinorum fortitudo obtinuit, quantum dementatio Austrasiorum, dum se cernebant cum Dagoberto odium incurrisse, et assidue expoliarentur. » (ID., c. 69.)

En réalité, les conseillers dont s'entourait Dagobert n'étaient ni moins sages, ni moins désintéressés que ceux qu'il avait possédés auparavant. Ouen et Eloi égalaient à coup sûr Pepin et Arnoul; mais leurs maximes étaient tout autres. Ici éclatait la profonde différence de la Neustrie et de l'Austrasie.

La vie de saint Eloi, écrite par saint Ouen, nous permet de pénétrer au cœur de cette époque, que nos grands historiens n'ont pas spécialement traitée.

Né en Aquitaine, saint Eloi était Gallo-Romain; son adresse manuelle avait fait presque seule toute sa fortune. C'est elle qui, de Limoges, l'avait attiré à Paris; c'est elle qui lui avait ouvert le palais du roi Clotaire. Son insigne probité l'avait élevé au premier rang, et Dagobert le vénérait comme un père et comme un saint. « Il enseignait ce qu'il croyait et il pratiquait ce qu'il enseignait. » On retrouvait dans cet enfant du peuple les mâles qualités de l'aristocratie romaine. Son biographe nous représente la gravité de son maintien, la noblesse de sa démarche, sa discrétion, son agréable conversation. Comme tous les hommes intelligents de son époque, il sentait le besoin de réagir contre la barbarie en prenant pour appui le christianisme. Et il prêchait d'exemple, même au milieu de la cour. Revêtu des habits les plus somptueux, il appliquait sur sa chair un dur cilice et il se dépouillait volontiers en faveur des pauvres (1).

---

(1) « Tranquillus moribus et serenus adspectu, gerebat vultum planum, moderatam speciem, ornatum adspectum, quietum sensum, animum lætum, humilem sapientiam. Semper opera bona factis amplius quam verbis ostendebat : corpus fame castigans, jejunium potius quam epulas amans, dolentem consolans, spem suam Deo committens, orationi frequenter incumbens, nihilque amori Christi præponens, *quod credebat docens, quod docebat imitans.* Parcus in sermone, blandus in eloquio... Fragrabat ejus ubique fama in tantum, ut si qui ex Romana, vel Italica, vel Gothica, vel qualicunque gente proveniens, legationis fœdere aut alia quacumque ex causa palatium regis Francorum adire pararent, non prius regi occurreret quam Eligium aggrederentur... Intrinsecus vero ad carnem cilicium gestabat ex consuetudine..... Multitudo pauperum, sicut apes ad alvearium, undique quotidie ad eum confluebant. » Néanmoins il était envié, et c'est bien à lui

Tel est l'homme qui, sous l'autorité de Dagobert, imprima à la Neustrie une direction nouvelle que l'on ne saurait trop étudier.

Nous voici encore ramenés en Bourgogne, à l'abbaye de Luxeuil, la plus incontestable des gloires de la Franche-Comté.

Saint Colomban, l'apôtre irlandais, avait fondé au pied des Vosges son illustre monastère, lorsque la société germanique n'existait pas et que la société romaine s'en allait en poussière (¹). Admirable intuition du génie! Luxeuil, par sa position, devait nécessairement être le rendez-vous des Gallo-Romains et des Francs. Un courant devait s'établir de la Bourgogne et de l'Austrasie vers l'oratoire et l'école de Luxeuil, un autre courant de Luxeuil vers les extrémités de la Gaule pour l'évangélisation des infidèles. Ainsi l'abbaye recevait discrètement des Barbares et renvoyait avec largesse des moines convertisseurs! Ces moines, bien différents des ermites et des stylites qui, durant les querelles des rois francs, s'étaient, par dégoût du monde, réfugiés dans une solitude extatique, s'étudiaient surtout à former sur le modèle de Luxeuil d'autres abbayes animées de la même pensée bienfaisante (²)

L'historien des *Moines d'Occident* a tracé un tableau aussi complet que saisissant de cette expansion religieuse au VIIᵉ siècle. En l'examinant, nous avons surtout été frappé du nombre considérable de cénobites appartenant à l'aristocratie franque qui sont venus se réfugier dans l'enceinte de saint

---

qu'en veulent les Austrasiens et leur partisan Frédégaire : « A quo (Dagoberto) Eligius tanta familiaritate habitus est, *ut plurimorum ejus felicitas ingens gigneret odium.* » L'inimitié de saint Eloi et de saint Arnoul avait les mêmes causes que celle de saint Projectus et de saint Léger. (Voir la *Vie de saint Eloi.*)

(¹) Voir les *Moines d'Occident* de M. de Montalembert, t. II, livre IX, chap. 2 et suivants.

(²) M. de Montalembert, M. Mignet (*La Germanie aux huitième et neuvième siècles*) et M. Henri Martin (*Histoire de France*, t. II, liv. x) ont mis en pleine lumière le rôle religieux de Luxeuil. Nous insistons sur son rôle politique qui avait jusqu'ici échappé.

Colomban, et l'ont quittée pour fonder eux-mêmes des cloîtres renommés. Tel est le cas de saint Donat, évêque de Besançon, et de sa famille qui comptait deux ducs dans la région jurassique (¹). Par une tendance bien curieuse à noter, c'est principalement dans les solitudes de la Neustrie, à l'embouchure de la Seine, que ces hardis Austrasiens venaient s'établir. Ainsi le noble saint Philibert créait Jumiéges; saint Vandrille, allié à Pepin de Landen, Fontenelle.

Saint Eloi se réjouissait et s'alarmait à la fois de cet état de choses. Il pensait que de longtemps la seule société régulière en Gaule serait celle des cénobites : car la famille avait reçu un coup terrible, et l'autorité si salutaire des sénateurs gaulois avait disparu (²). Mais la présence des abbés austrasiens à la tête de communautés puissantes pouvait, d'un jour à l'autre, livrer sans défense le royaume de Neustrie à son rival.

Afin de réagir noblement et dans une juste mesure, le ministre de Dagobert établit à Solignac, en Aquitaine, loin de toute influence aristocratique et austrasienne, un Luxeuil plébéien. Saint Ouen nous donne une description poétique et biblique de ce monastère, dont il énumère les richesses et les agréments infinis. Il le compare au paradis terrestre. Cent cinquante moines y furent installés. La plupart étaient d'anciens esclaves saxons ou gaulois, victimes de la traite qui avait lieu sur les bords de la Manche, rachetés par l'inépuisable charité du saint orfèvre. Solignac fut sous sa direction un établissement agricole, une manufacture florissante, en un mot une cité ouvrière telle qu'on n'en rencontrait nulle part (³).

(¹) Pour saint Donat, voir le moine JONAS, dans la *Vie de saint Colomban*.

(²) L'histoire de l'épiscopat gallo-romain sous les Mérovingiens est un sujet important dont GRÉGOIRE DE TOURS nous fournit les éléments. Il suit principalement les vicissitudes de l'église de Clermont, sa ville natale.

(³) Il n'est pas douteux que saint Eloi ait connu Luxeuil : « Aliquando etiam nimis sanctæ conversationis ardens desiderio, properabat ad monasteria, maxime Luxovium, quod erat eo tempore cunctis eminentius atque districtius. » — « Petiit ab illo (Dagoberto) villam quondam in rure Lemovicino, quam Solemniacum vocabant : hanc mihi, inquiens, domine mi rex,

La portée politique du monastère de Saint-Denis est encore plus incontestable. Dagobert voulut avoir une abbaye qui fût vraiment sienne et qui pût à elle seule contrebalancer toutes les autres. Il la plaça fort habilement à côté de sa propre résidence, aux portes mêmes de Paris. Il la combla de dons et de faveurs. Même en faisant la part de la naïve crédulité de son historien, on est étonné de son excessive munificence. On s'explique certaine invective de Frédégaire, qui le dit *enflammé de cupidité pour les biens des églises :* pour enrichir Saint-Denis, il dépouilla sans doute beaucoup d'abbayes florissantes (¹).

Saint Eloi eut encore l'heureuse inspiration de gagner à sa cause cette aristocratie neustrienne, moins puissante que l'aristocratie austrasienne, mais qui pouvait, en se liguant avec celle-ci, amener la ruine de la monarchie. Le plus auguste de ses représentants était précisément saint Ouen, l'ami, le collègue, l'imitateur de saint Eloi, saint Ouen, qui jamais ne pactisa avec les seigneurs laïques ou ecclésiastiques et fut content de propager l'Evangile sous les auspices de l'autorité légitime.

A la même époque, on mit en grand honneur, au profit de la royauté, une coutume germanique, celle de la recomman-

---

serenitas tua concedat, quo possim ibi, et tibi et mihi, scalam construere per quam mereamur ad cœlestia regna uterque concedere... Abbate constituto, multos ex suis vernaculis mancipavit, pluresque ex diversis provinciis usque ad centum et quinquaginta monachos congregavit, redditusque terræ qui affluentes possent sufficere delegavit, artifices plurimi, diversarum artium periti... Quem ad locum etiam ipse accessi... situs amœnus... »
— « Nonnunquam vero agmen integrum, et usque ad centum animas, cum navi egrederentur, utriusque sexus ex diversis gentibus venientes, pariter liberabat, Romanorum scilicet, Gallorum atque Britannorum, sed præcipue ex genere Saxonum qui abunde eo tempore, veluti greges e sedibus propriis evulsi, in diversa detrahebantur.... *Chartas eis libertatis tribuebat.* » Rompant avec les traditions de Luxeuil, il créa une communauté de vierges. sans acception de naissance ni de nation. (Voir la *Vie de saint Eloi.*)

(¹) « *Cupiditatis instinctu super rebus ecclesiarum.* » (FREDEGAR., c. 60). — La *Vie de Dagobert,* par un moine de Saint-Denis, nous montre la contrepartie.

dation, qui donnait aux Mérovingiens des fidèles attachés dès la première enfance à leur personne : féodalité monarchique, pour ainsi dire, qui écartait tout intermédiaire, c'est-à-dire tout rival (¹).

L'école du palais recevait les leudes de l'avenir et les préparait à une étroite subordination.

Ainsi s'accusait chaque jour davantage l'opposition de la Neustrie et de l'Austrasie. Lorsque le malaise fut à son comble, Dagobert consentit à une scission définitive et sembla se désintéresser des Francs orientaux. Il leur accorda un roi de són sang, mais les contint dans les limites les plus étroites, réservant à la Neustrie le duché de Dentelin et le royaume de Bourgogne. La terreur qu'il inspirait encore détermina les grands et les évêques à ratifier le traité. A sa mort, ses trésors eux-mêmes furent partagés, et de longtemps il ne fut plus question d'une réunion des deux contrées, qui, sous un Mérovingien, ne pouvait être que factice et éphémère (²)

De la mort de Dagobert à la bataille de Testry, d'épais nuages planent sur l'histoire ; il convient de ne pas abandonner notre fil conducteur au milieu des ténèbres.

Saint Eloi et saint Ouen, le ministre gallo-romain et le leude neustrien, afin de hâter le triomphe des principes qu'ils

---

(¹) Voir D. PITRA, *Histoire de saint Léger*, chap. 2 (saint Léger recommandé à Clotaire II).

(²) « Dagobertus, Mettis urbem veniens, cum consilio pontificum seu et procerum, omnibusque primatibus regni sui consentientibus, Sigibertum filium suum in Auster regnum sublimavit... Thesaurum, quod sufficeret, filio tradens... Ut Neustria et Burgundia solidato ordine ad regnum Chlodovei post Dagoberti discessum aspicerent.... Quicquid ad regnum Austrasiorum jam olim pertineret, hoc Sigibertus rex suæ ditioni regendum reciperet, et perpetuo dominandum haberet, excepto ducatu Dentelini, qui ab Austrasiis iniquiter *abstultus* fuerat... Has pactiones Austrasii, *terrore Dagoberti coacti, vellent nollent, firmare visi sunt.* » (FREDEGAR., c. 97.) — « Facultates plurimorum, quæ jussu Dagoberti in regno Burgundiæ et Neustriæ illite fuerant usurpatæ,... omnibus restaurantur. » (ID., c. 79.) — C'est Pepin de Landen qui présida au partage de la succession de Dagobert. (Voir sa *Vie.*)

ont produits au grand jour, se laissent investir des fonctions sacerdotales en réclamant une complète liberté d'action. La barbarie et le paganisme reculent devant ces hardis champions, que soutiennent à la tête du gouvernement les maires Ega et Erkinoald et la reine Bathilde, cette ancienne captive saxonne: Eux-mêmes inspirent la royauté et en retracent l'idéal aux jeunes princes (¹)

Plût à Dieu que tous les évêques eussent apporté dans l'exercice des fonctions sacrées une ambition aussi élevée et aussi exclusivement spirituelle ! Mais le danger que Dagobert et saint Eloi avaient cherché à conjurer apparaissait plus menaçant que jamais : je veux parler de la féodalité ecclésiastique qui se constituait en Bourgogne.

Au temps de Grégoire de Tours, la Gaule ne comptait qu'un très petit nombre d'évêques d'origine germanique. La honte attachée par les conquérants à la tonsure et à une existence pacifique, le péril que courait quiconque n'exerçait pas le métier des armes, l'ignorance des Francs, l'interdiction formelle des rois, les empêchaient de convoiter ces positions, que les Gallo-Romains se disputaient par l'intrigue ou par la violence et s'assuraient à prix d'argent.

Mais trois grands faits étaient venus modifier leur sentiment à cet égard : les illustres maisons d'où l'on tirait jadis les évêques avaient disparu ; les monastères, qui étaient surtout des séminaires, avaient formé beaucoup d'ecclésiastiques francs et burgondes ; enfin la Constitution perpétuelle de Paris avait attribué au clergé et à ses chefs, déjà en possession de la dîme, une immense prépondérance (²). Aussitôt, et comme par en-

---

(¹) Voir D. PITRA, *Histoire de saint Léger, passim.*

(²) Concile de Mâcon, l'an 585 (après la tentative de Gondovald) article V : « Leges divinæ, consulentes sacerdotibus ac ministris ecclesiarum pro hæreditatis portioñe, omni populo præceperunt decimas fructuum suorum locis sacris præstare, ut, nullo labore impediti, horis legitimis spiritualibus possint vacare ministeriis.... Statuimus ut decimas ecclesiasticis famulantibus ceremoniis populus omnis inferat. Si quis autem contumax nostris

17

chantement, le dédain avait fait place à un désir très prononcé.
Hâtons-nous de dire que leur moralité était en général parfaite,
leur zèle religieux exemplaire. Somme toute, on avait gagné à
cette invasion, la plupart du temps pacifique. Mais ces nouveaux évêques, apparentés aux plus nobles et aux plus riches
familles franques, leur prêtaient volontiers main-forte et même
voulaient être souverains dans leurs cités. Tous les biens que
le cupide Chilpéric enviait à l'Eglise étaient devenus leur
apanage. L'avertissement sévère de Dagobert les avait rendus
plus circonspects ; mais sous la régence des princes mineurs
une recrudescence se produisit. C'est sans doute pour aviser
à cette situation si inquiétante que Flaochat fut élu maire de
Bourgogne. Après avoir juré de maintenir les prélats dans
leurs honneurs, il se vit obligé d'engager avec eux une lutte à
outrance. L'aristocratie séculière et l'aristocratie sacerdotale
se liguèrent contre lui. Flaochat parut triompher, mais « il
fut aussitôt frappé du jugement de Dieu. » Quelques années
après, nous signalons une autre conspiration, ourdie par deux
grands seigneurs austrasiens : Grimoald, maire d'Austrasie,
et Diddon, évêque de Poitiers. Ici c'est un Mérovingien qui
disparaît, une antique dynastie que l'on veut subrepticement
dépouiller au profit d'une nouvelle (¹) ! L'entreprise échoua,

---

statutis saluberrimis fuerit, a membris ecclesiæ omni tempore separetur. »
— Voir surtout la Constitution perpétuelle de Paris signée par Clotaire, et
que LEHUEROU appelle la Charte du viiᵉ siècle : « 1º Ut canonum statuta
in omnibus conserventur, et quod per tempora ex hoc prætermissum est,
vel dehinc perpetualiter observetur. — 2º Ita ut, episcopo decedente, in
loco ipsius, qui a metropolitano ordinari debet cum provincialibus, a
clero et populo eligatur. — 6º Ut nullus judicum de quolibet ordine clericos
de civilibus causis, præter criminalia negotia, per se distringere aut dam-
nare præsumat, nisi convincitur manifestus, excepto presbytero aut diacono.
Qui vero convicti fuerint de crimine capitali, juxta canones distringantur et
eum pontificibus examinentur. — 9º Libertos a sacerdotibus defensandos. »
— On le voit, cette charte, manifestement inspirée et même dictée par la
Bourgogne, était toute cléricale.
(¹) « Mortuo Sigiberto rege, Grimoaldus majordomus Dagobertum filium
ejus suæ fidei commendatum, ut Austrasiorum potiretur regno, tonsoravit

tant le souvenir de leurs ancêtres protégeait les rois fainéants et prolongeait, non leur existence, mais leur agonie !

L'intrigant Diddon était l'oncle et le maître du fameux saint Léger, qui devait, avec Ebroïn, imprimer à la lutte de la Neustrie et de l'Austrasie un caractère plus décidé et déterminer une crise suprême. Nous nous garderons bien de l'accuser à la légère et de contredire systématiquement un savant cardinal, son historien (¹). Son affreux martyre si héroïquement enduré, sa légende qui témoigne d'une popularité légitime, nous inspirent encore du respect, même après douze siècles. Il nous est impossible de relire sa vie écrite par l'anonyme d'Autun, sans éprouver pour lui, sinon une constante sympathie, du moins une vive admiration. Notons certains détails significatifs. « Léger s'appliqua à toutes les études auxquelles ont coutume de s'adonner les puissants du siècle (²). » En effet, tout nous montre qu'il avait conquis sur son entourage une autorité que la culture intellectuelle peut seule conférer. On est forcé de lui accorder, dans une sphère politique différente, la supériorité de Brunehaut. Ce sont les mêmes vues d'ensemble, la même fermeté. « *Il fut un juge terrible des séculiers*, et, plein de la science des dogmes canoniques, il se montra un docteur excellent pour les clercs (³). » Le biographe nous livre bien à son insu le secret des haines qui se déchaînèrent contre lui. « Ceux que la prédication ne

---

in clericum, consilio Didonis Pictavensis episcopi, qui fuit avunculus sancti martyris Leodegarii, et per manum ipsius Didonis insontem puerulum in Scotiam direxit exilio irrevocabili. » (*Vita Sigeberti III Austriæ regis.*)

(¹) D. Pitra.

(²) « Cumque a Didone avunculo suo Pictavensi episcopo, qui ultra affines suos prudentia divitiarumque opibus insigni copia erat repletus, fuisset strenue enutritus, et ad diversa studia, quibus seculi potentes studere solent, adplene in omnibus disciplinis politus esset, in eadem urbe archidiaconus fuit electus. » (*Vita sancti Leodegarii.*)

(³) « Nam cum mundanæ legis censuram non ignoraret, secularium terribilis judex fuit ; et dum canonicis dogmatibus esset repletus, extitit clericorum doctor egregius. » (*Id.*)

ramena pas à la concorde, la justice et la terreur les y for-
cèrent (¹). » Le fanatisme se trahit dans la plupart de ses actes,
comme la vengeance est le motif déterminant de Brunehaut.

La vengeance! elle semble animer toute l'existence d'Ebroïn,
tour à tour victime et bourreau de saint Léger. Ce personnage,
le plus terrible des maires du palais, a eu, comme Clovis,
l'instinct de la politique plutôt qu'une éducation supérieure.
On s'étonne de le voir rivaliser de mystère avec Frédégonde,
à laquelle le successeur de Prétextat le compara un jour ironi-
quement et par manière d'oracle (²).

La Bourgogne, si inventive et si empressée de livrer des
modèles à ses voisins, avait déjà créé le type d'Ebroïn avec
Flaochat. « Il était enflammé d'un tel amour d'argent que
ceux qui lui en donnaient davantage avaient toujours gain de
cause (³). » Surtout il voulait couper la racine de la double
aristocratie que conduisaient saint Léger et Pepin d'Héristall.

Son gouvernement se divise en deux parties : dans la première, avec une impétuosité sans égale, il monte à l'assaut et
éprouve un double échec; dans la seconde, joignant à sa sau-
vage énergie une précision remarquable, il remporte un double
triomphe. Défaite et victoire également sanglantes, tel est le
résumé de ce règne dévorant.

Dès le premier jour, l'Austrasie se sépare et Ebroïn l'aban-
donne à l'anarchie. Satisfait de gouverner paisiblement la

(¹) « Quos prædicatio ad concordiam non adduxerat, justitia et terror
cogebat. » (*Vita sancti Leodegarii.*)

(²) « Ebroinus itaque consilio accepto, capillos crescere sinens, congre-
gatis in auxilium sociis, hostiliter a Luxovio cœnobio egressus, in Franciam
revertitur cum armorum apparatu. Ad beatum Audoenum direxit, quid ei
consilium daret interrogaturus. At ille per internuncios hoc solum scripto
dirigens, ait : *de Fredegunde tibi subveniat in memorium.* At ille, ingeniosus
ut erat, intellexit, et de nocte consurgens, commoto exercitu usque ad
Iseram fluvium veniens, interfectis custodibus ad Maxentiam transiens,
ibi quos reperit de insidiatoribus suis occidit. » (*Gesta Francoum,* c. 45.)

(³) Erat enim memoratus Ebroinus ita cupiditatis face successus, et in
ambitione pecuniæ deditus, ut illi coram eo justam causam tantum habe-
rent, qui plus pecuniæ detulissent. » (*Vita sancti Leodegarii,* c. 2.)

Neustrie, il reprend la politique d'isolement qu'avaient adoptée Dagobert, saint Eloi et saint Ouen. Il défend aux Bourguignons de se présenter au palais sans en avoir reçu l'ordre (¹). Puis, voyant qu'aucune protestation ne se produisait autour de lui, il ose rompre avec les anciennes formes de la monarchie mérovingienne. Il intronise un jeune prince en vertu du droit d'hérédité : exemple funeste, que les Austrasiens et les Bourguignons se gardèrent bien de laisser prévaloir (²). Ils prirent les armes. Ils envoyèrent Ebroïn à Luxeuil, au milieu de l'aristocratie monacale, « pour y laver ses crimes par la pénitence (³). » A Théodoric, illégalement nommé, on substitua Childéric, déjà roi d'Austrasie.

Singulière destinée que celle de ces deux frères ! L'un, élevé en Neustrie, paraît sur le trône comme un fantôme qu'Ebroïn évoque et fait disparaître à volonté ; il assiste impassible, presque muet, aux sanglantes tragédies de son règne. « Il prend le Dieu du ciel pour juge, » et se confine dans Saint-Denis ; et, en effet, il redevient roi sans jamais redevenir homme, ayant tour à tour pour ennemis et pour tuteurs Ebroïn et Pepin d'Héristall (⁴).

L'autre, enfant de l'Austrasie, proteste par les violences les plus inouïes contre la spoliation dont les seigneurs le me-

---

(¹) « Ut de Burgundiæ partibus nullus præsumeret adire palatium, nisi qui ejus accepisset mandatum. » (*Vita sancti Leodegarii*, c. 3.) Cet édit, que l'hagiographe appelle tyrannique, nous montre que les Bourguignons et les Austrasiens s'étaient ligués contre Ebroïn, comme autrefois contre Brunehaut.

(²) « Sed cum Ebroinus Theodoricum, convocatis optimatibus solemniter ut mos est, debuisset sublimare in regnum, superbiæ spiritu tumidus eos noluit deinde convocare. » (*Id.*) Brunehaut avait commis la même illégalité en proclamant son arrière-petit-fils Siegebert.

(³) « Multitudo nobilium..., inito in commune consilio, relicto eo (Theodorico), omnes expetunt Childericum juniorem ejus fratrem, qui in Austrasia acceperat regnum. » (*Id.*) — « Luxovio monasterio dirigitur in exilium, ut facinora quæ perpetraverat evaderet pœnitendo. » (*Id.*)

(⁴) « Deus cœli, quem se judicem habiturum est professus, feliciter postmodum ipsum permisit regnare. » (*Id.*)

nacent, et il périt en cherchant à maîtriser par les verges et par le glaive ses anciens partisans.

La situation de Childéric II ressemblait en effet à celle de Clotaire II. On l'investissait de la souveraineté honorifique des trois royaumes, à condition de laisser les grands dominer et le maire du palais gouverner.

L'acte de 670 complétait celui de 615, et renforçait la féodalité ecclésiastique par la féodalité laïque. « On observerait la loi et la coutume de chacun, selon sa patrie, comme faisaient jadis les juges ; les gouverneurs d'une province ne pourraient entrer dans une autre ; personne ne s'emparerait de la tyrannie et ne mépriserait ses égaux ; chacun arriverait tour à tour à la place la plus élevée (¹) » : clauses qui montrent une aristocratie puissante, mais encore mal constituée et anarchique. Childéric n'acceptant pas le rôle humilié qu'on lui préparait, et changeant subitement les coutumes de sa patrie qu'il avait donné l'ordre d'observer, on voit saint Léger rappeler d'Irlande un Mérovingien douteux, dont l'identité avec la victime de Grimoald peut être contestée (²). Surtout on le voit s'appuyer, en désespoir de cause, sur les Gallo-Romains de Provence. Le roi, venu à Autun pour surveiller

---

(¹) « Interea Childericum regem expetunt universi, ut alia daret decreta, per tria quæ obtinuerat regna, ut uniuscujusque patriæ legem vel consuetudinem deberent, sicut antiquitus, judices conservare, et ne de una provincia rectores in aliam introissent, neque unus, ad instar Ebroini, tyrannidem assumeret, et postmodum sic ille contubernales suos despiceret ; sed dum mutuam sibi successionem culminis habere cognoscerent, nullus se aliis anteferre auderet. » (Vita sancti Leodegarii, c. 4.) — La Constitution perpétuelle disait déjà : « Ut nullus judex de aliis provinciis aut regionibus in alia loca ordinetur. » (Article 14.)

(²) L'Anonyme nous donne une explication singulière des résolutions de Childéric : « Ut vero ille libenter petita concessit, stultorum et pene gentilium depravatus consilio... quod per sapientum consilia confirmaverat refragatus est. » (Id.) — Il n'est pas douteux que la dureté de l'évêque n'ait exaspéré la plupart des Francs : « Virilitatem cœlestis civis senescens mundus gravatus vitiis non valuit sustinere. » (Id.) Eloge sublime qui n'exclut pas la critique !

le redoutable prélat, y trouva Victor, patrice de Marseille, « d'une grande noblesse et s'élevant au-dessus de tous (¹). » Les soupçons furent aggravés quand le maire du palais Wulfoald, le reclus de Saint-Symphorien Marcolin, et l'évêque de Clermont Præjectus dénoncèrent la ligue. Ces accusations envenimées par la haine semblent indiquer un conflit entre les évêques indigènes et les évêques francs, entre l'épiscopat et les monastères, entre l'autorité ecclésiastique et l'autorité civile (²). Saint Léger brava la colère homicide de Childéric, et montra la fermeté que Thomas Becket déploya plus tard en face d'Henri II. « Il ne craignait pas le martyre, » s'écrie l'hagiographe (³). Toutefois l'intérêt du parti l'emporta. Il quitta Autun avec Victor et une faible armée. Poursuivi par ordre du roi, il tomba entre les mains de ses ennemis, tandis que son compagnon était frappé mortellement. On le relégua à Luxeuil, auprès d'Ebroïn et des moines austrasiens. Il est certain que ce pacifique séjour ne calma ni la fougue aristocratique de l'évêque, ni la fureur vengeresse du maire. Ils se tendirent une main amie, car l'impuissance leur conseillait la résignation; mais tous les deux attendaient, sans y trop compter, l'occasion favorable à la reprise de leurs vastes desseins.

Enfin la nouvelle désirée arrive à Luxeuil : Childéric II a été massacré *par les grands du palais*. Les champions de la

---

(¹) « Affuit in illis diebus vir quidam nobilis, Victor nomine, qui tunc regebat in fascibus patriciatum Massiliæ, quique ut generis nobilitate claro stemmate ortus, ita erat prudentia seculari præ ceteris ortus. » (*Id.*, c. 5.)

(²) Il y a là tout un problème à résoudre, le plus intéressant de ceux que présente cette époque. L'*Anonyme* avoue que Marcolin était regardé *comme un prophète de Dieu*. D. PITRA dit très bien en parlant des deux évêques : « Pourquoi n'y eut-il point autant d'unanimité dans leurs actes qu'il y eut dans leurs pensées de droiture et d'innocence et d'uniformité dans leur vie et leur mort ? » (*Hist. de saint Léger*, ch. 16.) Voilà des saints partis de points de vue fort opposés et dont l'inimitié trahit une crise sociale aussi profonde que douloureuse.

(³) « Nec enim adeo æstimandum est eum formidasse martyrium. » (*Id*, c. 6.)

Neustrie et de l'Austrasie sont rendus à leur mission. Saint Léger, « serviteur de Dieu, » voit se précipiter autour de lui « les ducs, leurs femmes, tous leurs compagnons, leurs familles et même tout le peuple » de Bourgogne. Ebroïn, « relevant sa tête venimeuse, » est, lui aussi, environné de ses anciens partisans bannis par Childéric, qui revenaient sans crainte, « comme les serpents, pleins de poison, ont coutume, au retour du printemps, de quitter les cavernes qu'ils habitent pendant l'hiver. » Les deux cortéges firent longtemps route ensemble, et une collision meurtrière aurait eu lieu sans la médiation du doux Genesius, évêque de Lyon (1). Le passage de saint Léger dans sa ville épiscopale lui procura des forces supérieures, et quand on marcha sur Paris, Ebroïn s'esquiva prudemment. Le roi Théodoric, arraché à l'abbaye de Saint-Denis, reçut la couronne de celui qui la lui avait ravie, tandis que son ancien protecteur attribuait à un prétendu fils de Clotaire II le titre royal. Jeux singuliers d'une politique sans règle! L'anonyme d'Autun, qui est si précis lorsqu'il parle de saint Léger, ne formule contre Ebroïn que des accusations vagues. Il appelle ses adhérents « les méchants » et « les Austrasiens, » qui nous paraissent être simplement les habitants de la Champagne réunis sous leur duc Waïmer. Il dénonce « les mauvais conseillers, hommes diaboliques, » et notamment les évêques de Châlons et de Valence, Francs de basse extraction. Il résume plus nettement ses longues accusations en disant : « Hors d'état de combattre au milieu des soldats

---

(1) Igitur cum Childerici mors subito nunciata fuisset, tunc hi, qui ob ejus jussionem exilio fuerant condemnati, tanquam verno tempore post hiemem de cavernis solent serpentia venenata procedere, quidam sine metu fuerunt reversi. » (*Id.*, c. 7.) — « Ipse enim Ebroinus caput relevavit venenosum. » (*Id.*, c. 8.) — « Tunc enim ibidem famulo suo (Leodegario) gratia superna concesserat venerabilem dignitatem, ut in illis locis tam prædicti duces, quam eorum matronæ, simulque ministri universæque familiæ, necnon et vulgus populi, ut si ita necessitas immineret, semet-ipsos pro eo non dubitarent offerre. » (*Id.*)

du Christ, le maire attaqua ses ennemis *avec les armes séculières* (¹). »

La surprise de Saint-Cloud, le pillage du trésor royal, amenèrent le triomphe inopiné d'Ebroïn, qui condescendit aux vœux des évêques et des grands en rétablissant Théodoric.

Mais Léger, tant qu'il serait à Autun, pouvait, par un retour agressif, élever l'aristocratie triomphante sur les ruines du despotisme neustrien. L'évêque franc, bien plus ambitieux qu'un Grégoire de Tours et que les prélats gallo-romains, régnait dans sa cité. A l'approche de la crise qu'il pressentait, ses prodigalités politiques, son attitude à la fois guerrière et pieuse, inspirèrent au peuple de la Bourgogne un dévouement sans bornes. « Les gens des environs se retirèrent dans la ville et on ferma l'issue des portes avec de fortes serrures...... L'évêque prescrivit un jeûne de trois jours et parcourut l'enceinte des murs avec le signe de la croix et les reliques des saints (²). » Le siége d'Autun fut décisif pour la mémoire des deux rivaux : il donna au maire un renom odieux, à l'évêque le prestige de la gloire et de l'héroïsme. Saint Léger, ne pouvant obtenir le triomphe de son parti, brigua du moins le martyre. Ce martyre si désiré (³), la cruauté d'Ebroïn le lui accorda tel que nul confesseur du christianisme n'en souffrit en aucun pays, supplice de trois ans, dont plusieurs grands

---

(¹) « Cum repentino superventu Ebroinus cum *Austrasiis* affuit....; ad recuperationem accedere non valebant *perversi* :.... suadente diabolo.... in partibus Austri seeum levant in regnum... Tunc adjunctis sibi nequissimis consiliis iniquorum.... Et quia in Christi castra militare non potuit, cum adversariis secularia arma arripuit. » (*Id.*, c. 8 et 9.)

(²) « Statim jussit custodi discos argenteos cum reliquis vasis quamplurimis foras ejicere, et argentarios cum malleis adesse, qui minutatim cuncta confregerunt, quod per fidelium dispensationem jussit pauperibus erogare .. Commovens igitur universum urbis illius populum, cum triduano jejunio, cum crucibus et sanctorum reliquiis murorum ambitum circumiens... Cum ob metum hostium certatim populi undique se recepissent in urbe, et *meatus* portarum forti obturassent ferratu..... » (*Id.*, c. 9.)

(³) « Lætabatur autem Dei martyr in omni patientia, quia debitam sibi, remunerante Domino, martyrii sentiebat appropinquare coronam. »

personnages furent les instruments empressés, et qui avec Ebroïn flétrit son époque tout entière.

Aucun remords ne pouvait arrêter ce sectaire du despotisme. De son glaive à deux tranchants il frappait la féodalité laïque et ecclésiastique. « Il commença à persécuter les grands ; ceux qu'il pouvait prendre, tantôt il les faisait mourir, tantôt il leur enlevait leurs biens et les bannissait en pays étranger. Il détruisit beaucoup de monastères de femmes nobles (¹). » Toutefois il serait injuste de ne pas reconnaître que les colonies de Luxeuil avaient trop souvent manifesté leurs tendances aristocratiques. La rupture de l'irrépréhensible saint Ouen avec saint Philibert, abbé de Jumiéges, est un trait de lumière dans les ténèbres profondes du règne de Théodoric (²).

Le procès de saint Léger, devant les évêques réunis en synode, rappelle celui de Prétextat. On l'accusa, contre toute vraisemblance, de la mort de Childéric. L'impitoyable Ebroïn sentait sans doute le besoin de justifier ses atroces cruautés. Il s'était déjà efforcé de faire rejaillir l'odieux de sa conduite sur ses complices en les livrant au bourreau. Le comte Warein, frère du martyr, périt lapidé. Le silence obstiné de saint Léger lui permit enfin de se débarrasser de l'ombre vengeresse de sa victime, qui le suivait partout (³).

(¹) « Priores optimates cœpit instanter persequi, et si quempiam eorum in aliqua occasione comprehendere valuit, aut gladii interfectione prostravit, aut ad gentes extraneas, ablatis facultatibus, effugavit, sane *feminarum nobilium monasteria destruens, et ipsius religionis primarias in exilium dirigens.* » (*Id.*, c. 12.) — « On voit, dit M. DE MONTALEMBERT, que la naissance semblait une qualité infiniment précieuse aux saints et aux fondateurs des institutions religieuses d'alors. » (*Les Moines d'Occident*, t. II, c. 5.) Nous avons donné les raisons politiques et intimes de ce fait.

(²) Sur cette rupture, voir D. PITRA, *Histoire de saint Léger*, ch. 18. Le savant Bénédictin nous semble être dans l'erreur quand il dit qu'*Ebroïn avait trompé la vieillesse du vénérable évêque.* Saint Ouen est resté jusqu'à la fin en pleine possession de ses facultés, mais il avait des idées politiques très arrêtées.

(³) « Tunc ministri ad stipitem ligatum Wareinum lapidibus obruere cœperunt... Eodem tempore... ad quamdam villam regiam venientes, multam episcoporum turbam adesse fecerunt.... Ubi dum deductus fuisset ad

Mais il n'eut pas moins à le redouter mort que vivant. Son tombeau fut témoin de miracles consolants ou terribles. « Le méchant Ebroïn, l'ayant appris, se taisait, et, tout tremblant, n'osait en parler à personne, de peur que, toujours croissant, la gloire du martyr ne le fît décroître dans l'esprit des peuples, lui qui avait voulu éteindre une telle lumière ([1]). »

Nous ne dirons pas néanmoins avec la légende que « l'esprit du tyran se troublait et chancelait de jour en jour ([2]). » Bien loin de là ! Il remportait une éclatante victoire sur Pepin d'Héristall, le fondateur d'une nouvelle dynastie, dont il retarda l'avénement; et les évêques neustriens, qui pensaient comme saint Eloi et saint Ouen, applaudissaient à ces nouveaux succès.

Un seigneur franc, dépouillé de ses fonctions par le maire du palais, frappa du glaive « celui qui voyait briller dans les trois parties du monde la renommée de son pouvoir, » un dimanche lorsqu'il se rendait à matines, « et le précipita, dit l'inexorable légende, dans une double mort ([3]). »

L'œuvre d'Ebroïn ne devait pas lui survivre. Il avait été, par la résistance même de ses adversaires, entraîné trop loin. La Neustrie n'était point en mesure de faire prévaloir à son avantage l'unité de l'empire.

---

medium, inquirentes ab eo verbum, ut de Childerici morte se conscium fateretur fuisse....., nullatenus dixit fuisse se conscium, sed potius Deum quam homines hoc est scire professus. » (*Vita sancti Leodegarii*, c. 14.)

([1]) Cum tantæ rei divulgaretur opinio, et fidelibus hoc provenisset ad gaudium, hæc cognita Ebroinus iniquissimus tacito corde retinebat..... ne forte, crescente gloria martyris, sua qui tale lumen exstinguere cupiebat esset diminuta in populis. » (*Id.*, c. 16.)

([2]) « Cum mens errabunda tyranni nutaret. » (*Id.*)

([3]) « Dies agebatur Dominica, ideo processurus erat ad matutinarum solemnia. Cum autem ille pedem foras misisset de limine, ecce iste insperate prosiliens, gladio ejus percussit caput. *Ob cujus ictum duplicem decidit in mortem.* » Ebroïn, mort en se rendant aux offices de l'Eglise, ne saurait être considéré comme un impie. D'ailleurs il avait pour adhérents de très pieux évêques. Cette remarque n'atténue en rien ce que nous avons dit de sa cruauté. Mais il est avéré que les coups d'Ebroïn s'adressaient, non pas à la religion, mais *à la féodalité ecclésiastique.*

Tout autres furent les résultats des efforts de saint Léger et de Pepin d'Héristall. Par sa victoire de Testry, due à la ligue des Francs des deux royaumes un instant dissoute par saint Ouen (¹), le duc austrasien établit la prépondérance de l'aristocratie laïque. Par son martyre, l'évêque d'Autun assura le même bénéfice à l'aristocratie ecclésiastique. Plus tard, Charlemagne consacra cette double conquête. Durant tout le moyen âge, il y eut, à côté des ducs et des comtes héréditaires, des évêques et des abbés souverains. La Réforme et la Révolution française eurent seules raison de ces derniers (²).

Mais la Neustrie, c'est un fait bien digne de remarque, ne put être assimilée à l'Austrasie. Après Testry, après Vincy, après Poitiers, elle conserva sa physionomie et sa constitution distinctes. Les Carolingiens en évitèrent autant que possible le séjour. La gloire de saint Léger, moine, évêque et martyr, un instant revendiquée par toute la Gaule, fut, à travers bien des vicissitudes, reléguée sur les bords du Rhin, à Murbach et à Lucerne, loin du cloître où avait langui le dernier roi fainéant (³). Les Capétiens, renouvelant les traditions méro-

---

(¹) « Rediviva orta est inter gentem Francorum atque Austrasiorum intentio. Pergens itaque vir Dei, assumens sacra consilia, Dei fretus auxilio, ad urbem Coloniam filius pacis advenit. » (*Vita sancti Audoeni.*)

(²) C'est sous les auspices de cette féodalité ecclésiastique, que Pepin le Bref constitua le pouvoir temporel des papes en Italie (l'an 755.)

(³) Voir le chapitre 25 de D. Pitra, sur la gloire posthume de Léodegar. Le Bénédictin se plaint du délaissement du saint dont il a retracé l'histoire, mais il n'en a pas recherché les causes : « Il n'y a plus de controverse entre les six monastères qui se disputaient son chef vénérable... En même temps que la cendre du martyr était dispersée, sa mémoire était flétrie.... Le martyr est donc demeuré sur sa croix. » A Lucerne, au contraire, l'église abbatiale et paroissiale est consacrée à saint Léger. « Saint Léger, dit D. Pitra, a eu seul et conserve encore le signe de royauté le plus éclatant, une place sur le champ des monnaies qui courent aux mains du peuple. » Dans notre voyage en Suisse (1864), nous avons examiné, sur un pont couvert (les Kapell-Brücke) des tableaux qui représentent les principales actions du martyr. Ce pont, disait-on, devait être prochainement supprimé.

vingiennes, firent de Paris et de Saint-Denis le centre de leur domination. Le nom de *France* (¹) s'étendit, de proche en proche, jusqu'à l'Océan, aux Alpes, aux Pyrénées et au Rhin. La Bourgogne se fondit dans la grande unité nationale. Quant à l'Austrasie, l'Allemagne et la France se la partagèrent d'une

---

(¹) Le nom de *France*, après avoir été donné à des contrées fort différentes et très diversement étendues, s'était limité, au ix° siècle, à la région appelée successivement *Duché de France* et *Ile de France*. Autour de cette première province se groupèrent toutes les autres. Quant à *l'histoire de France*, telle que nous l'entendons aujourd'hui, il est impossible de l'identifier avec l'histoire des Mérovingiens et des Carolingiens, qui étaient pour notre pays, non des rois nationaux, mais des conquérants et des maîtres, et qui lui avaient imposé, sauf pendant la courte existence de la Neustrie, des principes contraires à ses traditions toutes romaines. Ce n'est que lentement que la Gaule se dégage de la Germanie. Aussi bien éprouve-t-on, à la poursuite de *cette vraie France* que nous cherchons, l'illusion d'un mirage dans le désert. On croit la tenir sous Dagobert ; mais elle s'évanouit à Testry. Elle reparaît avec Charles le Chauve. Nouvelle déception, après le traité de Kiersy-sur-Oise. Troisième apparition et troisième éclipse sous Hugues Capet. Cette course décevante nous conduit au xii° siècle, six cents ans après Clovis, ce prétendu fondateur de la monarchie française. Les noms de Louis l'Eveillé et de Suger, l'Université de Paris, la Renaissance du droit romain, la Révolution des communes, signalent l'avénement, non plus de la France germanique, mais de notre France, qui nous semble fondée sur *l'idée de l'Etat* empruntée à la Rome impériale, ayant pour dernière conséquence le despotisme royal. Ce caractère est déjà nettement accusé à l'époque de Philippe le Bel. Malgré plusieurs réactions féodales, c'est-à dire germaniques, il ne cesse de s'accentuer sous Charles V, Charles VII, Louis XI et Louis XII. François Iᵉʳ lui donne sa formule : *le bon plaisir*. Henri IV rend l'absolutisme aimable ; Richelieu assure son triomphe en domptant la nation par une sorte de terreur monarchique qui dresse, elle aussi, de sanglants échafauds. Louis XIV peut dire : *l'Etat, c'est moi, la nation ne fait pas corps en France;* maximes auxquelles la Révolution française a depuis donné tant de démentis. En 1789, en effet, notre pays eut à son tour à réagir contre les traditions romaines qui l'avaient sauvé de l'anarchie, mais qui laissaient la nation et l'individu asservis. On eut alors une autre, une dernière France, ni germanique, ni romaine absolument, mais *humaine*, ayant moins besoin de traditions historiques que de raison philosophique. Nous résumons en ces quelques lignes un aperçu qui est comme la déduction de nos modestes travaux sur les origines de la France et de l'Allemagne.

manière à peu près égale. Mais avant de perdre son nom elle avait, par Charlemagne, Winfried et Alcuin, conquis, converti et civilisé la Germanie, c'est-à-dire préparé l'Allemagne moderne.

LES DERNIERS SIRES D'ASUEL

ET LE MOBILIER DE LEURS RÉSIDENCES

AU XVIᵉ SIÈCLE

Par M. A. QUIQUEREZ

Ancien Préfet de Delémont (Suisse).

Séance du 18 décembre 1867.

En écrivant l'histoire des châteaux de l'ancien Evêché de Bâle, j'ai dû faire quelques recherches sur leur distribution, leur ameublement et autres menus détails.

Parmi les documents que j'ai copiés dans les archives de cet Evêché, il y a une trentaine d'années, j'ai retrouvé quelques inventaires du mobilier qui se trouvait dans des châteaux ou maisons fortes de la Franche-Comté et du Jura bernois au milieu du XVIᵉ siècle. Déjà, en 1852, la Société jurassienne d'Emulation a publié une de mes notices, comprenant la description et l'ameublement du château de Sogren dans la seconde moitié du XVᵉ siècle, lorsqu'il appartenait à la famille d'Asuel, dite de Boncourt : c'est encore dans les papiers de cette maison noble que je puiserai les éléments de ce nouveau mémoire.

Ces gentilshommes, qui remontent au moins au XIIIᵉ siècle, portaient primitivement le nom de Boncourt ; mais l'un d'eux ayant reçu en fief des barons d'Asuel, en 1345, une maison dans la cour du château d'Asuel et des fiefs assez considérables, ajouta dès lors le nom d'Asuel à celui de Boncourt, et peu à peu l'usage s'établit de les appeler purement d'Asuel.

Dans le courant des xve et xvie siècles, cette maison s'allia le plus souvent à des familles nobles de la Franche-Comté, et acquit des domaines nombreux dans cette province. Au commencement du xvie siècle, elle était représentée par Gaspard d'Asuel, chevalier seigneur de Vendelincourt, de Sogren, ou Soyhière, et de Moutone, et par son frère Jean d'Asuel, chevalier, sire de Sogren, de Loray et d'Arlay. Le premier avait épousé Etiennette de Courlaou, dame de Rothenay, dont il eut deux fils et une fille; il mourut avant 1540. Son frère Jean eut trois femmes : Charlotte de Prandt ou de Brante, une seconde de la maison de Belmont, et puis Philiberte d'Arlay. Il eut deux fils et mourut en 1544.

Il paraît que jusqu'à cette date les biens de ces deux frères étaient restés en partie indivis; en sorte qu'il fallut alors faire un partage et dresser un inventaire de leur fortune et des meubles qu'ils avaient dans chacune de leurs maisons, car ils en possédaient plusieurs, plus ou moins complètement meublées. Ce sont ces inventaires que nous allons mettre en œuvre.

Dans la maison que le chevalier Jean d'Asuel avait eue à Porrentruy, on ne trouve que peu de meubles. C'étaient d'abord : une grande *chayère* ou fauteuil à dossier; puis un grand lit à colonnes de chêne, avec tiroirs ou couchettes se glissant sous le lit, tandis que sur le ciel de celui-ci il y avait un troisième étage avec literie. Les chaises ne consistaient qu'en six escabelles de bois. Il y avait quelques marmites en bronze ou en métal de cloche, et une rotissoire ingénieuse qui fonctionnait sur la table même. Un bahut déposé dans la salle renfermait : une chemise de petites mailles ou *haubergeon,* beaucoup de mors de bride, trois épées de chasse, une épée de combat, une pertuisane, une hache d'arme, deux arbalètes, des vieilles armures, un pilon à moutarde, deux paires de fers de prisonniers et des *custodes* ou rideaux de lit en serge verte : ainsi toute la défroque militaire du chevalier défunt était contenue dans ce bahut.

Jean d'Asuel possédait la maison forte ou château de Vennes (canton de Pierrefontaine). Le mobilier de cette résidence seigneuriale fut inventorié, et l'on nota fort en détail les objets suivants déposés pêle-mêle dans deux grands coffres : vingt-sept nappes de fil de lin, douze douzaines de serviettes et autre linge de lit, deux coussins de velours cramoisi et un tapis de drap vert, vingt-neuf draps de toiles diverses, trois cuillères d'argent renfermées dans une boîte avec une coiffe de soie et une autre en fil d'or, des bésicles contre la poussière, une bourse de velours cramoisi à double flot, une image de Notre-Dame et des chaperons de faucon.

Dans le château ou manoir d'Arlay, où résidait une des veuves d'Asuel avec ses enfants, il y avait un lit de plumes monté, qui, avec ses coussins et sa garniture de toile, pesait 78 livres; un autre de 59 livres, et dix de poids variables entre ces deux chiffres.

A cette époque toute la vaisselle de table était en étain, brillant comme de l'argent sur les dressoirs des maisons bien tenues, gris comme de l'ardoise quand la ménagère était négligente. Nous en avons vu de cette époque qui était faite au marteau, et d'autres pièces coulées dans des moules avec de charmants dessins en reliefs. Celle du manoir d'Arlay consistait en deux douzaines de plats pesant 59 livres, quatorze plats et dix *tranchoirs* (assiettes plates), deux grands flacons pour le vin, six salières, deux pots de chambre dits *pisse-pots,* un grand moutardier et douze plus petits, pesant ensemble 61 livres. Il y avait encore beaucoup d'autre vaisselle de même métal.

La vaisselle de cuisine en cuivre consistait en quatre grandes chaudières et poissonnières, en plusieurs marmites de bronze, en diverses chaudières dont une à fromage, une aiguière, des chandeliers, pesant en tout 245 livres. Il y avait beaucoup d'ustensiles de cuisine en fer, du linge de table, des rideaux de grands lits et de couchettes, des couvre-lits, des pans de tapisserie en laine, des tapis de pied, le tout dans des coffres.

18

Puis, appendus aux parois, on voyait une hallebarde, une épée de chasse, un filet ou *tirasse* pour prendre les cailles, quatre paires de *halliers* ou grands filets, et un autre pour prendre les canards sauvages.

Dans la maison de Loray (canton de Pierrefontaine), on trouva beaucoup de vaisselle d'étain, comme plats et *tranchoirs,* flacons, gobelets, brocs, *pisse-pots,* moutardiers, saucières et autres ustensiles, le tout pesant 538 livres.

En vaisselle de cuivre, bronze et laiton, 222 livres, et, parmi les objets détaillés, il y avait des bassins, des aiguières, des plats à barbe, des *pisse-pots,* des *coquemars,* poissonnières et autres objets.

La literie est digne d'attention : elle se composait de dix lits de plumes dont le plus petit, celui d'une couchette, pesait 36 livres ; un gros bon lit avec ses coussins pesait 99 livres ; deux arrivaient de 89 à 93 livres, et ainsi de suite. Qu'on se figure de pareilles couches pour s'engloutir durant les canicules !

Les meubles meublants n'étaient pas fort beaux. On désigne une méchante table carrée, une méchante chaise-percée, une image de Notre-Dame et de saint Benoît, une boîte à épices et quelques *chayères* ou fauteuils de bois.

Voici maintenant le catalogue de la bibliothèque : deux livres de remarques ou de dépenses ; les *Commentaires* de Jules César ; le *Trésor des personnes ;* un méchant livre en lambeaux, dont il ne restait que la moitié ; un autre sur les oiseaux ; le *Mireur* (serait-ce le *Miroir de Souabe ?),* exemplaire relié ; un livre allemand de Geoffroy ; un registre de la seigneurie de Loray ; un livre de recettes et secrets ; un livre d'heures ; un manuscrit en parchemin à fermoirs d'argent ; le *Roman de la Rose ;* le livre de *Mandaville ou la messe des fols ;* un gros livre de papier blanc relié en cuir ; un livre de lois ; l'*Art du fauconnier,* relié en parchemin ; les *Fables d'Esope* en allemand ; enfin un livre de confession.

On trouva ensuite des tapis de table, à grands personnages ;

une table de chêne qu'on pouvait plier; un buffet de chêne ou dressoir à *liettes;* un coffre ferré en *lambrouseries;* un fauteuil de cuir, six escabelles tant méchantes que bonnes; des pantoufles et autres méchants meubles.

Dans la chambre ou *poile* bas : un coffre fait à l'aiguille « qui guère ne vaut; » un moulin à moutarde; une table de sapin posée sur « tout plein de pieds; » une *chayère* à dossier couvert, une escabelle; une *arche* ou coffre pour le grain; une bouteille de vinaigre.

Dans la grande salle étaient : un *chaulxlit* (bois de lit) de chêne, avec trois couvertures, dont l'une rouge, brodée et garnie; un grand coffre en cuir bouilli, des filets pour les mulles, des gibecières, des vieux souliers, une corne rouge pour la poudre d'arquebuse, un buffet de chêne en *lambrouserie,* avec deux serrures; une table de sapin sur deux tréteaux, des bancs servant de coffres, ou *archebancs;* une pesante table de chêne, des *andiers* de fer dans la grande cheminée, quatre arches ou coffres de sapin, trois bonnes *chayères,* deux épées et cinq hallebardes.

Dans un de ces coffres de sapin il y avait un tapis vert, trois corps de cuirasse d'autres armures et armes, un filet et des mors de bride.

Il y avait encore dans cette arche bien d'autres méchants meubles pareils, comme aussi six arbalètes, un *cri* et des *quarreaux;* une effigie de femme « impressée sur toile, » une image de sainte Véronique et beaucoup d'autres vieilleries, comme des bésicles pour aller contre le vent. Dans les autres arches on trouva des chaperons de faucons, un gant de fauconnier et une méchante bourse de velours.

Du coffre voisin, véritable arche de Noé comme les précédentes, on retira le portrait de feue damoiselle Charlotte de Prandt, première femme de messire Jean d'Asuel, une Notre-Dame peinte sur verre, une *gorgerette* à franges, et du linge gâté faute d'air.

La quatrième arche contenait de la vaisselle d'étain, de cuivre et de fer, et des débris de harnais.

Voilà donc quel était l'ameublement d'une bonne maison noble de la Franche-Comté au milieu du xvie siècle! Il offrait les plus intimes rapports avec celui qui peuplait au siècle précédent le château de Sogren.

Un acte des premières années du xviie siècle, relatif encore à la même famille, fournit des détails qui ne sont pas sans intérêt.

Alors vivait à Porrentruy Jean-Philibert d'Asuel, sire de Soyhière et de Moutone, petit-fils de Gaspard précité. Il prenait aussi le titre d'écuyer, et il avait épousé Marthe Faber ou Schmidt, d'une bonne famille du pays. Il en eut plusieurs filles, dont quatre épousèrent des gentilshommes franc-comtois : Henri de Grandvillers, Jérôme Collin de Valoreille, Jean de Lezay, sire de Fauron, Jean-Baptiste Rondchamp de l'Isle; une cinquième fut abbesse de Schœnensteinbach; enfin son fils Philibert, dont il avait fort négligé l'éducation par avarice, fut tué au siège d'Ostende, en 1603, sans laisser de descendants : aussi fut-il le dernier mâle des Asuel de Boncourt. Son père dépensa plus pour lui faire des funérailles qu'il n'avait fait pour son instruction; mais c'est qu'il était mauvais époux, mauvais père et partant mauvais citoyen. Il n'y avait de bon chez lui qu'un énorme appétit, qui obligeait son homme d'affaire à payer double pension pour cet ogre, quand celui-ci, privé de sa femme, qu'il avait fait mourir de chagrin, et de tous ses enfants dispersés, ne trouva plus personne qui voulût tenir son ménage, crainte des écarts de sa violence. Il ne sortait jamais sans son épée; chez lui il ne quittait pas son poignard. Un jour que, selon son habitude, il querellait sa pauvre femme, il voulut la frapper avec cette arme; Marthe n'eut que le temps de fermer la porte sur elle, et la lame lancée avec force alla se ficher dans la planche protectrice.

Sa conduite brutale, nous dirions presque féroce, souleva

contre lui une rumeur générale, au point qu'en 1597 l'autorité intervint et fit une enquête. Plus de vingt témoins furent entendus. Ils révélèrent des actes de méchanceté révoltante contre sa femme, à laquelle il avait une fois cassé le bras, contre ses enfants et sa domestique qu'il battait impitoyablement.

Il se faisait redouter dans tout le quartier, et sa violence se manifesta jusque devant la cour, qui fut obligée de le rappeler à l'ordre et de le condamner à l'amende. On le mit sous tutelle, et ses gendres, craignant que par malice il ne détournât encore ses meubles pour en frustrer ses filles, firent dresser un inventaire de sa fortune et de son mobilier en 1611, c'est-à-dire plusieurs années après la mort de son fils. Sa femme Marthe Schmidt était déjà morte en 1599.

La famille de Marthe était riche, et celle-ci avait recueilli dans la succession de son père un mobilier intéressant à étudier.

Il y avait dix-huit pièces d'argenterie, tasses, gobelets et autres; de l'argent monnoyé : ducats d'Espagne, nobles à la rose, écus d'or d'une valeur de 54 écus d'or au soleil, dix écus d'or de France, dix doublons d'Espagne, un quart de doublon d'Italie, un double florin d'or, cinq écus d'or ou pistoles, deux louis d'or et quelques monnaies. Les bagues d'or enrichies de pierreries étaient nombreuses.

On y trouvait beaucoup d'étain, de vaisselle et d'ustensiles de ménage; de la toile ouvragée et en pièce en bonne quantité; des vêtements, comme des *burats* (mantelets) de coton, de camelot, quelques-uns fourrés de pelisses, des *doublats,* une robe de chambre, un pelisson de femme, un manteau de deuil, des chemises de toile, des *goneys* (jupons) de drap vert, de soie moirée et autres.

La literie était copieuse, ainsi que le linge et la provision de porc salé : *fioses* ou bandes de lards, jambons, etc.

La *tablature,* ou les tableaux, consistait en deux peintures représentant la conversion de saint Paul, les sept vertus, le passage de la mer Rouge, l'adoration des rois mages, le mauvais riche, la Samaritaine et la charité romaine.

· Parmi les meubles, on remarque des *Reichtrog* ou bahuts de Bourgogne, des épées à poignée d'argent, un grand chandelier de salon placé au milieu de l'appartement, des *chayères* diverses, ou grands fauteuils, un lit avec ses couchettes audessous et son montoir ou marche-pied pour l'étage du haut. Il y avait une armure complète avec ses gantelets.

L'inventaire des meubles de Jean'-Philibert d'Asuel, en 1611, fournit aussi de curieux détails.

Sa maison, située à Porrentruy, attenait aux murailles de la ville. L'argenterie qu'on y trouva se composait : de plusieurs grandes coupes à couvercles en vermeil, de douze coupes ou gobelets à pied et couvercle en vermeil, d'une grande coupe de pareil métal surmontée d'une statuette de saint Luc, de plusieurs vases d'argent dont l'un servait à mettre les cuillères.

On avait gravé au fond de ce dernier vase l'image d'un évêque avec un *fifi* (serait-ce un oiseau ?). Quelques autres gobelets de vermeil sont indiqués comme fort anciens : l'un d'eux était orné de la statuette d'un soldat suisse.

Plusieurs cuillères d'argent portaient les armoiries des Asuel (de gueule à deux haches d'armes d'argent passées en sautoir). D'autres cuillères d'argent avaient des manches en bois.

Parmi les autres pièces d'argenterie, on remarque deux douzaines de boutons en vermeil.

Il y avait beaucoup de linge de table et de lit, et des rideaux d'étoffe à grands personnages. Un coffre, orné de feuillages peints en belles couleurs, renfermait du linge et des vieux livres. Un autre, tout en fer, était rempli d'étain, de bassins de cuivre, de coussins de laine, de chausses de velours frangées de rouge. On y trouvait en outre une casaque sans manche fourrée de gris, des chausses à la suisse, un *burat* de damas bleu bordé de velours noir, des pourpoints et manteaux de diverses couleurs brodés et passementés, un bonnet rouge et deux grands *andiers* de fer. Le coffre était plein et complet.

La literie nombreuse n'offre rien de remarquable. Cependant son détail prouve que l'on usageait encore les grands bois de lit à colonnes, avec couchettes au-dessous. Il y avait des buffets et coffres bourrés de vieilleries et objets des plus divers; des *marches-bancs* aux fenêtres, tenant lieu de gradins et d'armoires, où l'on resserrait du linge de table, partie en toile d'étoupe.

Dans cette même salle se trouvait une grande table, avec des tiroirs où le sire mettait ses papiers. On voyait appendus aux parois neuf pistolets, quelques-uns avec leurs fourreaux, quelques autres à l'ancienne mode et dont deux avaient perdu leurs rouets; une cuirasse blanche ou polie, avec ses brassards et cuissards, et une chemise de mailles, ou *haubergeon*, ornée de franges.

Un coffre de voyage, ou *Reistrog*, se trouvait dans la même salle, et il était rempli de papiers, de parchemins, de lettres, etc. Il s'y rencontrait aussi une grande *chayère* à dossier, à l'ancienne façon, et une autre plus simple.

La cuisine donnait sur les murailles de la ville. Outre la vaisselle de cuivre et de fer, on y avait suspendu une demi-cuirasse.

Dans d'autres chambres voisines, il n'y avait que des meubles de peu d'intérêt.

Quant à la chambre à coucher du seigneur, on y inventoria deux lits, un épieu, une ancienne hache d'armes et autres menus fatras.

Dans un autre appartement (car la maison, ou hôtel, était grande), on trouva un grand coffre bourré de linge, de vêtements, de manteaux, de livres, de chemises, enfin la défroque de Jean-Philibert d'Asuel.

Ce personnage, qui dans un autre siècle aurait été un chevalier félon, mourut à Porrentruy, le 30 août 1624 : on l'enterra au cimetière de Saint-Germain, avec son épée et son redoutable poignard, comme étant le dernier membre mâle des nobles de Boncourt-Asuel.

Nous ne savons ce qu'est devenue sa pierre tumulaire qui était peut-être voisine de celle du dernier des Tavannes ([1]), si heureusement retrouvée ces années passées et conservée sans mutilation, parce qu'on l'avait retournée, comme l'a été, de mon souvenir, celle de l'archevêque de Besançon, puis évêque de Bâle, Jean de Vienne, enterré, le jour même de sa mort, devant le grand autel de l'église de Porrentruy.

([1]) La pierre du sire de Tavannes représente une porte à plein cintre avec les armoiries des Tavannes (d'azur au coq d'or crêté, barbé et langué de gueule). Dessous on lit dans un cartouche : CY GIST NOBLE ESCUYER JEHAN DE TASVANE LE DERRIER DE SA RASSE, A SON VIVANT SEIGNEUR DE MONTVOUHAY, QUI TRESPASSA LE 18 JOUR DU MOIS DE DÉCEMBRR 1549. DIEU AIE SON AME. AMEN.

Cette pierre, en grès rouge, est actuellement posée contre le mur de l'église.

LA FABRIQUE D'HORLOGERIE DE BESANÇON

ET LA

SOCIÉTÉ D'ÉMULATION DU DOUBS

EN 1867

Discours d'ouverture de la séance publique du 19 décembre

Par M. Victor GIROD

Président annuel.

————

Messieurs,

Avant de céder à mon savant successeur les fonctions dont vous m'aviez investi, permettez-moi de vous entretenir quelques instants de l'industrie à laquelle j'ai voué ma vie tout entière : c'est à cette industrie que j'ai dû l'honneur de présider une des sociétés savantes les plus éminentes de France; ce sera l'un des beaux souvenirs de ma carrière si complexe.

La fabrique d'horlogerie de Besançon date de l'an II de la République (1793); elle a été établie par un décret du Comité de salut public. A cette époque, cent familles de patriotes neuchâtelois vinrent se fixer dans notre cité. En échange de l'exil et des privations qui l'accompagnent, ils reçurent du gouvernement des indemnités et le titre de citoyens français.

La fabrique allait définitivement se constituer, lorsque les guerres de l'Empire éclatèrent et mirent son existence en péril : le travail se ralentit, la misère se fit sentir. Pour subvenir aux premiers besoins, la colonie neuchâteloise fonda une société mutuelle de secours qui, dans la suite, rendit de nombreux services. Pendant les cruelles années de 1816 et de 1817, cette modeste association alimenta la population horlogère indigente.

Les temps plus calmes de la Restauration permirent à la fabrique de prendre un développement réel : l'établissage des montres dites *à roues de rencontre* favorisa considérablement ce succès.

La révolution de 1830 arrêta cet essor : l'existence de la fabrique sembla de nouveau menacée ; mais l'intelligence et les efforts soutenus de nos artistes horlogers triomphèrent de toutes les difficultés. La fabrication de la montre *Lépine*, la fondation de la maison Ch. Lorimier pour l'établissage des montres chinoises, ouvrirent à notre industrie de nouveaux débouchés.

Ce rapide résumé nous a conduits jusqu'à l'année 1840. A partir de cette époque, la fabrique, restée pendant un demi-siècle exclusivement suisse et protestante, devient vraiment nationale.

M. l'abbé Faivre, aumônier de Bellevaux, eut l'idée de fonder une école d'horlogerie, destinée à former de véritables artistes et à recruter ceux-ci parmi la population locale. Après quelques succès apparents, cette utile institution succomba sous des charges trop lourdes. Néanmoins le résultat obtenu surpassa l'attente de l'honorable abbé et de ses amis. Un certain nombre de jeunes élèves avaient acquis les premières notions de mécanique et d'horlogerie ; ils continuèrent leur apprentissage dans les ateliers et devinrent de bons travailleurs.

La crise de 1848, si funeste à toutes les industries, n'éprouva que faiblement notre fabrique. Sa véritable prospérité remonte à la fondation du second Empire. A partir de l'année 1855, le mouvement ascensionnel de production atteignit des chiffres extraordinaires.

En 1849, la fabrique de Besançon livrait au marché . . . . 38,598 montres.
En 1859 . . . . 191,876 —
En 1866 . . . . 305,435 —

En 1867, malgré le ralentissement général des affaires, ce

dernier chiffre se trouve augmenté de 50,000, soit un total de 355,000 montres.

Le jury de l'Exposition universelle, il est vrai, a placé nos produits dans un rang inférieur; mais le public, qui prononce toujours en dernier ressort, a déjà fait justice de cette décision peu équitable.

Les productions de la Suisse et de l'Angleterre peuvent encore l'emporter sur les nôtres par leur solidité et leur précision; les nôtres leur sont incontestablement supérieures par l'élégance et le goût : tant il est vrai qu'en France seulement on a du goût, comme l'a dit quelque part M. Jules Simon. Aussi qu'est-il arrivé? Tandis que la fabrique des cantons suisses éprouve une funeste stagnation et envisage l'avenir avec crainte, la nôtre peut à peine, en ce moment, suffire aux commandes journalières.

Nous voyons donc l'avenir avec confiance; un succès complet ne peut manquer de couronner cet édifice si laborieusement, si honnêtement construit. J'en ai pour gages l'importance actuelle de notre fabrique, notre belle école d'horlogerie pleine d'avenir, l'espoir que bientôt Besançon communiquera directement par un nouveau chemin de fer avec les montagnes neuchâteloises, enfin la sollicitude de l'administration supérieure qui ne nous fera jamais défaut.

Il me reste, Messieurs, conformément à l'excellent usage établi par mes prédécesseurs, à passer avec vous une revue sommaire des travaux qui ont rempli nos séances pendant l'année qui s'achève.

Vous avez débuté par une double adhésion aux mesures généreuses qui seront l'éternel honneur du ministère de M. Duruy. Son Excellence avait, lors de son passage à Besançon, manifesté le désir d'avoir, pour la naissante école normale de Cluny, quelques pièces existant en double dans les collections que vous formez avec tant de sollicitude au profit de notre musée d'histoire naturelle : vous vous êtes empressés de distraire, pour cette utile destination, une belle série de 169 oiseaux empaillés; puis, accueillant avec non moins de faveur un autre vœu du savant Ministre, vous avez consenti à ce que les objets qui composent ce même établissement fussent prêtés aux professeurs spéciaux du lycée dans l'intérêt de la clarté de leur enseignement. M. le Ministre vous a remerciés avec effusion : bientôt après, son département vous continuait le *maximum* des allocations que reçoivent les compagnies savantes; puis, ensuite de l'examen de votre volume de 1865, le Comité impérial des travaux historiques déclarait la Société d'Emulation du Doubs « l'une des sociétés les plus actives et le plus fructueusement actives de la province. »

Vous avez fourni un large contingent aux assises scientifiques qui se sont tenues à la Sorbonne, au printemps dernier. C'est un travail de M. Castan, votre secrétaire, intitulé : *L'Empereur Charles-Quint et sa statue à Besançon*, qui a été choisi pour ouvrir la série des lectures de l'ordre archéologique. Dans la section d'histoire, notre confrère M. Drapeyron a su mériter, par son étude sur *Ebroïn et saint Léger*, les justes félicitations d'un grand maître, M. Amédée Thierry. Le rapport sur le concours annuel d'archéologie, présenté par M. le sénateur marquis de La Grange, a constaté officiellement, et dans des termes aussi élogieux qu'équitables, les droits exclusifs de deux de nos confrères, MM. Bial et Cessac, sur la découverte qui a irrévocablement fixé l'emplacement d'Uxellodunum.

La grande Exposition de 1867 a dû réveiller en vous l'ardeur qui nous avait valu, en 1860, la bonne fortune d'une manifestation du même genre : aussi avez-vous secondé, dans toute la mesure du possible, la mission des délégués départementaux de la Commission impériale. Par trois subventions consécutives, vous avez accru le fonds destiné à permettre la visite du concours aux instituteurs et ouvriers méritants; de plus, vous avez pris à votre charge l'impression d'une étude sur le palais du Champ-de-Mars, poursuivie au double point de vue de l'honneur et des intérêts de la Franche-Comté.

Le département du Doubs ne pouvait manquer d'être sensible à ces sacrifices, et son Conseil général vous l'a témoigné par une augmentation du subside que M. le préfet lui propose annuellement de vous accorder.

Conformément à une habitude qui vous honore, vous avez encore saisi plusieurs occasions d'enrichir nos brillants musées d'histoire naturelle et d'archéologie. Le premier de ces établissements a reçu par vos soins une soixantaine de pièces nouvelles, habilement préparées par notre confrère M. Constantin, plus une collection de coquillages, don de M. le conseiller Proudhon. Dans le second, vous venez de déposer un moulage du célèbre autel gallo-romain de Luxeuil, exécuté et offert par l'un des fondateurs de cette Compagnie, M. le docteur Delacroix. Vous y avez joint une hache et un poinçon de l'âge celtique, recueillis dans les tourbières du Bouchet (Seine-et-Oise) par notre confrère M. le capitaine d'artillerie Castan; puis deux montres de style Louis XV, que vous aviez acceptées de votre président.

La ville de Besançon, qui vous sait gré de ce genre de services, a comblé le plus cher de vos désirs, en abritant votre bibliothèque et vos séances sous le toit princier des Granvelle, et en pourvoyant, par le don d'une somme de six cents francs, à près d'un tiers des dépenses de cette belle installation.

Vous avez accordé votre patronage à deux entreprises également intéressantes pour le pays : la reproduction photographique, par les soins de votre archiviste M. Varaigne, des bas-reliefs romains de Porte-Noire, déjà moulés à vos frais sous la même direction; l'exécution en trois couleurs d'une carte de la Franche-Comté, par notre éminent confrère M. le colonel de Mandrot. Grâce à ces deux opérations, les archéologues pourront étudier de leurs cabinets les questions que soulève le plus orné des arcs antiques, tandis que les amateurs de nos pittoresques sites auront un guide sûr et agréable pour y diriger leurs pas.

Après le magnifique volume que vous avez publié au mois

de mai dernier, il semblerait naturel que votre activité sommeillât quelque temps sur les hautes et nombreuses félicitations que ce recueil vous a procurées : l'état un peu précaire de vos finances vous le conseillerait peut-être ; mais votre foi dans l'avenir et votre rajeunissement perpétuel, résultat de vos incessantes adjonctions, vous le défendent. Vous saurez tenir un juste équilibre entre ces deux courants; et si vos impressions éprouvent un léger ralentissement, les lecteurs seront dédommagés par leur contenu, qui n'aura ni moins de variété ni moins d'attrait que celui de vos précédents volumes.

En dehors du compte-rendu de l'Exposition universelle, par MM. Résal, Cuvinot, Victor Fontaine, Chauvelot, Sire et Castan, dont la rédaction s'achève; en dehors aussi des deux lectures faites en votre nom à la Sorbonne et des mémoires qui vont remplir cette solennité, votre volume de 1867 renfermera les communications assez nombreuses qui ont fait le charme de nos réunions particulières.

Dans l'ordre des sciences physiques, vous avez reçu de notre confrère M. Berthaud, président de l'Académie de Mâcon, deux notes extrêmement lucides sur la démonstration du principe d'Archimède et sur le nombre des vibrations des sons de la gamme.

Notre zélé confrère M. Marchal a continué à vous entretenir des ingénieux perfectionnements qu'il s'efforce d'introduire dans le traitement des cendres d'orfèvres et d'horlogers : l'une de ces découvertes, obtenue avec le concours de M. Bourdy, membre de notre Société, a pour objet d'empêcher la dilatation trop brusque des creusets que l'on soumet au feu.

Vous poursuivez, en matière d'histoire naturelle, la publication de l'œuvre monumentale de M. Grenier, la *Flore de la chaîne jurassique;* vous ferez connaître, en outre, la monographie spéciale d'un appareil fructifère, qui vous a été adressée par un autre de nos confrères, M. François Leclerc, de Seurre (Côte-d'Or).

Un travail considérable, qui ressort à la fois de l'histoire, de l'archéologie et des sciences médicales, vous a été présenté par notre savant confrère M. le docteur Delacroix, si compétent en ces diverses branches : vous avez accepté avec empressement ce mémoire qui résume, dans un style attachant, les annales de la ville, de l'abbaye et des thermes de Luxeuil.

Un infatigable et érudit observateur des procédés industriels de la haute antiquité, M. Quiquerez, vous a transmis une étude comparative sur les voies gauloises et romaines qui se côtoient aux abords du tunnel de Pierre-Pertuis, pour gagner de là la capitale des Rauraques; vous avez reçu du même auteur une curieuse description du mobilier de quelques-uns des châteaux franc-comtois au XVIᵉ siècle.

Dans la découverte récente d'un camp romain appartenant incontestablement à l'époque de la conquête des Gaules, M. le commandant Bial a trouvé la justification de ses calculs sur l'espace nécessaire au stationnement des diverses subdivisions des corps légionnaires; vous avez été heureux d'accueillir cette éclatante confirmation de résultats publiés antérieurement par vos soins.

M. François Leclerc, qui cultive avec un égal succès l'archéologie et les sciences naturelles, vous a envoyé une critique motivée de l'emplacement choisi pour élever la statue de Vercingétorix : elle serait, selon lui, infiniment mieux placée à Gergovie, le seul *oppidum* où le généralissime des Gaules ait eu raison de la stratégie romaine; mais si l'on tient à conserver au monument un caractère expiatoire, c'est à Alaise du Doubs, l'Alesia des Mandubiens, qu'il devra être transporté. Ce plaidoyer est d'autant plus généreux de la part de son auteur, d'autant plus flatteur pour la cause qu'il défend, que M. Leclerc appartient au département de la Côte-d'Or.

Notre secrétaire, M. Castan, vous a présenté la description d'un cachet inédit d'oculiste romain, l'un des treize qui furent trouvés, en 1808, à Nais en Barrois. M. Castan vous a expliqué les inscriptions latines des quatre tranches de cette tablette; il vous a demandé de reproduire, d'après la photographie, l'image des caractères étranges qui couvrent lés plats du même objet, et dans lesquels il paraît difficile de voir autre chose qu'un *memento* pharmaceutique composé en grande partie de signes conventionnels, les uns analogues aux notes tironniennes, les autres aux hiéroglyphes.

L'un de nos plus jeunes confrères, M. Jules Gauthier, élève distingué de l'Ecole impériale des Chartes, a exhumé la charte des franchises du bourg d'Oiselay, au début du quinzième siècle, et a soigneusement annoté ce texte pour nos *Mémoires*.

De son côté, M. Charles Toubin, professeur d'histoire au collége arabe d'Alger, a témoigné une fois de plus que le souvenir de la terre natale sait avoir raison de toutes les distances : c'est comme gage de ce noble sentiment qu'il vous a fait parvenir une étude absolument neuve sur la langue *Bellau,* argot des peigneurs de chanvre du Jura.

Sept nouvelles compagnies savantes ont demandé à faire avec la nôtre l'échange du titre de société correspondante ; vous avez accueilli ces diverses propositions, leur effet devant concourir tout à la fois à enrichir votre bibliothèque et à vulgariser vos propres travaux.

Votre personnel s'est accru de vingt-deux membres, dont deux dans la catégorie des honoraires, neuf dans celle des résidants et onze dans celle des correspondants.

La qualité, je dirais presque la dignité, de membre honoraire vous a toujours paru devoir être la consécration d'importants services rendus, soit à la Société elle-même, soit au pays avec lequel ses intérêts sont identifiés. En décernant ce titre à M. Emile Blanchard, de l'Institut, vous avez voulu reconnaître la sollicitude toute particulière de ce grand naturaliste pour nos collections zoologiques; et quant à l'élection de M. le sénateur Amédée Thierry, son but a été (je cite vos expressions) « de consigner une fois de plus dans les fastes dé la cité le souvenir des applaudissements qu'elle a eu l'insigne honneur de décerner la première aux savantes pages par lesquelles l'illustre historien préludait à la reconstitution de notre Genèse nationale. »

Parmi les pertes que vous avez faites, aucune ne vous a été plus sensible que celle de M. Clerc de Landresse, l'un des administrateurs les plus distingués qu'ait eus la ville de Besançon. M. Clerc de Landresse appartenait à cette Compagnie depuis douze ans : il en appréciait l'esprit libéral et les tendances progressives; son dévouement ne nous a jamais fait défaut, et il est juste que sa mémoire vive honorée parmi nous. Remercions le gouvernement de l'Empereur d'avoir choisi pour lui succéder son collaborateur le plus intime, celui qu'il appelait un sage et dont vous avez recherché vous-mêmes, plus d'une fois, les bons conseils.

En descendant de ce fauteuil où votre indulgence m'avait appelé, où vos sympathies m'ont soutenu, permettez-moi, Messieurs, de remettre sous vos yeux l'idée-mère qui a présidé à la naissance de cette Compagnie et qui doit demeurer la formule de son développement. Ce qu'ont ambitionné vos fondateurs, le voici : ç'a été d'organiser dans notre ville, et au cœur de la province de Franche-Comté, une association largement ouverte à tous les hommes d'honneur et de bon vouloir, à toutes les aspirations généreuses et utiles; ils ont voulu qu'en un temps de démocratie intellectuelle, notre pays ne fût pas privé plus que d'autres du bénéfice de cette alliance toute moderne entre la force qui conçoit et celle qui fournit aux conceptions les moyens d'éclore ; ils ont sagement prévu que dans un centre nombreux, disposant de ressources abondantes et variées, tous les ordres de connaissances pourraient être encouragés à leur tour, sans que jamais l'exclusivisme vînt barrer le passage aux idées neuves, sans que jamais aussi l'utopie empiétât sur les droits du bon sens collectif.

C'est là, Messieurs, un noble programme : conservons-le, parce que, capable de s'adapter à tous les temps et à toutes les circonstances, il fera indéfiniment la fortune de notre Société.

DE L'ORGANISATION

DES ARMES SPÉCIALES

CHEZ LES ROMAINS

PAR M. A. DE ROCHAS D'AIGLUN
Capitaine du Génie.

Séance publique du 19 décembre 1867.

Il est peu de sujets sur lesquels on ait autant écrit, autant discuté que sur l'armée romaine : j'ai toutefois vainement cherché dans les travaux des érudits des notions précises sur la manière dont étaient organisées, à cette époque, ce que nous appelons aujourd'hui les *armes spéciales*. Il m'a paru intéressant pour les gens du métier et utile peut-être, à un moment donné, pour les antiquaires, de combler cette lacune; c'est ce que j'ai essayé de faire dans les quelques lignes qui suivent.

La légion romaine, organisée de façon à pouvoir se suffire partout à elle-même en campagne, comprenait dans son sein non-seulement toutes les espèces de corps de troupe, mais encore les services de natures diverses qui devaient assurer son armement et sa subsistance. Elle était commandée par un officier nommé *præfectus legionis,* qui ne reconnaissait d'autre chef que l'*imperator;* elle se subdivisait en dix cohortes, ayant chacune à leur tête un *tribun;* chaque cohorte comprenait six centuries et renfermait, comme la légion, à la fois de l'infanterie et de la cavalerie (¹).

(¹) En cherchant à assimiler les grades anciens avec les grades modernes par la comparaison du nombre d'hommes auxquels les possesseurs de ces grades étaient appelés à commander, on pourrait dire que le préfet de la légion était général, les tribuns colonels et les centurions capitaines.

Il n'y avait pas de troupes spéciales à l'*artillerie*. Chaque centurie possédait une *baliste* servie par l'une de ses escouades *(contubernium)* (¹). Montées sur des affûts à roues et traînées par des chevaux ou des mulets, ces machines faisaient l'office de nos canons de campagne et pouvaient être rapidement menées partout où s'engageait l'action (²). Chaque cohorte avait en outre un *onagre*, que l'on transportait sur un charriot attelé de deux bœufs (³) ; cet engin était l'équivalent de notre canon de siège (⁴). Enfin la légion traînait à sa suite un équipage de ponts de bateaux, diverses machines de siège et un approvisionnement d'outils de toute espèce.

Ce matériel était acheté à l'industrie, livré aux troupes, et surveillé, quant à sa conservation, par un officier relevant directement du préfet de la légion et nommé *præfectus castrorum*. Végèce définit ainsi ses attributions :

« Le tracé, l'exécution et le paiement de tous les ouvrages du camp et des retranchements le regardaient. Il avait inspection sur les tentes et les baraques des soldats et sur tous les bagages. Son autorité s'étendait aussi sur les médecins de la légion, sur les malades et sur leurs dépenses. C'était à lui de pourvoir qu'on ne manquât jamais de charriots, de chevaux de bât, ni d'outils nécessaires pour scier ou couper le bois, creuser le fossé, élever les palissades et se procurer de l'eau. Enfin il était chargé de faire fournir le bois et la paille à la

---

(¹) Le *contubernium* était composé de dix hommes qui, sous les ordres de leur chef (*decanus*), se partageaient la même tente. On voit que, contrairement à l'opinion maintes fois émise par les historiens de l'artillerie, les Romains n'employaient pas que des esclaves au service de leurs machines de guerre. — Cf. VEGET. *De re milit.*, lib. II, c. xv.

(²) On voit représentée l'une de ces balistes avec son char sur la colonne de Marc-Aurèle.

(³) Ammien Marcellin donne (livre XXIII, chap. iv) une description détaillée de cette machine.

(⁴) En admettant 100 hommes par centurie (ce qui est le nombre normal), on voit que le rapport de l'effectif des troupes servant à l'artillerie, à l'effectif réuni de l'infanterie et de la cavalerie était compris chez les Romains entre le 1/9 et le 1/10. C'est la proportion encore admise aujourd'hui.

légion, de l'entretenir de béliers, d'onagres, de balistes et de toutes autres machines de guerre. Cet emploi se donnait à un officier de mérite qui avait servi longtemps d'une manière distinguée, afin qu'il pût bien montrer ce qu'il avait pratiqué lui-même avec applaudissement ([1]). »

Nous ferons observer, à propos de la première phrase de cet extrait, qu'avant l'invention de la poudre, la science de la fortification, telle que nous la comprenons aujourd'hui, n'existait pas. Alors que les machines de jet étaient peu puissantes et que les armes du soldat ne pouvaient agir que de près, créer un obstacle à peu près inerte était le seul but que se proposât la défense. Il ne s'agissait pas, comme dans les temps modernes, d'élever autour des places une série d'ouvrages étagés avec art, qui, voyant sans être vus, superposent ou croisent leurs feux de manière à prendre l'assaillant de *face*, de *revers*, d'*écharpe* ou d'*enfilade*. Pourvu que les murs d'une ville fussent assez épais pour résister au bélier, assez hauts pour défier l'escalade, ils remplissaient suffisamment leur objet : aussi étaient-ce des architectes, et non des officiers du génie, que les anciens chargeaient d'édifier leurs forteresses. Les mêmes considérations peuvent s'appliquer à ce que nous appelons maintenant la *fortification passagère*. Les retranchements se traçaient suivant un petit nombre de règles fixes et précises, bien plus du ressort du tacticien que de l'ingénieur : le général ordonnait, il n'y avait plus qu'à exécuter. Quant aux camps volants, ils étaient la reproduction constante de deux ou trois types déterminés, parfaitement entendus au point de vue de l'ordre et de la discipline, mais où l'art entrait pour si peu que les officiers spécialement chargés d'en choisir les emplacements et d'en déterminer les dimensions étaient connus sous les titres modestes de *metatores* ou d'*agrimensores* ([2]) (mesureurs ou arpenteurs).

([1]) *De re milit.*, lib. II, c. x.

([2]) VEGET., lib. II, c. vii, et lib. III, c. viii. — CICERONIS *Philip.*, l. XI, c. v. — LUCANI *Pharsal.*, lib. I, v. 382. — AMMIAN. lib. XIX, c. xi.

Les fonctions du *præfectus castrorum* étaient donc surtout administratives.

Quand il s'agissait de travaux de siége qui, comme les mines, les tours roulantes ou les muscules, nécessitaient des ouvriers d'art et des connaissances scientifiques assez étendues, on avait recours à un autre préfet nommé *præfectus fabrum*.

Celui-ci avait sous ses ordres des artisans de toute sorte : charpentiers, forgerons, mineurs, maçons, etc. (1). Il présidait aux travaux d'attaque et de défense des places, ainsi qu'à la fabrication et à la réparation des machines, charriots, outils et armes de toute espèce (2). C'était à lui de faire établir les camps d'hiver et à diriger toutes les constructions dont l'armée pouvait avoir besoin.

Il avait pour auxiliaires non-seulement ses ouvriers, mais encore tous les soldats de la légion. C'est du moins ce qui se passait dans les premières années de la République où chaque homme de troupe devait porter un outil aussi fidèlement que ses propres armes (3). Mais la discipline ne tarda point à se relâcher : les cavaliers, les rengagés volontaires *(evocati)*, les porte-drapeaux, parvinrent d'abord à se faire dispenser des rudes travaux auxquels les avaient soumis les fondateurs de

---

(1) **La création des compagnies d'ouvriers date des premiers temps de Rome** : d'après Tite-Live, Servius Tullius en avait formé deux centuries. Ces ouvriers, de même que les médecins, vétérinaires, musiciens, *metatores*, et autres *employés* de la légion, jouissaient, au point de vue des charges civiles, de certains priviléges énumérés dans le 50e livre du *Digeste* (loi VI, titre vi).

(2) On a vu que ce matériel provenait en grande partie d'achats faits par le préfet des camps. Le préfet des ouvriers ne fabriquait que quand on ne pouvait avoir recours à ce mode d'approvisionnement ; c'est ce qui a lieu encore, quoique sur une échelle peut-être trop restreinte, dans l'armée française.

(3) Quand il s'agissait de retranchements à exécuter au moment d'une bataille, on en chargeait plus spécialement les *triaires*, troupe d'élite qui servait ainsi de réserve : « Triarii erant, qui muniebant, et ab hastatis principibusque, qui pro munitoribus intenti armatique steterant, prælium initum. » (Tit. Liv. *Hist.*, lib. VII, c. xxiii.)

la puissance romaine ; le général accorda ensuite quelques exemptions dans l'infanterie comme récompense de services rendus (¹), et ces exemptions devinrent peu à peu l'objet d'un honteux trafic ; les centurions, qui s'étaient arrogé le droit de les distribuer, fatiguaient, dit Tacite (²), les hommes par des corvées inutiles, jusqu'à ce que ceux-ci eussent donné leur dernier as pour se racheter.

On vit alors se former, sous le nom de *munifices,* une classe de soldats composée de ce que l'armée avait de plus infime. Ces malheureux, chargés de toutes les corvées, méprisés des autres soldats qui s'enorgueillissaient du titre de *principales* (³), avaient à peine de quoi subsister. Ammien Marcellin ne trouve rien de plus fort pour louer la sobriété de l'empereur Julien, que de dire qu'il se contentait de la vile et précaire pitance d'un soldat pionnier (⁴). Les *munifices* n'étaient même pas assimilés aux *principales* aux yeux de la loi : ainsi, d'après une loi de Constantin, quand l'un n'était puni que de la dégradation, la peine s'élevait pour l'autre à la déportation (⁵). Cette tache originelle les poursuivait jusque dans les cas, sans doute fort rares, où ils parvenaient aux grades supérieurs.

(¹) « Φέρουσι δὲ οἱ μὲν περὶ τὸν στρατηγὸν ἐπίλεκτοι πεζοὶ λόγχην καὶ ἀσπίδα, ἡ δὲ λοιπὴ φάλαγξ ξυστόν τε καὶ θυρεὸν ἐπιμήκη, πρὸς οἷς πρίονα καὶ κόφινον, ἄμην τε καὶ πέλεκυν, πρὸς δὲ ἱμάντα καὶ δρέπανον καὶ ἅλυσιν, ἡμερῶν τε τριῶν ἐφόδιον, ὡς ὀλίγον ἀποδεῖν τῶν αχθοφορούντων ὀρέων τὸν πεζόν. » — « Les fantassins d'élite qui escortent le chef ne portent qu'une javeline et un bouclier rond : les autres ont des lances avec de longs boucliers ; de plus ils portent, dans une espèce de hotte, une scie, une serpe, une hache, une pince, une faucille, une chaîne, des longes de cuir et du pain pour trois jours, en sorte qu'il s'en faut peu qu'ils ne ressemblent à des bêtes de somme. » (FLAV JOSEPH *Bell. Judaïc.*, lib. III, c. v, § 5.)

(²) *Annales*, lib. I, c. XVII.

(³) « Hi sunt milites principales qui privilegiis muniuntur, reliqui munifices appellantur quia munus facere coguntur. » (VEGET. *De re mil.*, lib. II, cap. VII.)

(⁴) « Munificis militis vili et fortuito cibo contentus. » (lib. XVI, c. v.)

(⁵) « Qui contra hanc fecerit sanctionem, promotus regradationis humilitate plectetur, munifex pœnam deportationis excipiat. » (*Codex* THEODOS., lib. VIII, tit. v, l. 2.)

Dion Cassius rapporte un discours de Mécène à Auguste, dont l'un des objets est de proposer l'admission au sénat de quelques centurions, *en en exceptant toutefois ceux qui auraient débuté par la classe des* munifices, « parce que, dit le ministre, ceux qui ont porté les pieux et les corbeilles, ce serait une honte et une injure pour le sénat si quelqu'un d'eux en devenait membre (¹). » Cependant on ne vit jamais que par exception les esclaves ou même les paysans chargés des travaux de la guerre (²) ; quand le soldat n'eut plus le courage ou la force de manier la pioche, on ne fit plus ni siéges ni retranchements, et Végèce, qui vivait sous Valentinien, dit que de son temps on ne savait même plus fortifier les camps (³).

L'accroissement démesuré de l'empire avait alors fait déchoir les institutions romaines de ce haut degré de perfection où des améliorations successives les avaient amenées au commencement de l'ère des Césars. C'est en général à cette dernière époque que se rapporte ce que nous avons exposé précédemment sur l'organisation de la légion. Mais dans une étude comme celle-ci, pour laquelle il n'y a guère d'autres documents que quelques allusions plus ou moins directes répandues çà et là dans les auteurs anciens, il est difficile de ne point commettre d'erreurs dans l'ordre des temps ; et l'on s'expose même, si l'on a recours aux inscriptions, dont on ne

---

(¹) « ..... ἀλλ' ἐγγραφέσθωσαν καὶ ἐξ ἐκείνων, κἂν λελοχαγηκότες τινὲς ἐν τοῖς πολιτικοῖς στρατοπέδοις ὦσι, πλὴν τῶν ἐν τῷ τεταγμένῳ ἐστρατευμένων. Τούτων μὲν γὰρ τῶν καὶ φορμοφορησάντων, καὶ λαρκοφορησάντων, καὶ αἰσχρὸν καὶ ἐπονείδιστόν ἐστιν ἐν τῷ βουλευτικῷ τινας ἐξετάζεσται. » (DION. CASS. *Hist. rom.*, lib. LII, c. xxv.)

(²) Les soldats romains étaient accompagnés à la guerre d'esclaves nommés *calones*, qui leur servaient de valets. Tite-Live nous apprend (liv. IX, c. xxxvii) qu'on leur faisait quelquefois défaire le camp : « Dolabræ calonibus dividuntur ad vallum proruendum fossasque implendas. » César raconte qu'une ou deux fois il fit exécuter des retranchements par des paysans, afin de ménager ses soldats épuisés par une longue marche et menacés d'une attaque.

(³) « Hujus rei scientia prorsus intercidit : nemo enim jamdiu ductis fossis præfixisque sudibus castra constituit. » (*De re milit.*, lib. I, c. xxi.)

peut toujours déterminer la date, à juxtaposer des faits en
réalité séparés quelquefois par des siècles. Nous devions faire
cette réserve avant d'emprunter à l'épigraphie quelques détails
sur la condition des préfets des camps et des ouvriers à l'époque
romaine.

Il résulte des inscriptions rapportées à la suite de cette
notice, et empruntées aux recueils de Reinesius et de Gruter,
que ces officiers étaient en général revêtus du grade de tribun
et de dignités municipales ou religieuses d'un ordre élevé
(inscript. n⁰ˢ 3, 6, 7, 8, 9), et que souvent ils avaient occupé,
dans le cours de leur carrière, les fonctions les plus diverses
même en dehors de l'ordre militaire. Ainsi quelques-uns se
glorifiaient du simple titre d'ouvrier (inscr. n° 1); d'autres
avaient été sénateurs dans les colonies romaines (n° 2), édiles
(n° 3), questeurs (n° 4), généraux de cavalerie (n° 5) ou ami-
raux (n° 6) : peut-être même cumulaient-ils quelques-unes de
ces charges.

Quoi qu'il en soit, ce que nous savons de certains *præfecti
fabrum* montre que, dès les derniers temps de la République,
ces fonctionnaires étaient déjà des personnages fort importants.

Turpilius, préfet des ouvriers de Metellus et son ami particulier, fut nommé par ce consul gouverneur d'une ville importante qui allait être assiégée (¹)

Théophane de Mytilène, à la fois ingénieur et poète, reçut
de Pompée le titre de citoyen romain aux acclamations de
l'armée (²) : ce fut à sa considération que le grand général
épargna Mitylène qu'il avait prise d'assaut (³).

Il nous est resté deux lettres adressées par Cicéron à Quintus
Lepta, qui avait été sous ses ordres pendant son proconsulat
en Cilicie, et cette correspondance témoigne d'une grande

(¹) PLUTARCHI *C. Marius,* c. VIII.
(²) CICERONIS *Oratio pro Archia,* c. X.
(³) PLUTARCHI *Pompeius,* c. XLII; *Cicero,* c. XXXVIII.

intimité entre le prince des orateurs et son ancien ingénieur militaire (¹).

Cette intimité était du reste assez naturelle; car le préfet des ouvriers, au lieu d'être choisi par le peuple comme les autres officiers de la légion (²), était nommé directement par le général en chef (³) dont il était habituellement la créature. Il en résultait des abus de toutes sortes, que facilitait une impunité à peu près certaine; et, comme officier du génie, je confesse à regret qu'au milieu de la corruption générale, nos prédécesseurs romains trouvaient encore le moyen de se faire remarquer par leurs prodigalités insolentes et leurs vices éhontés.

« Le premier, dit Pline, qui fit voir à Rome, sur le mont Célius, un bâtiment revêtu de marbre, est, selon Cornelius Nepos, Mamurra de Formies, chevalier romain, préfet des ouvriers de César en Gaule. Qu'on ne s'indigne pas de voir un pareil personnage donner l'exemple d'un si grand luxe : c'est ce Mamurra, déchiré par les vers du poète de Vérone (⁴), et sa maison, mieux encore que les vers de Catulle, prouve qu'il possédait en effet tout ce qu'avait possédé la Gaule chevelue. Selon le même Nepos, toutes les colonnes de cet édifice étaient de marbre, et de marbre massif de Caryste ou de Luna (⁵). »

Cornelius Balbus, autre préfet de César, ne paraît pas avoir été beaucoup plus scrupuleux, témoin ce passage d'un plai-

---

(¹) CICERONIS *Epistol.*, lib. VI, ep. XVIII et XIX.

(²) POLYB. *Histor.*, lib. VI, c. v.

(³) « Οὐίβιος, Σικελὸς ἀνὴρ, ἄλλα τε πολλὰ τῆς Κικέρωνος φιλίας ἀπολελαυκὼς καὶ γεγονὼς ὑπατεύοντος αὐτοῦ τεκτόνων ἐπάρχος..... » (PLUTARCHI *Cicero*, c. XXXII.

(⁴) Quis hoc potest videre, quis potest pati,
　　　Nisi impudicus, et vorax, et aleo,
　　　Mamurram habere, quod Comata Gallia
　　　Habebat uncti? . . . .
　　　　　　　(CATULLI carm. XXIX in Cæsarem.)

(⁵) PLINII *Hist. natur.*, lib. XXVI, c. VII.

doyer de Cicéron en sa faveur : « Et pourquoi l'amitié de César, au lieu de mettre le comble à la gloire de Balbus, lui causerait-elle le moindre tort ? Dès sa jeunesse, il a connu César; il a plu à cet homme éclairé qui, dans la foule de ses amis, l'a distingué comme un de ses intimes. Dans sa préture, durant son consulat, il l'a créé préfet de ses ouvriers; il a goûté sa prudence, apprécié son dévouement, agréé ses bons offices et son affection. Balbus a partagé d'abord presque tous les travaux de César : peut-être participe-t-il aujourd'hui à quelques-uns de ses avantages.... (¹) »

En résumant ce que nous venons d'exposer, on voit :

1° A la tête de la légion, un préfet commandant, d'une façon directe et constante, à la fois les tribuns chefs des corps militans et les préfets particuliers des camps et des ouvriers;

2° Le préfet du camp réunissant dans sa main les services administratifs et exerçant la police sur tout le matériel de la légion ;

3° Le préfet des ouvriers fabricant les engins et les armes de toute sorte, et chargé de diriger tout ce qui est œuvre d'art ;

4° Les corps de troupes exercés au maniement de toutes les armes, y compris celui des grosses machines de jet, et servant aux travaux des siéges sous la conduite de quelques hommes spéciaux ;

5° Les préfets des camps et des ouvriers occupant dans la hiérarchie militaire un rang élevé et ayant rempli à l'armée des charges diverses, ce qui tendait à les préserver de l'esprit étroit et routinier inhérent à l'exercice permanent d'une même fonction.

En langage moderne, ces cinq paragraphes se traduiraient ainsi :

Permanence pendant la paix de l'organisation de guerre des divisions;

(¹) CICERONIS *Oratio pro L. C. Balbo*, c. XXVIII.

Annexion à l'*intendance* de la partie administrative du service du corps d'*état-major;*

Réunion des états-majors particulier de l'*artillerie* et du *génie;*

Séparation de ces états-majors d'avec les corps de troupe qui portent le même nom ;

Recrutement par voie de concours du personnel des premiers dans celui des seconds.

Les officiers que l'on qualifie volontiers aujourd'hui d'utopistes quand ils formulent des propositions semblables, ne se doutent probablement pas, pour la plupart, qu'ils peuvent invoquer comme précédent l'exemple de la légion qui a donné aux Romains l'empire du monde.

INSCRIPTIONS JUSTIFICATIVES

I

DIS MANIBVS SACRVM
C. ANCHARIVS C. L. EVTYCHVS FABER
FERRARIVS LEG. XX. GEMINAE
L. ANCHARIVS C. F. PHILOSTORGVS
FABER LIGNAR. MACHIN. BELL.
Q. ANCHARIVS L. F. NICOSTRATVS FAB.
ET PRAEF. FABR. LEG. XX. FECER.
LOC. DONAT.
IN FR. P. XI. IN AGR. PEDES XIIII.

(REINESII *Syntagma inscript.*, cl. VIII, nº LXV.)

II

L. GOSSIO
ORIENTI. LO
EX. QVINQVE
PRAEF. FABR. II
DECVRIONI

(GRUTERI *Corpus inscript.*, p. MXCV, nº 3.)

III

Q. CAESIO. Q. F.
FAL. FISTVLANO
CVRATORI. OPER
PVBLICOR. DATO
A. DIVO. AVG. VESPASIAN
AED. Q. IIVIR. PRAEF. FABR
. . . .

(GRUTERI *Corpus*, p. MXCII, nº 4.)

IV

CN. IVLIO PERTINACI. AED. QVAEST. PRAEF.
FABR . . . .

(GRUTERI *Corpus*, p. MXCV, n° 10.)

V

. . . .
. . . . ARRIO. SALANO . . . . .
PRAEF. QVINQ. TI. CAESARIS
PRAEF. QVINQ. NERONIS. ET. DRVSI
CAESARVM. DESIGNATO. TVB. SAC. PR
AED. III. AVGVRI. INTERREGI
TRIB. MILIT. LEG. III. AVGVST
LEG. X. GEMINAE. PRAEF. EQVIT
PRAEF. CASTROR. FRAEF. FABR
OPPIA. VXOR

(GRUTERI *Corpus*, p. CCCCXCI, n° 10.)

VI

SEX. AVIENO. SEX. F. ANI
PRIMOPIL. II. TR. MIL.
PRAEF. LEVIS. ARMAT
PRAEF. CASTR. IMP. CAES. AVG.
ET. TI. CAESARIS. AVGVSTI
PRAEF. CLASSIS. PRAEF. FABR.
II. VIR. VENAFRI. ET. FORO. IVLI
FLAMINI. AVGVSTALI
NEDYMVS. ET. GAMVS. LIB

(GRUTERI *Corpus*, p. CCCLXX, n° 1.)

VII

C. IVLIVS . . . .
. . . .
SACERDOS. ROMAE. ET. AVGVST. AD. ARAM
QVAE. EST. AD
CONFLVENTEM. PRAEFECTVS. FABRVM. D

(GRUTERI *Corpus*, p. CCXXXV, n° 5.)

VIII

L. BAEBIVS. L. F.
GAL. IVNCINVS
PRAEF. FABR. PRAEF.
COH. III. RAETORVM
TRIB. MILIT. LEG. XXII
DEIOTARIANAE
PRAEF. ALAE. ASTYRVM
PRAEF. VEHICVLORVM
IVRIDICVS AEGYPTI

(GRUTERI *Corpus*, p. CCCLXXIII, n° 4.)

IX

FORTVNAE. SACRVM
P. OBSIDIVS. P. F.
RVFVS. IIII. VIR
TR. MIL. LEG. IIII. SCHYTH
PRAEF. FABR

(GRUTERI *Corpus*, p. LXXII, n° 9.)

LE PHILOSOPHE
THÉODORE JOUFFROY

D'APRÈS SA CORRESPONDANCE AVEC CHARLES WEISS

PAR M. JULES GÉRARD
Professeur de philosophie au Lycée impérial de Besançon.

Séance publique du 19 décembre 1867.

Le nom de Jouffroy est au nombre de ceux qui ont de bonne heure appelé l'attention de tous les maîtres de la philosophie et de la critique, et ses œuvres comme son talent ont été l'objet d'études multipliées. Aussi n'aurais-je point osé m'essayer à parler de lui à mon tour, si je n'avais trouvé à la fois une occasion et une excuse dans cette correspondance précieuse, pieusement recueillie par M. Weiss et léguée par son patriotisme à la bibliothèque de notre ville. Il m'a semblé qu'en plaçant en tête de ces lignes le nom de cet homme aimable et vénéré dont on ne peut sans émotion et sans regret évoquer le souvenir, je me concilierais l'indulgence de mes auditeurs, et j'ai espéré que les nombreux amis de M. Weiss me pardonneraient de revenir sur la mémoire, déjà souvent célébrée, de notre philosophe, si je la présentais, pour ainsi dire, sous le patronage de celui dont le temps ne peut leur faire oublier la perte.

I

Peu d'époques dans l'histoire des lettres présentent un spectacle plus attachant que cette période qui s'écoula dans notre pays de 1820 à 1840. D'autres temps ont vu surgir des œuvres plus grandes et plus durables; mais jamais on ne vit toutes les curiosités s'éveiller avec plus d'ensemble et de force; jamais activité intellectuelle plus générale et plus vivace ne régna dans le monde; jamais surtout il n'y eut un plus complet accord entre la féconde variété des talents qui se produisaient et l'enthousiasme du public, passionné pour les œuvres de l'esprit et tout animé, lui aussi, de nobles espérances. Poésie, critique, histoire, philosophie, tout se renouvelait à l'envi avec le même éclat. Des voies plus larges s'ouvraient de toutes parts, et toute une armée d'esprits jeunes et vigoureux s'y élançait avec transport. Mais c'était surtout autour des chaires, nouvellement relevées, de la Sorbonne et du Collège de France que se pressaient les jeunes générations, avides d'idées nouvelles et de nobles croyances. Ce fut l'âge d'or du haut enseignement en France.

L'éloquence et la science se donnaient rendez-vous dans ces tribunes pacifiques, où, animés par la généreuse passion du beau et du vrai, des maîtres illustres faisaient naître à la fois dans leur auditoire les puissantes émotions et les grandes pensées. Dans cette pléiade d'hommes éminents, Jouffroy représente dignement la Franche-Comté. L'illusion même du patriotisme ne saurait, sans doute, élever notre philosophe jusqu'au rang supérieur d'où les Villemain, les Guizot, les Cousin dominaient toute la génération qui marchait à leur suite. Mais, à côté de ces grands hommes, il y avait encore de belles places à prendre; et si le nom de Jouffroy ne fut pas au nombre de ceux qui jetèrent le plus d'éclat, sa figure, du moins, fut l'une des plus nobles et des plus pures, l'une des plus dignes d'intérêt et de sympathie, et, par certains côtés, l'une des plus originales de cette époque.

Ce n'est ni dans la hardiesse des vues, ni dans la profondeur des conceptions qu'il faut chercher les titres de gloire de Jouffroy. Sa philosophie fut animée de ce même esprit qui, venu de l'Ecosse, avait déjà fait le succès de l'enseignement de Royer-Collard. Ce fut la philosophie du bon sens avec son amour de la précision et de la clarté, son goût pour les observations et pour les faits, sa haine des hypothèses et des systèmes, sa méthode prudente et circonspecte. On put croire même, au début de sa carrière, qu'il pousserait le scrupule jusqu'à la timidité, lorsque, en face de questions difficiles, il laissa échapper l'expression sincère de ces doutes qu'on a tant calomniés. Mais on vit bien plus tard que son esprit, affermi par les longues méditations et la vue plus claire de la vérité, n'emprunterait aux Ecossais que leur sagesse, devenue par lui plus lumineuse et plus sûre d'elle-même. On l'a traité de sceptique, et pourtant ce fut lui qui, s'inspirant à la fois de Descartes et de Maine de Biran, et appliquant à la démonstration de la spiritualité de l'âme une rigueur et une simplicité toutes nouvelles, vint, au sein même de l'Académie des sciences morales, engager la lutte avec le matérialiste Broussais et le forcer à s'avouer vaincu par les admirables analyses du *Mémoire sur la distinction de la Psychologie et de la Physiologie*. Jamais la morale philosophique ne parla un langage plus élevé; jamais elle ne consacra par de plus solides démonstrations des préceptes plus nobles que ceux que purent recueillir autour de la chaire de Jouffroy les auditeurs du *Cours de droit naturel*, et, depuis Platon peut-être, nul philosophe ne trouva en faveur des sublimes espérances de l'immortalité des arguments plus forts et des termes plus éloquents que ceux qui ont rendu fameuse la *Leçon sur la destinée humaine*.

Mais il y avait dans Jouffroy quelque chose de plus grand encore que sa doctrine : c'était son âme elle-même, éprise pour la vérité d'un de ces amours profonds et souverains qui suffisent à justifier une renommée et à expliquer une influence.

Il était de cette famille de grands esprits qui cherchent moins dans la science la satisfaction d'une noble curiosité qu'une foi, une croyance morale, je dirais presque une religion, et qui, altérés de la vérité, souffrant quand ils ne la rencontrent pas, ne peuvent cependant se contenter qu'à bon escient, et armés, en quelque sorte, contre eux-mêmes d'un impitoyable bon sens, sont jusqu'au bout, même au prix de leur repos, sincères avec eux-mêmes. La vie intérieure fut de bonne heure pour lui toute la vie, et les découvertes ou les déceptions rencontrées dans ses recherches furent les événements qui retentirent le plus profondément dans son âme : aussi ne partagea-t-il que fort peu le goût des études historiques par lesquelles la philosophie cherchait alors à se renouveler. S'il ouvrait les livres des philosophes, c'était plutôt pour apprendre où en étaient les questions, que pour leur en demander la solution. Il en vint bientôt à se persuader qu'il ne comprenait bien que ce qu'il avait trouvé lui-même. Il cherchait donc dans le silence de la méditation solitaire, perdant, comme il le dit lui-même, tout sentiment des choses du dehors; il cherchait avec une sorte de calme passionné, mettant la possession du vrai au-dessus de tout, même au-dessus de son propre désir, s'avançant à la fois avec impatience et avec circonspection, avide d'atteindre le but, mais prêt à s'arrêter à moitié chemin, plutôt que de faire un pas sur le terrain qu'il aurait senti vaciller sous ses pieds. A voir sa pensée revenir sur elle-même et se plaire, en quelque sorte, à ébranler sa foi pour la rendre plus solide, on comprenait qu'il ne pouvait se contenter autrement que par la possession d'une vérité à toute épreuve. On eût dit un artiste qui, dans sa lutte avec un idéal qui lui échappe et qu'il veut fixer à tout prix, déchire vingt fois sa toile et brise ses pinceaux, pour recommencer son œuvre avec un courage que la défaite même ne peut abattre. Lui aussi il était artiste : l'artiste de la recherche philosophique et de la méditation intérieure. Il le fut par cette méthode qui, ne s'arrêtant jamais à une idée vague ou à moitié éclaircie, s'obstinait jusqu'à ce qu'elle le fût complètement, la décomposait dans toutes ses parties, la considérait sous toutes ses faces, jusqu'à ce qu'aucune obscurité ne donnât plus prise à son analyse opiniâtre. Il le fut aussi par ses enthousiasmes d'un moment et par la mélancolie qui vint si souvent les troubler. Fort de son amour même pour la vérité, de sa sincérité et de son bon sens, il se flatta un moment de donner à sa science chérie une base inébranlable, de faire cesser les discussions, et, suivant ses propres expressions, « d'organiser la philosophie. » Il entrevit des horizons dont l'aspect exalta ses espérances, et il entonna, avec une grandeur dont on ne peut se défendre d'être ému, ce qu'on pourrait appeler le *Chant du départ* de la philosophie. Mais la sincérité et la candeur de son esprit le retinrent presque toute sa vie sur les premiers problèmes de la science : il fut obligé de poser bien des questions, sans se croire capable de les résoudre; il n'arriva point à se satisfaire. De là cette sorte de tristesse résignée dont sa belle âme fut de bonne heure frappée, au milieu même de ses succès. Il ne se souleva pas contre ces impuissances de sa pensée avec cette âpreté d'angoisse et de désespoir qui ont rendu à jamais célèbre le nom de Pascal; mais il souffrit silencieusement, blessé dans son plus cher espoir, et cette mélancolie austère, signe de sa souffrance, devint un caractère essentiel de son talent.

C'est par de telles qualités que Jouffroy exerça une si profonde influence sur les disciples d'élite qu'il attira autour de lui, d'abord dans sa pauvre chambre de la rue du Four, et plus tard autour des chaires de la Sorbonne et du Collége de France. M. Mignet nous a conservé en traits délicats le souvenir de ce mélancolique jeune homme, dont la figure grave et belle avait des expressions si douces et si fières, si sérieuses et si tristes, dont les yeux, d'un bleu pâle et d'une lenteur réfléchie, ne se laissaient pas détourner des contemplations intérieures; et la belle statue de Pradier, que possède notre bibliothèque, nous permet de reconnaître encore aujourd'hui que sur son visage son âme respirait avec tous ses nobles caractères. Cet extérieur était d'accord avec son enseignement, qui n'était, en quelque sorte, que sa méthode même de recherche mise en acte devant son auditoire. Il semblait, en parlant, qu'il continuât tout haut sa méditation solitaire, et qu'il fût plus soucieux de se convaincre lui-même que d'éclairer les autres. Il n'annonçait pas la vérité à ses disciples, il la poursuivait avec eux. « C'était moins encore, comme on l'a dit avec finesse, une parole extérieure qu'une parole intérieure. Rien n'était donné à la curiosité littéraire, rien non plus à l'effet oratoire. Sa conscience se dévoilant, l'idée devenue visible sans perdre son essence d'idée pure, un geste sobre et fin dessinant en quelque sorte la forme idéale de la pensée, une voix faible mais timbrée par l'âme, voilà ce qui frappait un auditoire assidu, pour qui Jouffroy était comme un révélateur du monde intérieur ([1]). » On était bien loin, sans doute, de cet enthousiasme communicatif, de ces mouvements impétueux, de ces formes vives et saisissantes qui retenaient les admirateurs autour de quelques chaires voisines. Mais l'exemple même de son effort et la contagion de sa sincérité étaient plus puissants sur ses disciples que tout l'art de l'orateur le plus dramatique. Comment se serait-on défendu de croire devant un homme qui semblait s'effacer pour laisser parler la vérité ? Et comment aurait-on pu éprouver quelque désir ou quelque regret, quand on avait mieux que l'éloquence : la pensée même d'un grand esprit mise à nu devant ses auditeurs ?

II

Par cette sincérité de sa pensée, par cette simplicité austère de son talent, par cette élévation morale, Jouffroy était le véritable représentant de son pays, et l'on peut dire qu'il faisait d'autant plus d'honneur à la Franche-Comté, que c'était à des qualités franc-comtoises, idéalisées en lui, qu'il devait son succès. C'est ce que font ressortir, avec le charme nouveau de l'abandon et de la familiarité d'une correspondance intime, les lettres de notre philosophe à M. Weiss. Ces lettres, qui commencent avec le premier séjour de Jouffroy à Paris pour ne finir presque qu'à la veille de sa mort, nous font apercevoir

---

([1]) E. CARO, *Revue des Deux-Mondes*, n° du 15 avril 1865.

successivement les différentes phases de sa vie. Les unes,
animées d'une verve contenue et parfois d'une sorte de gaîté
humoristique et maligne, nous rappellent les années de sa
jeunesse active et militante, alors qu'enrôlé parmi les rédac-
teurs du *Globe*, il quittait parfois les sereines régions de la
philosophie pour descendre sur le terrain plus âpre et plus
troublé de la polémique. D'autres datent du temps de sa maturité et de l'époque où sa réputation, agrandie et affermie,
l'avait appelé à la chaire du Collége de France et à la Chambre
des députés. Ecrites d'un ton plus grave, elles sont de plus en
plus empreintes aussi de ces sentiments mélancoliques que
lui inspiraient à la fois et ces déceptions intérieures dont nous
avons parlé, et sans doute aussi l'affaiblissement de jour en
jour plus marqué de ses forces. Mais toutes elles nous révèlent
également le caractère noble et droit, le cœur généreux, qui
pouvaient seuls s'allier à sa grande âme. Il suffit de songer à
la constante fidélité de cette correspondance, prolongée durant
près de vingt années, malgré tant d'affaires et de travaux ; il
suffit surtout de recueillir au milieu d'elle les mille traits
touchants et délicats que son amitié lui suggère, pour sentir
quelle source d'affection était en lui, sous l'austérité apparente
du dehors, pour comprendre qu'il était de ceux qui connaissent
ce goût de la pure amitié, où ne peuvent atteindre, suivant
La Bruyère, « ceux qui sont nés médiocres. »

Mais il est une affection dont l'expression domine toutes les
autres dans cette correspondance, et qui, également marquée
partout, forme comme le fond sur lequel les autres se détachent :
c'est l'amour qu'il avait voué à la Franche-Comté. Parmi les
pensées privilégiées qui pouvaient lutter dans son âme avec
l'amour de la science, celle du pays natal était évidemment la
plus forte. Il avait pour lui un attachement de poète et de
patriote tout à la fois. De ses premières années passées dans
la montagne, il avait gardé pour ces sévères et grandioses
paysages du Jura un goût qui ne se démentit jamais. A Paris,
il était parfois comme épris de leur souvenir, et, ne pouvant

s'en détacher, il s'imaginait les aimer encore plus de loin que de près : « Je ferais volontiers des Bucoliques, écrivait-il alors, tant j'ai besoin de campagne. Virgile devait être dans la poussière de Rome quand il composait les siennes ; on ne sent les choses que de loin : la perspective est la condition de la peinture, et l'absence celle de l'amour. » Aussi avec quel empressement et quelle joie il revenait chaque année se reposer dans ces lieux amis des labeurs de la pensée et des fatigues de la vie de Paris ! Que de fois l'écho de cette joie se fait entendre dans la correspondance ! Que de fois M. Weiss est convié à aller embellir de son amitié cette chère solitude, et à aller lire à son ami les chapitres commencés de ses livres, « sur les sommets ombragés du Jura, en regardant les Alpes et en écoutant les clochettes des troupeaux ! » Mais c'étaient les intérêts de la Franche-Comté qui lui étaient chers avant tout. Il n'attendit pas, pour s'en préoccuper, que les suffrages de ses concitoyens l'eussent investi du mandat de représenter à la Chambre et de défendre ces intérêts. On peut dire qu'il n'y a pas une de ses lettres où il ne soit question de quelque affaire utile au pays ; et ce n'est pas dans le temps où sa réputation ne faisait que de naître, que ces préoccupations patriotiques étaient les moins vives.

Seulement, en vrai philosophe, c'était surtout des intérêts moraux et intellectuels qu'il se montrait soucieux. Tout ce qui pouvait tendre à agrandir les connaissances, à élever les esprits, était pour lui l'objet d'une sollicitude presque passionnée. Il souhaitait, il aurait voulu donner à Besançon les professeurs les plus distingués. Il excitait M. Weiss à se faire le centre d'une société philosophique qui eût attiré l'élite des jeunes gens d'alors, et occupé de graves études une partie de leurs loisirs. Et, chose remarquable ! c'était moins la philosophie que le patriotisme qui lui inspirait ce désir. Il comprenait tout ce que l'habitude de la réflexion et des pensées sérieuses peut produire dans les âmes ; il redoutait cet affaissement des intelligences assoupies au sein des jouissances matérielles; et il lui semblait que celui-là seul peut être un vrai citoyen, qui fait sa compagnie ordinaire des idées généreuses, et sait élever ses regards au-dessus des biens positifs et des occupations vulgaires.

En même temps, soucieux des titres de gloire de la Franche-Comté dans le passé, il excitait M. Weiss à entreprendre cette histoire littéraire de la province qui devait être l'œuvre de sa vie, et dont il n'est resté malheureusement que des notes inachevées. Il fut l'un des plus ardents promoteurs de la publication des papiers d'Etat du cardinal Granvelle : la correspondance nous le montre stimulant, dans vingt lettres, le zèle du comité chargé de cette publication, signalant les erreurs ou les lacunes et poussant le dévouement jusqu'à corriger de ses propres mains les épreuves qui sortaient de l'imprimerie royale.

Il eût fait plus encore, sans doute, si une énergie plus à l'épreuve et une habileté pratique plus exercée l'eussent appelé à jour un rôle politique véritable, et à acquérir l'influence attachée à un semblable rôle. Mais les qualités même qui en faisaient le philosophe ému et sincère que nous avons essayé de dépeindre, devaient l'éloigner de la vie active et des combats de la politique. Les âpres mêlées des passions et des intérêts n'étaient pas faites pour son âme délicate et sensible à l'excès. « Dans cette épreuve de la vie publique, dit M. Villemain avec une pénétrante justesse, il obtint plus de considération que de bonheur. » Le désir d'être utile à ses concitoyens le maintint seul à la Chambre. Bien revenu des emportements parfois excessifs de sa jeunesse, il voyait avec douleur les excès du parti même auquel il était attaché, et sa modération lui suggérait des craintes que l'avenir ne devait que trop justifier. Dans plus d'une de ses lettres, on surprend la plainte à demi-étouffée que lui arrachaient les luttes pénibles dont il eut plus d'une fois à souffrir, ou l'expression des inquiétudes qui envahissaient son âme. Toutes les fois que de tels sujets se présentent sous sa plume, le ton grandit, le style s'élève, et l'on sent à l'expression presque toujours douloureuse qui s'exhale, que le cœur du savant battait bien fort pour d'autres intérêts que ceux de la science.

Mais les intentions droites, la fierté des sentiments et la grandeur des vues ne' suffisent pas dans cette carrière agitée où il se trouvait engagé; il le comprit bientôt lui-même, et de bonne heure songea à déposer un trop lourd fardeau. Avant le temps où sa faiblesse croissante lui fit une nécessité d'aller demander au ciel plus doux de Pise des forces qui, hélas! ne devaient pas revenir, il ne pouvait s'empêcher d'aspirer au moment où il lui serait donné, dans une philosophique retraite, de reprendre ses études interrompues et de se livrer tout entier à ses travaux : « Mes belles années sont passées, écrivait-il alors, ma vie décline et je voudrais laisser quelque trace de mon passage; j'ai tant de choses à écrire! il est temps que je me mette à l'œuvre si je ne veux pas être surpris avant d'avoir rien fait. »

Ce suprême désir ne devait pas se réaliser. Obligé d'abandonner, en 1839, sa chaire du Collége de France, Jouffroy dut, en 1841, se retirer de la Chambre des députés, où sa santé affaiblie ne lui permettait plus de siéger. Mais ce ne fut pas pour s'enfoncer dans cette studieuse retraite après laquelle il soupirait; ses forces épuisées ne lui permettaient plus même le travail : il ne put, suivant ses propres expressions, que *se retirer de son cœur dans son âme, de son esprit dans son intelligence, et se rapprocher de la source de toute paix et de toute vérité.* « La maladie, disait-il, est certainement une grâce que Dieu nous fait, une sorte de retraite spirituelle qu'il nous ménage, pour nous reconnaître, nous retrouver et rendre à nos yeux la véritable vue des choses. » Qu'on songe cependant à ce qu'il dut souffrir, en voyant peu à peu ses forces décroître et la vie se retirer, avant qu'il eût rempli la mesure de son talent, alors peut-être que commençaient à luire à son esprit ces pensées définitives, « résultat suprême d'un grand travail intérieur et fruit de la vie, » toutes prêtes pour une œuvre qui eût enfin été digne de lui.

Toutes ces tristesses et tous ces regrets éclatent avec une éloquence au-dessus de laquelle il ne s'éleva jamais, dans le discours qu'il écrivit, presque au dernier jour de sa vie, pour la distribution des prix du lycée Charlemagne. « La vie, disait-il aux jeunes gens qui l'écoutaient, je l'ai en grande partie parcourue, j'en connais les promesses, les réalités, les déceptions; vous pourriez me rappeler comme on l'imagine, je veux vous dire comment on la trouve, non pas pour briser la fleur de vos belles espérances (la vie est parfaitement bonne à qui en connaît le but), mais pour prévenir des méprises sur ce but même, et pour vous apprendre, en vous révélant ce qu'elle peut donner, ce que vous avez à lui demander et de quelle manière vous avez à vous en servir. On la croit longue, elle est très courte, car la jeunesse n'en est que la lente préparation, et la vieillesse la plus lente destruction. Dans sept ou huit ans, vous aurez entrevu toutes les idées fécondes dont vous êtes capables, et il ne vous restera qu'une vingtaine d'années pour les réaliser. Vingt années! une éternité pour vous, en réalité un moment! Croyez-en ceux pour qui ces vingt années ne sont plus : elles passent comme une ombre, et il n'en reste que les œuvres dont on les a remplies. Apprenez donc le prix du temps, employez-le avec une infatigable, avec une jalouse activité. Vous aurez beau faire, ces années qui se déroulent devant vous comme une perspective sans fin n'accompliront qu'une faible partie des pensées de votre jeunesse; les autres demeureront des germes inutiles, sur lesquels le rapide été de la vie aura passé sans les faire éclore, et qui s'éteindront sans fruit dans les glaces de la vieillesse. »

L'éloquente tristesse de ces paroles, et l'enseignement mélancolique qu'elles contiennent, résument la vie de Jouffroy, son talent et les causes de sa renommée. Il fut grand surtout par le généreux élan qui emporta son âme vers les sublimes horizons de la vérité entrevue; il fut grand par cette souffrance que laissèrent en lui ses efforts impuissants et ses espérances trompées; il fut grand enfin parce qu'il personnifia en lui l'amour désintéressé de la science, l'élévation morale, une sorte de piété philosophique et de dévotion à la vérité.

LES ARMOIRIES

SONT-ELLES L'APANAGE EXCLUSIF DE LA NOBLESSE?

PAR M. A. DE MANDROT

Lieutenant-Colonel à l'Etat-major fédéral suisse.

Séance publique du 19 décembre 1887.

Les armoiries sont-elles l'apanage exclusif de la noblesse ?

Voilà une question à laquelle maint de mes auditeurs répondraient sans hésiter d'une manière affirmative ; et pourtant cette opinion ne serait pas plus vraie que celle qui attribue aux souverains seuls le droit de permettre l'usage de ces signes honorifiques, pas plus fondée que celle qui considère comme signes de fantaisie les armes portées par telle famille qui n'a jamais prétendu à la noblesse.

Je ne voudrais pas affirmer qu'au moyen âge ce qui se pratiquait dans un pays, ou dans une de ses parties, a dû nécessairement se pratiquer dans toutes les provinces du même pays, à plus forte raison dans une contrée voisine. Cependant une coutume, légalement établie dans un pays, semble pouvoir se retrouver également dans une région limitrophe de la première, surtout lorsque ces deux circonscriptions ont eu de tout temps, et au moins jusqu'au seizième siècle, des rapports constants et intimes.

Je me bornerai donc à parler de l'usage des armoiries dans ma patrie d'origine, le canton, soit l'ancien pays de Vaud ; mais je crois que de l'usage vaudois on peut, sans grande hardiesse, conclure que la même règle existait aussi de l'autre côté du Jura. Il ne faut pas oublier que jusqu'en 1476, les seigneuries d'Orbe et d'Echallens faisaient partie de la Bourgogne, et que néanmoins, pour l'usage des armoiries, on y suivait les errements du pays de Vaud au cœur duquel elles étaient situées.

Dans la Suisse romande, et surtout dans le pays de Vaud, soumis jusqu'en 1536 à la maison de Savoie, les armoiries ne se fixent qu'au treizième siècle, et, même à cette époque, des actes nombreux nous attestent que la petite noblesse allodiale n'avait point encore de sceaux. Lorsqu'il s'agissait de sceller un acte, on priait tantôt le grand seigneur le plus voisin, tantôt le chef d'une maison religieuse de la contrée, d'apposer son sceau. Il va sans dire que dans le même temps il ne peut être question de sceaux pour la noblesse ministérielle, c'est-à-dire de celle qui tenait en fief des offices de la haute noblesse ou des maisons religieuses. Il se pourrait que la petite noblesse allodiale et ministérielle eût porté déjà des armoiries; mais, dans la Suisse romande, il n'est resté d'elle ni sceau ni pierre tumulaire blasonnée de cette époque.

Au quatorzième siècle, la petite noblesse allodiale et la noblesse ministérielle commencent à se confondre. Il est vrai que les petits nobles ont presque tous perdu leur indépendance en entrant dans la vassalité des grands feudataires. Des ministériaux obtiennent la qualité de *chevaliers* dès le treizième siècle : or, les chevaliers, qui marchaient de pair avec les *sires* ou *hauts barons,* puisque dans les actes on leur donne comme à ces derniers le titre de *dominus,* les chevaliers, dis-je, prirent des armoiries; les autres membres de leurs familles les imitèrent, bien que n'ayant pas la même dignité : de sorte que vers la fin du susdit siècle la petite noblesse avait généralement armes et sceaux.

Mais pendant que la noblesse ministérielle montait pour ainsi dire en grade, une autre classe de la société s'était fait aussi sa place au soleil. Du neuvième au onzième siècle, il est évident, par plusieurs chartes, que dans la Suisse romande on trouvait un nombre considérable d'hommes libres possédant leurs biens en franc alleu. C'est sans doute à cette classe d'hommes que l'on *présentait*, suivant les anciens actes, le roi élu par les grands du royaume de Bourgogne transjurane; c'était elle qui, par ses acclamations, ratifiait les suffrages de l'aristocratie : *populus laudabat*, disent les documents. Or, le mot *populus* ne peut s'entendre des serfs qui, représentés par leurs seigneurs, n'avaient personnellement aucun droit politique. Il faut nécessairement le rapporter à cette classe d'hommes nommés si fréquemment, dans nos chartes romandes, *homines liberi* ou *regii*, en français *hommes libres* ou *royés*. Ces hommes ne devaient autre chose pour leurs biens que le service militaire : encore ne le devaient-ils qu'au souverain, pour la défense du pays et dans certaines limites seulement; ils ne payaient d'autres contributions que celles qu'ils avaient librement consenties. Dans l'origine, ils se regardaient comme fort au-dessus des ministériaux : c'était avec raison, car ces derniers n'étaient pas libres de leur personne, et l'on voit, dans les partages domaniaux de la maison de Neuchâtel, les ministériaux répartis suivant la convenance de leurs seigneurs qui ne les consultaient aucunement pour cela; et cependant parmi les familles ainsi traitées, il en est qui plus tard sont devenues illustres.

La position des *hommes royés* devint fort précaire après l'extinction de la famille royale de Bourgogne transjuranne et pendant les troubles qui suivirent ce fait si désastreux pour la Suisse romande. Les hauts barons ou *dynastes* cherchèrent à soumettre les hommes libres à leur domination; et cela leur fut facile, car ces hommes vivaient disséminés dans la campagne sans centre commun.

Dans cette extrémité, les recteurs de Bourgogne de la maison de Zæhringen qui, en qualité de représentants de l'empereur, étaient les protecteurs naturels des hommes libres, suivirent l'exemple qu'avaient donné en Allemagne les princes de la maison de Saxe : dans le but de contenir les grands vassaux, ils firent choix de positions militairement favorables et y groupèrent tous les hommes libres des environs et même des membres de la petite noblesse. Ces localités, entourées de murailles, portaient le nom germanique de *bourgs*, ce qui veut dire lieu fortifié : leurs habitants reçurent le nom collectif de *bourgeois*. Les villes de Fribourg-en-Suisse, de Berne, de Morat, de Zurich, etc., etc., n'eurent pas d'autre origine. Il ne faut donc pas s'étonner si, dès le onzième siècle, les bourgeois de ces villes siégeaient dans leurs conseils respectifs à côté de personnages appartenant à la plus ancienne noblesse du pays. Ils étaient complètement libres, ne devaient à l'empereur qu'une redevance peu considérable, et, sauf que la haute justice découlait de l'empire, tout le gouvernement de la cité leur appartenait.

Lorsque la maison de Savoie eut étendu sa domination sur tout le pays de Vaud, au commencement du quatorzième siècle, elle trouva déjà bon nombre de ces communautés libres : suivant en cela la politique des Zæhringen, elle en augmenta le nombre. Parmi les villes libres ainsi constituées, on distinguait les quatre *bonnes villes* du pays de Vaud : *Moudon, Yverdon, Morges* et *Nyon*. Ces localités avaient des priviléges encore plus étendus que les autres villes libres du pays. Leurs conseillers appartenaient souvent à la meilleure noblesse, et les autres familles *du conseil*, comme on les nomma plus tard, s'allièrent de très bonne heure aux races nobles des environs. Ces bourgeois eurent encore la faculté de posséder des fiefs nobles; il est donc assez naturel qu'ils aient *pris* des armoiries comme les nobles.

Je me suis servi à dessein de l'expression *prendre* des armoiries, parce que, en maint pays, nombre de personnes croient que les gentilshommes eux-mêmes ne peuvent porter que des armes concédées par le souverain. Il est certain que diverses familles, anoblies pour des faits honorables ou des services rendus, ont reçu des armoiries avec leurs lettres de noblesse; mais, même dans ces patentes, il arrive fréquemment que le prince se contente de confirmer à l'anobli des armes *qu'il avait habitué* de porter. D'une manière générale, on peut dire que l'opinion reçue est certainement fausse pour la Suisse romande et la Savoie; elle l'est, je le crois aussi, pour la Bresse et les deux Bourgognes. Sur plus de *cent* familles nobles de la Suisse romande, on n'en trouvera pas *dix* qui tiennent leurs armes d'un souverain quelconque. Ces familles ont adopté les armoiries qui leur convenaient; elles en ont changé même quelquefois, sans qu'aucune autorité supérieure ait eu l'idée de s'en préoccuper. Ce fait du changement d'armoiries s'applique du reste aux maisons de Savoie, de Genève et de Neuchâtel, lorsqu'elles n'étaient pas encore souveraines, puis aux maisons de Grandson, de Duins, de Blonay, etc., qui faisaient partie de la haute noblesse du pays de Vaud.

Il faut maintenant, après avoir admis que les nobles pouvaient *prendre* des armoiries, examiner si les hommes libres des villes, les *bourgeois,* avaient la même faculté.

Je crois pouvoir répondre affirmativement, en invoquant les dispositions de la charte des franchises de la ville de Nyon sur le lac de Genève. Nyon était la dernière des quatre *bonnes villes* du pays de Vaud, et ses franchises, identiques à celles de ses trois sœurs, dérivaient de celles de Moudon, octroyées en 1293. L'extrait qui suit est tiré des *Documents historiques relatifs à l'histoire du pays de Vaud,* par le baron de Grenus, pp. 59 à 64, et notes :

« *Item,* que les bourgeois puissent acquérir, tenir et entrer
» en possession d'un fief noble ou autre comme les nobles et
» autres capables de telles choses, en payant le laod au septième
» denier, s'il est dû.

» *Item,* qu'entre les nobles bourgeois, les premiers nés
» succèdent aux armoiries paternelles, et à la maison du père
» laquelle ils aimeront le mieux, avec les choses qui l'attou-
» cheront tout autour, les murs et les fossés d'icelle, de la
» longueur de 40 toises, et chaque toise de 9 pieds, outre la
» rate-part à eux compétente dans le reste. Que cependant
» entre les bourgeois *non nobles,* le dit privilège n'ait pas lieu,
» et que *l'écu* soit à celui à qui appartiendra la maison même

» dans laquelle le père faisoit sa résidence dans le temps de sa
» mort. »

On voit, par ce court extrait, le droit reconnu aux bourgeois
d'acquérir et de tenir des fiefs nobles en payant, il est vrai, le
laod au septième denier, tandis que les nobles le payaient au
cinquième seulement ; on voit de plus que, dans le pays de
Vaud, les bourgeois avaient le droit de porter des armoiries.
La même charte leur reconnaît le droit de chasser comme les
nobles *(sicut nobiles)*. Le même document montre bien qu'a-
lors, dans la Suisse romande, les armoiries n'étaient pas encore
fixées, puisque, soit chez les bourgeois nobles, soit chez les
autres, un des fils seulement porte l'écu du père après sa
mort. Remarquons de plus une chose, c'est que la bourgeoisie
se composait de nobles et de roturiers, et que les premiers
gardaient leurs qualifications honorifiques, sans toutefois qu'il
en résultât pour eux une prépondérance quelconque. Les
nobles faisaient partie des corps d'artisans, tout en n'exerçant
pas de métiers, exactement comme de nos jours feu le duc de
Wellington appartenait, dans la bourgeoisie de Londres, à la
corporation des marchands de poisson.

Je crois avoir établi que les bourgeois du pays de Vaud
avaient le droit de porter des armoiries. Or, les franchises des
villes vaudoises étaient fort semblables à celles de leurs voisins
de la Comté, quand on ne les avait pas, comme pour Neuchâtel, calquées sur ces dernières. Je ne m'avance donc pas
beaucoup en supposant que les bourgeois des villes comtoises
usaient du même privilége, lequel, dans notre opinion, était
inhérent à la qualité d'*homme libre*. Les vitraux du musée
archéologique de cette ville sont là pour prouver que je ne
me trompe pas, et les armoiries des familles bourgeoises de
Besançon figurent de plein droit dans le recueil historique des
armoiries de l'ancienne Comté.

Il y a deux siècles, une légère différence faisait distinguer
en Suisse les armes nobles des armes roturières ; cette distinction s'est maintenue jusqu'à présent dans la Snisse allemande,

bien qu'aucune loi ne s'en occupe. Les armes nobles étaient timbrées d'un casque grillé, les autres d'un casque ouvert. Mais, à partir du dix-septième siècle, chacun s'affuble d'une couronne de comte ou de marquis, abandonnant sottement les cimiers historiques des familles. Ce furent nos officiers au service de France qui, dit-on, suivirent les premiers le mauvais exemple que leur donnait une grande partie de la noblesse française.

Dans la Suisse actuelle, bien que la législation d'aucun canton ne se préoccupe d'armoiries ni de qualifications nobiliaires, le public n'éprouve aucun sentiment de jalousie vis-à-vis des familles qui continuent à se servir des armoiries héritées de leurs pères. Ce même public accueille favorablement les recueils historiques ou armoriaux qui donnent ces blasons. Il est vrai que ces armoriaux ne sont jamais une spéculation sur la vanité humaine; ce sont des recueils sérieux et composés par des hommes qui savent se mettre au-dessus des partis politiques ou religieux, et qui ne transigent point avec leur conscience par égard pour telle ou telle famille.

L'armoirie, décoration du sceau et plus tard du cachet apposé au pied d'un acte, n'était au fond qu'un équivalent ou une corroboration de la signature. Il n'y a donc rien d'étonnant de voir user de ce signe les hommes qui, par leur état politique, avaient le droit de siéger en justice et quelquefois le devoir de sceller des actes municipaux.

NOTICE SUR LE SÉNATEUR LYAUTEY

MEMBRE ET BIENFAITEUR DE LA SOCIÉTÉ D'ÉMULATION DU DOUBS

PAR M. AUGUSTE CASTAN
Secrétaire.

Séance du 11 janvier 1868.

Encore une honorable personnalité franc-comtoise qui vient de s'éteindre ! Encore une mémoire digne de toutes les sympathies et de tous les respects, qui entre, pour l'édification de la postérité, dans la pléiade des illustrations de notre province !.

Hubert-Joseph Lyautey naquit à Vellefaux (Haute-Saône), le 13 juillet 1789 [1]. Son père, qui était un type d'intégrité, de capacité et de distinction, fut, sous le premier Empire, l'une des lumières de l'administration militaire, puis, au début de la Restauration, le législateur du corps naissant de l'intendance. C'était un homme antique, dans la plus haute et la plus complète acception de ce mot, et les traditions de son intelligence et de son caractère furent noblement continuées par ses quatre fils, qui tous ont fait de brillants chemins dans la carrière des armes.

L'aîné, Just, mourut au champ d'honneur en Espagne, venant de recevoir les épaulettes de capitaine ; le second est celui dont nous déplorons la perte ; le troisième, Antoine, est le digne général d'artillerie que notre ville aime encore comme l'un de ses meilleurs citoyens ; le quatrième, Charles, retiré avec le grade d'intendant militaire, consacre les loisirs de sa

[1] Le nom des modestes aïeux de MM. Lyautey s'écrivait, au XVe siècle, *Loyaulté* : étymologie qui prouve que la droiture du caractère est de vieille tradition dans cette famille.

verte vieillesse à d'importantes études sur les questions militaires (¹).

Hubert Lyautey fut dès le berceau, pour ainsi dire, ce qu'il a été toute sa vie : grave, réfléchi et bon. Après de fortes études au lycée de Besançon, il fut admis, en 1805, à l'Ecole polytechnique; il en sortit avec le brevet de sous-lieutenant d'artillerie. Versé bientôt dans l'armée active, il prit part aux plus rudes campagnes des temps modernes : il figurait dans cette mémorable retraite de Russie et il y supporta tout ce que l'imagination peut concevoir en fait de souffrances.

« On cite de lui, en cette circonstance, un trait admirable. Comme il marchait presque seul, il rencontra un de ses compagnons du même grade, qui, les jambes entièrement gelées, gisait sur la route. Le commandant Lyautey n'hésita pas à le charger sur ses épaules. Cette action sublime lui sauva la vie à lui-même, car ses deux mains, saisies par le froid, devinrent incapables de le nourrir, et il serait mort de faim sans l'assistance de celui qu'il portait et qui lui mettait les aliments dans la bouche. »

Neuf ans plus tard, sa belle conduite au passage de la Costadura lui obtenait les épaulettes de lieutenant-colonel, et c'est à lui que fut confié le commandement des pontonniers dans l'action décisive de la campagne d'Espagne, la prise du Trocadero.

Les événements de 1830 le trouvèrent mûr pour le grade de colonel, et bientôt la guerre d'Afrique allait de nouveau faire appel à ses talents. Il passa la mer comme colonel; mais son mérite, reconnu par tous, lui valut promptement, avec le grade supérieur, le poste important de commandant de l'artillerie du corps expéditionnaire.

Revenu en France, il dirigea, de 1844 à 1846, l'école de

(¹) Depuis la rédaction de cette notice, l'intendant Charles Lyautey est mort, en son château de Francourt (Haute-Saône), le 12 avril 1868. — Voir les quelques lignes que nous avons consacrées à sa mémoire dans le *Courrier franc-comtois* du 23 avril suivant.

Vincennes. Investi d'une auguste confiance, il eut alors sous ses ordres et presque sous sa tutelle le jeune duc de Montpensier, dont il acheva l'éducation militaire. Sa place était depuis longtemps marquée au comité consultatif de l'artillerie; il y entra en 1847.

Les réactions politiques, si fatales aux ambitieux, épargnent ordinairement ceux que le souffle de l'intrigue n'a pu jeter en dehors de la droite ligne du devoir. Sans peur et sans reproche, n'ayant jamais brigué que ce qui lui était légitimement dû, le général Lyautey put se trouver à l'aise vis-à-vis de tous les pouvoirs. Elevé au grade de général de division en 1848, il reçut consécutivement du second Empire la plaque de grand-officier de la Légion d'honneur et la récompense suprême d'un siége au Sénat.

On l'a dit souvent, rien n'est plus commun en France que la bravoure irréfléchie : la valeur du général Lyautey fut d'une nature plus sérieuse et plus rare. Il a brillé surtout dans les conseils de son arme, où sa connaissance approfondie de tous les secrets d'un art extrêmement complexe lui donnait une véritable autorité.

Sous une apparence froide et réservée, le sénateur Lyautey portait en lui le cœur le plus dévoué et le plus tendre. Sa disposition naturelle était l'obligeance; mais, sévère pour lui-même, il exigeait des garanties de ceux qui réclamaient sa protection : son crédit n'en était que plus considérable, car il ne recommandait qu'avec discernement et discrétion.

Comme tous les Francs-Comtois d'un vrai mérite, le sénateur Lyautey était épris d'une vive affection pour la terre natale. Il s'intéressait à toutes les manifestations honorables de notre province et n'épargnait ni sa personne ni sa bourse pour contribuer à leur succès. Ce fut ainsi qu'en 1859 il versa une somme de mille francs dans la caisse, alors bien pauvre, de l'Exposition universelle qu'organisait la Société d'Emulation du Doubs. Cette Compagnie lui était d'ailleurs particulièrement chère : il en avait compris l'opportunité et pressenti les services; il n'y voulut jamais d'autre place que celle de membre actif, et son concours se traduisait chaque année par une offrande de deux cents francs.

Dans l'ordre moral comme dans l'ordre physique, chaque terroir imprime à ses produits une allure qui les distingue. Le sénateur Lyautey a résumé dans sa vie les plus nobles traits de la nature franc-comtoise, et il n'est personne dans ce pays qui ne lui sache un gré éternel d'avoir mis la dignité du caractère au-dessus de toute autre préoccupation.

OBJETS DIVERS

DONS

Faits à la Société en 1867.

Par Son Exc. M. le Ministre de l'Instruction
publique . . . .   400 fr.
Par le Département du Doubs . . . .   200 fr.
Par la Ville de Besançon . . . .   1,200 fr.
Par M. H. Lyautey, général de division d'artil-
lerie, sénateur . . . . , . . .   200 fr.

Par Son Exc. M. le Ministre de l'Instruction publique :
Revue des Sociétés savantes des départements, 4ᵉ série, t. 4,
octobre-décembre 1866; t. 5, janvier-juin 1867; t. 6, juillet-
octobre 1867;
*Mémoires lus à la Sorbonne dans les séances extraordinaires
du Comité impérial des travaux historiques*, tenues les 4, 5 et
6 avril 1866 : *Histoire* et *Archéologie*, 2 vol. in-8°, imprimerie
impériale, 1867.

Par MM.

E. de Rattier de Susvalon, membre correspondant, l'année 1867 de son journal l'*Etincelle*, publié à Bordeaux;
A. de Mandrot, colonel fédéral, membre correspondant,
ses *Armoriaux historiques de Genève* (en collaboration avec
M. Galiffe) *et de Neuchâtel* (en collaboration avec M. du Bois
de Pury), 1859 et 1864, 2 vol. in-4°; son *Essai sur l'organisation militaire de la Suisse*, Neuchâtel, 1863, broch. in-18;

Jean MACÉ, son *Projet d'établissement d'une ligue de l'enseignement en France*, bulletins 1 et 2, Colmar, 1866-1867, 2 br. in-8°;

Ch. CONTEJEAN, membre correspondant, ses *Conférences sur les phénomènes glaciaires, et sur les premiers habitants de l'Europe*, Niort, 1867, 2 broch. in-8°;

ORDINAIRE DE LA COLONGE, membre correspondant, sa *Note sur la perforation mécanique des roches par le diamant*, ses *Recherches sur le moteur à pression d'eau de M. Perret*, sa *Conférence sur l'eau considérée au point de vue physique, mécanique et alimentaire*, 1867, 3 broch.;

L'abbé COCHET, ses *Notes sur les poteries acoustiques de nos églises et sur un cimetière gaulois découvert au Vaudreuil (Eure) en 1858 et 1859*, Rouen, 1864, 2 broch. in-8°;

MEILLET, membre correspondant, ses *Recherches chimiques sur la patine des silex taillés*, Montauban, 1866, broch. in-8°;

Paul LAURENS, membre résidant, son *Annuaire du Doubs et de la Franche-Comté pour 1867*, 1 vol. in-8°;

Jules QUICHERAT, membre honoraire, son *Etude sur le pilum de l'infanterie romaine*, 1867, broch. in-8°;

Eugène CORTET, membre correspondant, *l'Analyse*, revue mensuelle, 1re année, t. I, n° 12, 15 décembre 1866;

Urbain DESCHARTES, son *Etude critique sur les travaux historiques de la ville de Paris*, 1867, broch. in-8°;

Le commandeur Alexandre CIALDI, *Les ports-canaux, article extrait de son ouvrage sur le mouvement des ondes*, traduit de l'italien, Rome, 1866, broch. gr. in-8°; *Rapport verbal fait à l'Académie des sciences, par M. de Tessan, sur l'ouvrage de M. Cialdi*, Paris. 1866, broch. in-4°;

LATOUR-DU-MOULIN, membre correspondant, ses *Questions constitutionnelles*, Paris, 1867, 1 vol. in-8°;

VIVIEN DE SAINT-MARTIN, membre correspondant, son *Année géographique*, 5e année, 1866, Paris, 1867, 1 vol. in-12;

LA CHAMBRE DE COMMERCE DE BESANÇON, *Compte-rendu de ses travaux en 1866*, br. in-4°;

Amédée THIERRY, membre honoraire, son ouvrage intitulé *Saint Jérôme, la société chrétienne à Rome et l'émigration romaine en Terre-Sainte,* Paris, 1867, 2 vol. in-8° ;

ROUGET, membre correspondant, ses *Observations médicales,* Besançon, 1867, broch. in-8° ;

Victor GIROD, président de la Société, sa *Notice sur la fabrication de l'horlogerie à Besançon et dans le département du Doubs,* Besançon, 1867, broch. in-8° ;

BERTHAUD, membre correspondant, ses *Discours de présidence à l'Académie de Mâcon en* 1867, broch. in-8° ;

A. GUICHARD, ses *Notes statistiques sur la mortalité des nourrissons à Troyes,* 1867, br. in-8° ;

RÉSAL, sa brochure intitulée *Applications de la mécanique à l'horlogerie,* Paris, 1867 ;

Em. BENOIT, membre correspondant, sa *Note à propos de la grotte de Baume (Jura),* 1867, broch. in-8° ;

LÉON GALLOTTI, membre correspondant, sa brochure intitulée *Nouveau système de signaux à l'usage de l'armée,* 1867.

LANGLOIS, membre correspondant, un recueil de 69 feuilles de dessins faits par lui, d'après la vision microscopique, de divers *pollen* de fleurs et de *microsoaires,* in-4° ;

KOHLMANN, membre correspondant, deux empreintes en soufre de sceaux du moyen âge : l'une du grand sceau de Rodolphe, dit l'Ingénieux, grand-veneur de l'empire d'Allemagne, devenu plus tard (1358) duc d'Autriche et de Carinthie, sous le nom de Rodolphe IV; la seconde reproduisant le sceau de la ville d'Aquilée au xve siècle ;

Emile DELACROIX, membre résidant, un moulage en plâtre de l'autel gallo-romain d'Apollon et Sirona, à Luxeuil ;

Francis CASTAN, membre correspondant, une hache en silex et un poinçon en os, provenant des tourbières du Bouchet, commune de Vert-le-Petit, arrondissement de Corbeil (Seine-et-Oise) ;

Victor GIROD, président de la Société, deux montres, style Louis XV;

Louis RENAUD, membre résidant, des débris de momie;

LA SOCIÉTÉ D'ÉMULATION DU JURA, photographies des bronzes de la fonderie celtique découverte à Larnaud (tableaux in-4° tirés à trois exemplaires);

LA SOCIÉTÉ D'ÉMULATION DE MONTBÉLIARD, deux photographies de l'autel laraire en bronze de Mandeure;

Camille PROUDHON, membre résidant, une collection de coquillages provenant des mers de la Chine;

MUESS-REBILLET, trois échantillons minéralogiques;

Achille GIROD, membre résidant, un Colin d'Amérique, mâle.

Envois faits, en 1867, par les Sociétés correspondantes.

Société d'histoire de Neuchâtel : *Les antiquités de Neuchâtel*, de Frédéric Dubois de Montpéreux, 1 vol. in-4°; *Musée neuchâtelois*, organe de la Société d'histoire du canton de Neuchâtel, 1re année (1864), 2e année (1865), 3e année (1866);

Memoirs of the literary and philosophical Society of Manchester, third series, vol. 2, 1865;

Proceedings of the literary and philosophical Society of Manchester, vol. 3 (1862-64), vol 4 (1864-65);

Verhandlungen der Naturforschenden Gesellschaft in Basel, vierter Theil, Heft 3 (1866), Heft 4 (1867);

Société académique des sciences, arts, belles-lettres, agriculture et industrie de Saint-Quentin, 3e série, t. 6, 1864-1866;

Abhandlungen herausgegeben vom naturwissenschaftlichen Vereines zu Bremen, Band I, Heft 1, Heft 2;

Bulletin de la Société impériale d'horticulture pratique du Rhône, 1866, décembre, n° 12; 1867, nos 1-8, janvier-août;

Répertoire des travaux de la Société de statistique de Marseille, t. 28, 2e fascicule; t. 29, 2e fascicule; t. 30;

Bulletin de la Société géologique de France, 2ᵉ série, t. 22, feuilles 37 à 38; t. 23, feuilles 52 à 55; t. 24, feuilles 1 à 46;

Bulletin périodique publié par les Sociétés d'agriculture et d'horticulture du Doubs, 1ʳᵉ année, janvier à septembre 1867, nᵒˢ 1-9;

Bulletin de la Société archéologique de l'Orléanais, 1866, 2ᵉ-4ᵉ trimestre; 1867, 1ᵉʳ trimestre;

Bulletin de la Société d'agriculture, sciences et arts de Poligny, 7ᵉ année, 1866, nᵒˢ 9-12; 8ᵉ année, 1867, nᵒˢ 1-6;

Sitzungsberichte der kœnigl. bayer. Akademie der Wissenschaften zu München, 1866, Band I, Heft 1-4; 1866, Band II, Heft 1;

Supplementbandes zu den Annalen der Münchener Sternwarte, von J. Lamont, V, 1866;

Die Entwicklung der Ideen in der Naturwissenschaft, von Justus Freiherrn von Liebig, München, 1866, in-4°;

Die Bedeutung moderner Gradmessungen, von Karl-Maximilian Bauernfeind, München, 1866, in-4°;

Académie des sciences, belles-lettres et arts de Besançon, séance publique du 23 août 1866;

Mémoires de la Société littéraire de Lyon, année 1866;

Mémoires de la Société académique de Maine-et-Loire, t. 19 et 20;

Bulletin trimestriel de la Société d'agriculture de Joigny, 1866, octobre-décembre; 1867, janvier-septembre;

Jahrbuch der k.-k. geologischen Reichsanstalt, 1865, Band 15, n° 4, Band 16, nᵒˢ 1-3;

Bulletin de la Société de médecine de Besançon, 2ᵉ série, n° 1, 1866;

Mémoires de la Société d'Emulation du Jura, 1866;

Bulletin de la Société des sciences historiques et naturelles de l'Yonne, t. 20, 1866, 3ᵉ et 4ᵉ trimestres; t. 21, 1867, 1ᵉʳ et 2ᵉ trimestres;

Bulletin de la Société polymathique du Morbihan, année 1866, 2ᵉ semestre; — *Catalogue des plantes phanérogames du Morbihan*, par M. Arrondeau, publié par la même Société;

Bulletin de la Société archéologique et historique du Limousin.

t. 16, 1866 ; — *Nobiliaire du diocèse et de la généralité de Limoges*, feuilles 12-20 ; — *Registres consulaires de la ville de Limoges*, t. 1ᵉʳ ;

Mémoires de l'Académie des sciences, belles-lettres et arts de Marseille, ann. 1858-1864 ;

Programme des prix mis au concours par la Société d'encouragement pour l'Industrie nationale, prix et médailles à décerner de 1867 à 1874 ;

Mémoires de la Société d'Emulation de Montbéliard, 2ᵉ série, t. 3, 1866 ;

Zwœlfter Bericht der oberhessischen Gesellschaft für Natur- und-Heilkunde, nᵒ 12, Giessen, febr. 1867 ;

Mémoires et documents publiés par la Société d'histoire et d'archéologie de Genève, t. 16, 2ᵉ livraison, 1867 ; *Regeste genevois ou répertoire chronologique et analytique des documents imprimés relatifs à l'histoire de la ville et du diocèse de Genève avant l'année* 1312, publié par la même Société, Genève, 1866, in-4ᵒ, avec cartes et tableaux généalogiques ;

Annales de la Société des lettres, sciences et arts des Alpes-Maritimes, t. 1, 1865 ;

Société de secours des amis des sciences, compte-rendu de la 10ᵉ séance publique annuelle, tenue le 29 avril 1867 ;

Mémoires de l'Académie du Gard, 1864-1865 ;

Mémoires de la Société des sciences physiques et naturelles de Bordeaux, t. 1-4, 1855-1866, t. 5, 1ᵉʳ cahier, 1867 ;

Bulletin de la Société de climatologie algérienne, 4ᵉ année, 1867, nᵒˢ 4-6 ;

Mémoires de la Société académique de l'Aube, 3ᵉ séric, t. 3, 1866;

Annales de la Société impériale d'agriculture, industrie, sciences, arts et belles-lettres de la Loire, t. 10, 1866 ;

Bulletin de la Société des sciences naturelles et historiques de l'Ardèche, nᵒ 3, 1866 ;

Bulletin de la Société vaudoise des sciences naturelles, t. 9, juillet 1866, juin 1867 ;

Mémoires de la Société des sciences naturelles de Strasbourg, t. 6, 1ʳᵉ livraison ;

Bulletin de la Société d'histoire naturelle de Colmar, 6ᵉ et 7ᵉ années, 1865-1866 ;

Mémoires de l'Institut national genevois, t. 11, 1866; *Bulletin de l'Institut national genevois*, nᵒ 30, 1866; nᵒ 31, 1867 ;

Mémoires de la commission d'archéologie de la Haute-Saône, t. 4, complément, 1867 ;

Mémoires de la Société littéraire et scientifique de Castres, t. 6, 1867 ;

Bulletin de l'Association scientifique de France, nᵒˢ 21-45, mai-décembre 1867 ;

Schriften der kœnigl. physicalisch-œkonomischen Gesellschaft zu Kœnigsberg, Band VI, 1865, Heft 1-2; Band VII, Heft 1-2 ;

Proceedings of the Boston Society of natural history, t. 2-10 (1845-1866) ; t. 11, feuilles 1-6 ; — *Memoirs reade before the Boston Society of natural history, being a new series of the Boston journal of natural history*, t. 1 ; — *Condition and Doings of the Boston society of natural history*, 1865 et 1866 ;

Nouveaux mémoires de la Société helvétique des sciences naturelles, t. 22 (3ᵉ série, t. 2), Zurich, 1867 ; — *Actes de la Société helvétique des sciences naturelles réunie à Neuchâtel les 22, 23 et 24 août 1866, 50ᵉ session* ;

Mittheilungen der naturforschenden Gesellschaft in Bern, 1866.

MEMBRES DE LA SOCIÉTÉ
Au 31 décembre 1867.

Le millésime placé en regard du nom de chaque membre indique l'année de sa réception dans la Société.

Les membres de la Société qui ont racheté leurs cotisations annuelles sont désignés par un astérisque (*) placé devant leur nom, conformément à l'article 21 du règlement.

Conseil d'administration pour 1868.

Président	MM. FAUCOMPRÉ ;
Premier vice-président . . .	GIROD (Victor) ;
Deuxième vice-président. . .	BOULLET ;
Secrétaire décennal	CASTAN ;
Vice-secrétaire.	FAIVRE ;
Trésorier.	JACQUES ;
Archiviste	VARAIGNE.

Secrétaire honoraire	M. BAVOUX.

Membres honoraires.

MM.

LE PRÉFET du département du Doubs.

L'ARCHEVÊQUE du diocèse de Besançon.

LE GÉNÉRAL commandant la 7e division militaire.

LE PREMIER PRÉSIDENT de la Cour impériale de Besançon.

LE PROCUREUR GÉNÉRAL près la Cour impériale de Besançon.

LE RECTEUR de l'Académie de Besançon.

LE MAIRE de la ville de Besançon.

L'INSPECTEUR d'Académie à Besançon.

BAYLE, professeur de paléontologie à l'Ecole des mines ; Paris.
— 1851.

MM.

BLANCHARD, Em., membre de l'Institut (Académie des scienc.), professeur au Muséum d'histoire naturelle ; Paris. — 1867.

COQUAND, Henri, professeur de géologie; Marseille. — 1850.

DEVILLE, Henri-Sainte-Claire, membre de l'Institut (Académie des sciences) ; Paris. — 1847.

DEVOISINS, sous-préfet; aux Andelys (Eure). — 1842.

DOUBLEDAY, Henri, entomologiste; Epping, comté d'Essex (Angleterre). — 1853.

GOUGET, docteur en médecine; Dole (Jura). — 1852.

LÉLUT, membre de l'Institut (Académie des sciences morales); rue Vanneau, 15, Paris. — 1866.

MABILE (Mgr), évêque de Versailles. — 1858.

MARTIN (Henri), historien; Paris-Passy, rue du Ranelagh, 54. — 1865.

PARAVEY, ancien conseiller d'Etat, rue des Petites-Ecuries, 44, Paris. — 1863.

QUICHERAT, Jules, professeur de première classe à l'Ecole impériale des Chartes; Paris, rue Casimir-Delavigne, 9.—1859.

THIERRY, Amédée, sénateur, membre de l'Institut (Académie des sciences morales); rue de Grenelle-Saint-Germain, 122, Paris. — 1867.

Membres résidants (¹).

ADLER, fabricant d'horlogerie, quai Vauban, 30-32. — 1859.

ALEXANDRE, secrétaire du conseil des prud'hommes, rue d'Anvers, 4. — 1866.

ALVISET, président de chambre à la Cour impériale, rue du Mont-Sainte-Marie, 1. — 1857.

D'ARBAUMONT, chef d'escadron d'artillerie, sous-inspecteur des forges de l'Est, rue Sainte-Anne, 1. — 1857.

(¹) Dans cette catégorie figurent plusieurs membres dont le domicile habituel est hors de Besançon, mais qui ont demandé le titre de *résidants*, afin de payer le *maximum* de la cotisation et de contribuer ainsi d'une manière plus large aux travaux de la Société.

MM.

ARBEY, négociant, Grande-Rue, 55. — 1861.

ARNAL, économe du lycée impérial. — 1858.

BAILLY (l'abbé), maître des cérémonies de la cathédrale.—1865.

BAILLY, pharmacien, rue des Granges, 20. — 1867.

BAIGUE, entrepreneur, rue des Boucheries, 23. — 1859.

BARBAUD, Auguste, adjoint au maire, rue Saint-Vincent, 43. — 1857.

BARBAUD, Charles, négociant, rue Neuve-St-Pierre, 15.—1862.

BATAILLE, ancien fabricant d'horlogerie, rue des Chambrettes, 15. — 1841.

* BAVOUX, Vital, vérificateur des douanes, à St-Louis (Haut-Rhin). — 1853.

BELLAIR, médecin-vétérinaire, rue de la Bouteille, 7. — 1865.

BELOT, essayeur du commerce, rue de l'Arsenal, 9. — 1855.

BERTHELIN, Charles, ingénieur en chef des ponts et chaussées, rue de Glères, 23. — 1858.

BERTIN, négociant, aux Chaprais (banlieue). — 1863.

* BERTRAND, docteur en médec., rue des Granges, 9. — 1855.

BESSON, avoué, place Saint-Pierre, 17. — 1855.

BIAL, Paul, chef d'escadron d'artillerie, sous-directeur à l'arsenal. — 1858.

BLONDEAU, Charles, entrepreneur de menuiserie, juge au tribunal de commerce, rue St-Paul, 57. — 1845.

BLONDEAU, Léon, entrepreneur de charpenterie, rue St-Paul, 57. — 1845.

BLONDON, docteur en médecine, rue des Granges, 68. — 1851.

BODIER, Eugène, docteur en médecine, Grande-Rue, 53. — 1867.

BOITEUX, inspecteur du service des enfants assistés, rue de la Bouteille, 9. — 1867.

BOSSY, Xavier, fab. d'horl., rue des Chambrettes, 6. — 1867.

BOULLET, proviseur du lycée impérial. — 1863.

BOURCHERIETTE dit POURCHERESSE, entrepreneur de peinture et propriétaire, rue des Chambrettes, 8. — 1859.

MM.

BOURDY, Pierre, essayeur du commerce, rue de la Lue, 9. — 1862.

BOURGON, président honoraire à la Cour impériale, rue du Chapitre 4. — 1865.

BOUTTEY, Paul, fabricant d'horlogerie, juge au tribunal de commerce, rue Moncey, 12. — 1859.

BOYSSON D'ECOLE, trésorier-payeur général du département, rue de la Préfecture, 22. — 1852.

BRETENIER, notaire, rue Saint-Vincent, 22. — 1857.

BRETILLOT, Eugène, propriétaire, rue des Granges, 46.—1840.

BRETILLOT, Léon, banquier, ancien maire de la ville, président du tribunal de commerce, rue de la Préfecture, 21. — 1853.

BRETILLOT, Maurice, propriétaire, rue de la Préfecture, 21.—1857.

BRETILLOT, Paul, propriét., rue de la Préfecture, 21. — 1857.

BRUCHON, professeur à l'Ecole de médecine, médecin des hospices, rue des Granges, 16. — 1860.

BRUGNON, ancien notaire, rue de la Préfecture. 12. — 1855.

BRUNSWICK, Léon, fabric. d'horlog., Grande-Rue, 28.—1859.

DE BUSSIERRE, Jules, conseiller à la Cour impériale, président honoraire de la Société d'agricult., rue du Clos, 33. — 1857.

CANEL, chef de bureau à la préfecture. — 1862.

CARLET, Joseph, ingénieur, rue Neuve, 13. — 1858.

CASTAN, Auguste, conservateur de la bibliothèque et des archives de la ville, rue Saint-Paul, 3. — 1856.

DE CHARDONNET (le vicomte), ancien élève de l'Ecole polytechnique, rue du Perron, 28. — 1856.

CHAUVELOT, professeur d'arboriculture, à la Butte (banlieue). — 1858.

CHEVILLIET, professeur de mathématiques spéciales au lycée impérial, rue du Clos, 27. — 1857.

CHOTARD, professeur d'histoire à la Faculté des lettres, rue du Chapitre, 19. — 1866.

MM.

DE CONEGLIANO (le marquis), chambellan de l'Empereur, député du Doubs. — 1857.

CONSTANTIN, préparateur d'histoire naturelle à la Faculté des sciences, rue Ronchaux, 22. — 1854.

CORDIER, Jules-Joseph, employé des douanes, rue de la Préfecture, 26. — 1862.

COULON, Henri, avocat, rue de la Lue, 7. — 1856.

COURLET, proviseur de lycée en retraite, rue Ronchaux, 11.— 1863.

COURLET DE VREGILLE, chef d'escadron d'artillerie en retraite, rue Saint-Vincent, 48. — 1844.

COURTOT, Théodule, commis-greffier à la Cour impériale. — 1866.

COUTENOT, professeur à l'Ecole de médecine, médecin en chef des hospices, Grande-Rue, 44. — 1852.

CUENIN, Edmond, pharmacien, rue des Granges, 40. — 1863.

DACLIN (le baron), juge au tribunal de première instance, membre du Conseil général, rue de la Préfecture, 23.— 1865.

DAVID, notaire, Grande-Rue, 107. — 1858.

DEGOUMOIS, Ch., directeur d'usine ; la Butte (banlieue). — 1862.

DELACROIX, Alphonse, architecte de la ville. — 1840.

DELACROIX, Emile, professeur à l'Ecole de médecine, inspecteur des eaux de Luxeuil, rue de Chartres, 6. — 1840.

DELAVELLE, notaire, Grande-Rue, 39. — 1856.

DELAVELLE, professeur au lycée impérial, rue St-Antoine, 2. — 1866.

DENANS, vérificateur des poids et mesures, rue Neuve-Saint-Pierre, 16. — 1866.

DÉTREY, Just, banquier, Grande-Rue, 96. — 1857.

DIÉTRICH, Bernard, négociant, Grande-Rue, 73. — 1859.

DODIVERS, Félix, imprimeur, Grande-Rue, 42. — 1854.

DRAPEYRON, Ludovic, professeur agrégé d'histoire au lycée impérial, rue Moncey, 7. — 1866.

22

MM.

Ducat, Alfred, architecte, rue Saint-Pierre, 19. — 1855.

Dunod de Charnage, avocat, rue de la Bouteille, 1. — 1863.

Duret, géomètre, rue Neuve, 28. — 1858.

Ethis, Edmond, propriétaire, Grande-Rue, 91. — 1860.

Ethis, Ernest, propriétaire, Grande-Rue, 91. — 1855.

Ethis, Léon, sous-inspecteur des forêts, rue de la Préfecture, 25. — 1862.

Faivre, Adolphe, professeur à l'Ecole de médecine, rue du Lycée, 14. — 1862.

Faucompré, chef d'escadron d'artillerie en retraite, lauréat de la prime d'honneur au concours régional agricole de Besançon en 1865, rue du Lycée, 6. — 1855.

Faucompré, Philippe, professeur d'agriculture du département du Doubs, rue du Lycée, 6. — 1867.

Fernier, Louis, fabricant d'horlogerie, président du conseil des prud'hommes, rue Ronchaux, 3. — 1859.

Feuvrier (l'abbé), professeur à Saint-François-Xavier, rue des Bains-du-Pontot, 4. — 1856.

Fitsch, Christian, propriétaire et entrepreneur de maçonnerie, rue du Chateur, 12. — 1866.

Fitsch, Léon, entrepreneur de maçonnerie, rue des Martelots, 8. — 1865.

Foin, agent principal d'assurances, place Saint-Pierre, 6. — 1865.

Fouin, Auguste, mécanicien, rue de l'Arsenal, 9. — 1862.

Gassmann, Emile, rédacteur en chef du *Courrier franc-comtois*. — 1867.

Gaudot, médecin; Saint-Ferjeux (banlieue). — 1861.

Gauffre, receveur principal des postes, Grande-Rue, 100. — 1862.

Gautherot, entrepreneur de menuiserie, rue Morand, 9. — 1865.

Gauthier, Jules, élève de l'Ecole des Chartes, rue Racine, 2, Paris. — 1866.

MM.

GÉRARD, Edouard, banquier, ancien adjoint au maire, Grande-Rue, 68. — 1854.

GÉRARD, Jules, professeur agrégé de philosophie au lycée impérial, rue de la Préfecture, 25. — 1865.

GIRARDOT, Régis, banquier, rue Saint-Vincent, 15. — 1857.

GIROD, Achille, propriétaire; Saint-Claude (banlieue).— 1856.

GIROD, avoué, rue Moncey, 5. — 1856.

GIROD, Victor, adjoint au maire, Grande-Rue, 70. — 1859.

GIROLET, Louis, dit ANDROT, peintre-décorateur, rue de l'Ecole, 28-30. — 1866.

GLORGET, Pierre, huissier, Grande-Rue, 58. — 1859.

GOUILLAUD, professeur à la Faculté des sciences, rue Saint-Vincent, 3. — 1851.

GRAND, Charles, directeur de l'enregistrement et des domaines, Grande-Rue, 68. — 1852.

GRANGÉ, pharmacien, rue Morand, 7. — 1859.

GRENIER, Charles, professeur à la Faculté des sciences et à l'Ecole de médecine, Grande-Rue, 106. — 1840.

GROSJEAN, bijoutier, rue des Granges, 21. — 1859.

GUERRIN, avocat, rue de la Préfecture, 20. — 1855.

GUIBARD (l'abbé), aumônier de la citadelle, rue du Chapitre, 7. — 1866.

GUICHARD, Albert, pharmacien, rue d'Anvers, 3. — 1853.

GUILLEMIN, ingénieur-constructeur; Casamène (banlieue). — 1840.

HALDY, fabricant d'horlogerie, rue Saint-Jean, 3. — 1859.

HORY, propriétaire, rue de Glères, 17. — 1854.

JACOB, Alexandre, maire de Pirey, propriétaire, rue Saint-Paul, 54. — 1866.

JACQUARD, Albert, banquier, rue des Granges, 21. — 1852.

JACQUES, docteur en médecine, rue du Clos, 32. — 1857.

JEANNINGROS, pharmacien, place Saint-Pierre, 6. — 1864.

DE JOUFFROY (le comte Joseph), propriétaire, au château d'Abbans-Dessous et à Besançon, rue du Chapitre, 1. — 1853.

MM.

KRACHPELTZ, graveur en horlogerie, rue des Granges, 19. — 1866.

LAMY, bâtonnier des avocats, rue des Granges, 14. — 1855.

LANCRENON, conservateur du Musée et directeur de l'Ecole de dessin, correspondant de l'Institut, rue de la Bouteille, 9. — 1859.

LAUDET, conducteur des ponts et chaussées, rue Ronchaux, 10. — 1854.

LAURENS, Paul, président de la Société d'agriculture du Doubs, rue Saint-Vincent, 22. — 1854.

LEBLANC, Léon, peintre, rue Morand, 8. — 1867.

LEBON, Eugène, docteur en médecine, Grande-Rue, 88. — 1855.

LEBRETON, directeur de l'usine à gaz, Grande-Rue, 97. — 1866.

LEGENDRE, Louis, chef de bureau à l'hôtel de ville, receveur du bureau de bienfaisance, rue du Chateur, 15. — 1866.

LÉPAGNEY, François, horticulteur; la Butte (banlieue). — 1857.

LHOMME, Louis. ancien notaire, rue de la Vieille-Monnaie, 4. — 1864.

LIEFFROY, Aimé, propriétaire, rue Neuve, 11. — 1864.

LOICHET, avoué à la Cour impériale, rue Proudhon, 6. — 1866.

DE LONGEVILLE (le comte). propriétaire, rue Neuve, 7. — 1855.

LOUVOT, Arthur, ancien avoué, rue du Lycée, 6. — 1858.

LOUVOT, Hub.-Nic., notaire, Grande-Rue, 48. — 1860.

LUMIÈRE, Antoine, photographe, rue des Granges, 59. — 1865.

MACHARD, viticulteur, Grande-Rue, 14. — 1858.

MAIRE, ingénieur des ponts et chauss., rue Neuve, 15. — 1851.

MAIROT, Félix, banquier, ancien président du tribunal de commerce, rue de la Préfecture, 17. — 1857.

MAIROT, Edouard, entrepreneur de charpenterie, rue Morand, 2. — 1865.

MALDINEY, entrepreneur de charpenterie, abbaye Saint-Paul. — 1865.

MARCHAL, Georges, essayeur du commerce, Grande-Rue, 14. — 1860.

MM.

MARION, mécanicien ; Casamène (banlieue). — 1857.

MARLET, Adolphe, secrétaire général de la préfecture de la Haute-Saône. — 1852.

MARQUE, Hector, propriétaire, ancien élève de l'Ecole polytechnique ; Poligny (Jura). — 1851.

MATHIOT, Joseph, avocat, rue du Chateur, 20. — 1851.

MAZOYHIE, ancien notaire, rue des Chambrettes, 12. — 1840.

MICAUD, Jules, directeur en retraite de la succursale de la Banque, juge au tribunal de commerce, rue des Granges, 38. — 1855.

MICHEL, Brice, décorateur des promenades de la ville; Fontaine-Ecu (banlieue). — 1865.

MONNIER, Paul, correcteur d'imprimerie, rue de Glères, 15.— 1867.

MONNOT, Théodose, docteur en médecine, médecin des épidémies, rue Moncey, 1. — 1856.

MOREL, Ernest, docteur en médecine, rue Moncey, 12.—1863.

MOUTRILLE, Alfred, banquier, rue de la Préfecture, 31.—1856.

NOIRET, voyer de la ville, rue de la Madeleine, 19. — 1855.

D'ORIVAL, Léon, propriétaire, rue du Clos, 22. — 1854.

D'ORIVAL, Paul, conseiller à la Cour impériale, place Saint-Jean, 6. — 1852.

OUDET, Gustave, avocat, rue Moncey, 2. — 1855.

OUTHENIN-CHALANDRE, fabricant de papier et imprimeur, président de la Chambre de commerce, rue des Granges, 23. — 1843.

OUTHENIN-CHALANDRE, Joseph, ancien juge au tribunal de commerce, Grande-Rue, 68. — 1856.

PAILLOT, Justin, naturaliste, rue des Chambrettes, 13.—1857.

PAINCHAUX, Francisque, architecte, rue Neuve, 18. — 1859.

PERCEROT, architecte, rue du Chateur, 25. — 1841.

PÉRIARD, docteur en médecine, rue du Clos-St-Paul, 6.—1861.

PERRIER, Just, employé à la préfecture; quai Napoléon, 1. — 1866.

MM.

Pétey, chirurgien-dentiste, Grande-Rue, 70. — 1842.

Petithuguenin, notaire, rue de la Préfecture, 12. — 1857.

Picard, Arthur, banquier, Grande-Rue, 48. — 1867.

Piguet, Emm., fabricant d'horlogerie, place Saint-Pierre, 9. — 1856.

Piquerez, Aristide, fabric. d'horl., rue de Glères, 23. — 1866.

Poignand, médecin-vétérinaire, rue Morand, 9. — 1855.

Poignand, premier avocat général, rue des Granges, 38. — 1856.

Pourcy de Lusans, docteur en médecine, rue de la Préfecture, 23. — 1840.

Proudhon, Camille, conseiller à la Cour impériale, Grande-Rue, 129. — 1856.

Proudhon, Léon, maire de la ville, rue de la Préfecture, 25. — 1856.

Racine, Louis, négociant, ancien adjoint au maire, rue Battant, 7. — 1857.

Racine, Pierre, négociant, rue Battant, 7. — 1859.

Ravier, Franç.-Joseph, ancien avoué; St-Claude (banlieue). — 1858.

Renaud, François, négociant, abbaye Saint-Paul. — 1859.

Renaud, Louis, ancien pharmacien, rue d'Anvers, 4. — 1854.

Reynaud-Ducreux, professeur à l'Ecole d'artillerie, rue Ronchaux, 22. — 1840.

Rith, Arth., professeur à l'Ecole de médecine, rue du Chateur, 9. — 1860.

Rollot, contrôleur des contributions indirectes en retraite; les Chaprais (banlieue). — 1846.

Saillard, Albin, professeur à l'Ecole de médecine, rue Morand, 8. — 1866.

Saint-Eve, Ch., entrepreneur de serrurerie, place Granvelle. — 1865.

Saint-Eve, Louis, fondeur en métaux, rue de Chartres, 8. — 1852.

MM.

SAINT-GINEST, Etienne, architecte du département du Doubs, rue de la Préfecture, 18. — 1866.

DE SAINTE-AGATHE. Louis, membre et ancien président de la Chambre de commerce, rue d'Anvers, 1. — 1851.

SANCEY, Louis, employé au bureau central de la compagnie des forges de Franche-Comté; Montjoux (banlieue). — 1855.

SARRAZIN, propriétaire de mines; Laissey (Doubs). — 1862.

SICARD, Honoré, négociant, rue de la Préfecture, 4. — 1859.

SILVANT, Adolphe, propriétaire, Grande-Rue, 44. — 1860.

SIRE, Georges, docteur ès-sciences, directeur de l'Ecole d'horlogerie, rue Saint-Antoine, 6. — 1847.

SOUDRE, André, contrôleur de la garantie, rue Proudhon, 6. — 1865.

STEHLIN, professeur de musique à l'Ecole normale, rue du Chateur, 18. — 1867.

TAILLEUR, propriétaire, rue d'Arènes, 33. — 1858.

TAILLEUR, Louis, professeur de langue allemande, rue d'Arènes, 33. — 1867.

THIÉBAUD (l'abbé), chanoine, Grande-Rue, 112. — 1855.

TOURNIER, Justin, propriét., rue de la Préfecture, 25. — 1855.

TOURNIER, Paul, docteur en médecine, rue des Granges, 32. — 1866.

TRAVELET, essayeur de la garantie, rue St-Vincent, 53. — 1854.

TRÉMOLIÈRES, Jules, avocat, rue des Martelots, 1. — 1840.

VARAIGNE, Charles, premier commis à la direction des contributions indirectes, rue Saint-Vincent, 18. — 1856.

VEIL-PICARD, Adolphe, juge au tribunal de commerce, Grande-Rue, 14. — 1859.

DE VEZET (le comte), propriétaire, rue Neuve, 17 ter. — 1859.

VÉZIAN, professeur à la Faculté des sciences, rue Neuve, 21. — 1860.

VIVIER, employé à l'hôtel de ville, rue de Chartres, 22. — 1840.

VIVIER, Edmond, directeur des prisons du département du Doubs, quai Napoléon, 27. — 1866.

MM.

Voisin, Pierre, propriétaire-agriculteur; Montrapon (banlieue).
— 1855.

Vouzeau, conservateur des forêts, rue des Granges, 38. — 1856.

Vuilleret, Just, juge au tribunal, secrétaire de la commission
municipale d'archéologie, rue Saint-Jean, 11. — 1851.

Membres correspondants.
MM.

Babinet, capitaine au 5ᵉ régiment d'artillerie ; Strasbourg. —
1851.

de Bancenel, chef de bataillon du génie en retraite; Liesle
(Doubs). — 1851.

Bardy, Henri, pharmacien ; Saint-Dié (Vosges). — 1853.

Barral, pharmacien, ancien maire de la ville de Morteau
(Doubs). — 1864.

Barthod, Charles, conducteur des ponts et chaussées; Morteau
(Doubs). — 1856.

Bataillard, Claude–Joseph, greffier de la justice de paix ;
Audeux (Doubs). — 1857.

Beauquier, économe de lycée en retraite; Montjoux (banlieue). — 1843.

Beltrémieux, agent de change; La Rochelle (Charente-Inférieure). — 1856.

Benoit, Claude-Emile, vérificateur des douanes; Paris, rue
du Faubourg-Saint-Martin, 188. — 1854.

* Berthaud, professeur de physique au lycée de Màcon
(Saône-et-Loire). — 1860.

* Berthot, ingénieur en chef du canal en retraite ; Pouilly
(Saône-et-Loire). — 1851.

Bertrand, Alexandre, conservateur du musée impérial de
Saint-Germain–en–Laye (Seine-et-Oise). — 1866.

Besson, gérant des forges de Bourguignon-lez-Pont-de-Roide
(Doubs). — 1859.

Bettend, Abel, impr.-lithogr.; Lure (Haute-Saône). — 1862.

MM.

* Beuque, triangulateur au service de la topographie algérienne; Constantine. — 1853.

Beurtheret, Paul, rédacteur en chef de la *France centrale;* Blois (Loir-et-Cher). — 1865.

Bixio, Maurice, agronome, rue Jacob, 28, Paris. — 1866.

Blanche, naturaliste et étudiant en droit; Dijon (Côte-d'Or). — 1865.

* de Boislecomte (le vicomte), général de division; Paris, boulevard Haussmann, 82. — 1854.

Boisselet, archéologue; Vesoul (Haute-Saône). — 1866.

Boisson, Emile, propriétaire; Moncley (Doubs). — 1865.

Boisson, Joseph, pharmacien; Lure (Haute-Saône). — 1862.

* Bouillet, Appolon, rue de Grenelle-St-Honoré, 18, Paris. — 1860.

Bouvot, chef de bataillon du génie en retraite; Dole (Jura). — 1864.

Branget, conducteur des ponts et chaussées; Terre-Noire (Loire). — 1852.

* Bredin, profess. au lycée de Vesoul (Haute-Saône). — 1857.

Buchet, Alexandre, propriét.; Gray (Haute-Saône). — 1859.

Burckardt, Jean-Rodolphe, docteur en droit, conseiller à la Cour d'appel de Bâle (Suisse). — 1866.

Carme, conducteur des travaux du chemin de fer; Dole (Jura). — 1856.

Cartereau, docteur en médecine; Bar-sur-Seine (Aube). — 1858.

Castan, Francis, capitaine d'artillerie à la poudrerie du Bouchet (Seine-et-Oise). — 1860.

Cessac, archéologue, rue des Feuillantines, 64, Paris. — 1863.

Champin, sous-préfet; Baume-les-Dames (Doubs). — 1865.

* Chazaud, archiviste du départ. de l'Allier; Moulins. — 1865.

Chérbonneau, directeur du collége arabe d'Alger. — 1857.

* Cloz, Louis, peintre; Lons-le-Saunier (Jura). — 1863.

Colard, chef d'institution; Ecully (Rhône). — 1857.

MM.

COLARD, Charles, architecte; Lure (Haute-Saône). — 1864.

COLIN, juge de paix; Pontarlier (Doubs). — 1864.

* CONTEJEAN, Charles, professeur à la Faculté des sciences de Poitiers (Vienne). — 1851.

CORTET, Eugène, littérateur, rue Royer-Collard, 12, Paris. — 1866.

COSTE, docteur en médecine et pharmacien de première classe; Salins (Jura). — 1866.

* COTTEAU, juge au tribunal de première instance; Auxerre (Yonne). — 1860.

* COUTHERUT, Aristide, notaire; Lure (Haute-Saône). — 1862.

CREBELY, Justin, employé aux forges de Franche-Comté; Fraisans (Jura). — 1865.

CUINET, curé de canton; Amancey (Doubs). — 1844.

CURÉ, docteur en médecine; Pierre (Saône-et-Loire). — 1855.

DARLOT, ingénieur-opticien, rue Chapon, 14, Paris. — 1864.

DE LA PORTE, médecin du Corps législatif; Paris. — 1862.

DEIS, Jules, architecte, rue du Pont-Louis-Philippe, 4, Paris. — 1867.

DELFULE, instituteur; Jougne (Doubs). — 1863.

DÉPIERRES, Auguste, avocat, bibliothécaire de la ville de Lure (Haute-Saône). — 1859.

* DESSERTINES, directeur des forges; Quingey (Doubs). — 1866.

DETZEM, ing. des ponts et chauss.; Réthel (Ardennes). — 1851.

* DEULLIN, Eugène, banquier; Epernay (Marne). — 1860.

DEVARENNE, Ulysse, capitaine de frégate de la marine impériale; Toulon (Var). — 1867.

DEVAUX, pharmacien; Gy (Haute-Saône). — 1860.

DÉY, conservateur des hypothèques; Laon (Aisne). — 1853.

DIDIER, Jules, pharmacien; Lure (Haute-Saône). — 1864.

DOINET, chef de service de la compagnie des chemins de fer de Paris à Lyon; Paris. — 1857.

DUBOST, Jules, maître de forges; Châtillon-sur-Lizon (Doubs). — 1840.

MM.

Dumortier, Eugène, négociant, avenue de Saxe, 97, Lyon (Rhône). — 1857.

Faivre (Pierre), apiculteur; Seurre (Côte-d'Or). — 1865.

* Fallot fils, architecte; Montbéliard (Doubs). — 1858.

Fargeaud, professeur de Faculté en retraite; Saint-Léonard (Haute-Vienne). — 1842.

* Favre, Alphonse, profess. à l'Académie de Genève (Suisse). — 1862.

* de Ferry, Henri, maire de Bussières, par Saint-Sorlin, près Mâcon (Saône-et-Loire). — 1860.

* Fétel, curé; la Rivière (Doubs). — 1854.

Foltête, curé; Verne (Doubs). — 1858.

Fortuné, Pierre-Félix, employé aux forges de Franche-Comté; Fraisans (Jura). — 1865.

* de Fromentel, docteur en médecine; Gray (Haute-Saône). — 1857.

Gallotti, Léon, capitaine, professeur à l'Ecole impériale d'Etat-major, rue du Marché, 16, Passy-Paris. — 1866.

Gannard, Tuskina, propriétaire; Quingey (Doubs). — 1866.

Garnier, Georges, avocat; Bayeux (Calvados). — 1867.

Gentilhomme, pharmac. de l'Empereur; Plombières (Vosges). — 1859.

Gevrey, Alfred, juge impérial à Mayotte (colonie française), canal de Mozambique, voie de Suez. — 1860.

* Girardier, agent voyer d'arrondissem.; Pontarlier (Doubs). — 1856.

* Girod, Louis, architecte; Pontarlier (Doubs). — 1851.

* Godron, doyen de la Fac. des sciences de Nancy (Meurthe). — 1843.

Goguel, Charles, manufacturier; le Logelbach (Haut-Rhin). — 1856.

Goguel, pasteur; Sainte-Suzanne, près Montbéliard (Doubs). — 1864.

Goguely, Jules, archit.; Baume-les-Dames (Doubs). — 1856.

MM.

* GRANDMOUGIN, architecte de la ville et des bains; Luxeuil (Haute-Saône). — 1858.

GRESSET, Félix, chef d'escadron d'artillerie; Rennes (Ille-et-Villaine. — 1866.

* GUILLEMOT, Antoine, entomologiste; Thiers (Puy-de-Dôme). — 1854.

HENRIEY, médecin; Mont-de-Laval (Doubs). — 1854.

HUGON, Charles, littérateur; Moscou (Russie). — 1866.

HUGON, Gustave, adjoint au maire et suppléant du juge de paix de Nozeroy (Jura). — 1867.

JACCARD, Auguste, naturaliste; le Locle, canton de Neuchâtel (Suisse). — 1860.

JEANNENEY, Victor, professeur de dessin au lycée de Vesoul (Haute-Saône). — 1858.

DE KAVANAGH-BALLYANE (le baron Henri), à Graz (Styrie). — 1867.

KLEIN, ancien juge au tribunal de comm. de la Seine, adjoint au maire du 16e arrondiss. de Paris; Passy-Paris. — 1858.

* KŒCHLIN, Oscar, chimiste; Dornach (Haut-Rhin). — 1858.

KOHLER, Xavier, président de la Société jurassienne d'Emulation; Porrentruy, canton de Berne (Suisse). — 1864.

* KOHLMANN, receveur du timbre; Angers (Maine-et-Loire). — 1861.

* KOLLER, Charles, constructeur; Lons-le-Saunier (Jura). — 1856.

LAMBERT, Léon, ingénieur en chef du canal du Centre; Chalon-sur-Saône. — 1852.

* LAMOTTE, directeur de hauts-fourn.; Ottange, par Aumetz (Moselle). — 1859.

* LANGLOIS, juge de paix; Dole (Jura). — 1854.

LANTERNIER, chef du dépôt des forges de Larians; Lyon, rue Sainte-Hélène, 10. — 1855.

LATOUR-DU-MOULIN, député du Doubs, rue de Suresne, 17, Paris. — 1864.

MM.

* Laurent, Ch., ingénieur civil, rue de Chabrol, 35, Paris.— 1860.

* de Lavernelle, inspect. des lignes télégraphiques, membre du Conseil général de la Dordogne; rue Saint-Dominique-Saint-Germain, 87, Paris. — 1855.

* Lebeau, chef du service commercial de la compagnie des forges de Franche-Comté; Fraisans (Jura). — 1859.

Leclerc, François, archéologue et naturaliste; Seurre (Côte-d'Or). — 1866.

Lenormand, avocat; Vire (Calvados). — 1843.

* Leras, inspecteur d'Académie; Auxerre (Yonne). — 1858.

Lhomme, Victor, directeur des douanes et des contributions indirectes; Colmar (Haut-Rhin). — 1842.

Ligier, Arthur, pharmacien; Salins (Jura). — 1863.

de Liniers (le marquis), général de division; Châlons-sur-Marne. — 1861.

Lory, professeur de géologie à la Faculté des sciences de Grenoble (Isère). — 1857.

Machard, Jules, peintre d'histoire, pensionnaire de l'Académie de France à Rome. — 1866.

* Maillard, docteur en médecine; Dijon (Côte-d'Or). — 1855.

Maisonnet, curé; Villers-Pater (Haute-Saône). — 1856.

* de Mandrot, lieutenant-colonel à l'état-major fédéral suisse; Neuchâtel. — 1866.

Marcou, Jules, géologue, rue Madame, 44, Paris. — 1845.

Marès, Paul, docteur en médecine, rue du Faubourg-Poissonnière, 50, Paris. — 1860.

de Marmier (le duc), député au Corps législatif; Seveux (Haute-Saône). — 1854.

de Marmier (le marquis), membre du Conseil général du Doubs; hôtel du ministère des Affaires étrangères, Paris. — 1867.

Marquiset, Gaston, propriét.; Fontaine-lez-Luxeuil (Haute-Saône). — 1858.

MM.

MARTIN, docteur en médecine; Aumessas (Gard). — 1855.

* MATHEY, Charles, pharmacien; Ornans (Doubs). — 1856.

MEILLET, pharmacien et archéologue; Poitiers (Vienne). — 1865.

DE MENTHON, René, botaniste; Menthon (Haute-Savoie). — 1854.

MESSELET, Séb., méd.-vétér.; Voray (Haute-Saône). — 1841.

* MICHEL, Auguste, instituteur communal; Mulhouse (Haut-Rhin). — 1842.

MICHELOT, ingénieur en chef des ponts et chaussées, rue de la Chaise, 24, Paris. — 1858.

MILLER, Maurice, caissier; Lure (Haute-Saône). — 1864.

MONNIER, Eugène, architecte, rue Tolozé, 8, Montmartre-Paris. — 1866.

MORÉTIN, docteur en médec., rue de Rivoli, 68, Paris. — 1857.

MUNIER, médecin; Foncine-le-Haut (Jura). — 1847.

MUSTON, docteur en médec.; rue de Seine, 76, Paris. — 1864.

DE NERVAUX, Edmond, chef de bureau au ministère de l'Intérieur; Paris. — 1856.

NICOLET, Victor, docteur en médec. au service de la marine. — 1865.

ORDINAIRE DE LA COLONGE, chef d'escadron d'artillerie en retraite; Bordeaux (Gironde). — 1856.

* PARANDIER, inspecteur général des ponts et chaussées, rue de Berri, 43, Paris. — 1852.

PARIS, docteur en médecine; Lons-le-Saunier (Jura). — 1866.

PARISOT, Louis, pharmacien; Belfort (Haut-Rhin). — 1855.

PARMENTIER, Jules, membre du Conseil général de la Haute-Saône; Lure. — 1864.

PARRIAUX, Vital, maire de Jougne (Doubs). — 1863.

PATEL, ancien maire de Quingey (Doubs). — 1866.

PÉCOUL, Auguste, archiviste-paléographe, attaché d'ambassade, à Madrid et au château de Draveil (Seine-et-Oise). — 1865.

MM.

Perret, Paul, littérateur, rue de Moscou, 11, Paris. — 1866.

Perrier, Francis, manufacturier; Thervay (Jura). — 1867.

* Perron, conservateur du musée de la ville de Gray (Haute-Saône). — 1857.

Perron, docteur en médecine; les Chaprais (banlieue de Besançon). — 1861.

* Pessières, architecte; Pontarlier (Doubs). — 1853.

Petit, Jean, statuaire, rue d'Enfer, 125, Paris. — 1866.

Peugeot, Constant, membre du Conseil général; Audincourt (Doubs). — 1857.

Pierrey, docteur en médecine; Luxeuil (Haute-Saône). — 1860.

Pillod, Félix, notaire; Pontarlier (Doubs). — 1867.

Pône, docteur en médecine, maire de la ville de Pontarlier (Doubs). — 1842.

du Pouey, général en retraite; Pelousey (Doubs). — 1865.

Prevot, Eugène, avocat; Lure (Haute-Saône). — 1864.

Prost, Bernard, élève de l'Ecole des Chartes, rue de Bréa, 7, Paris. — 1867.

Proudhon, Hippolyte, membre du Conseil d'arrondissement; Ornans (Doubs). — 1854.

* Quélet, Lucien, docteur en médec.; Hérimoncourt (Doubs). — 1862.

Quiquerez, ancien préfet de Delémont; Bellerive, canton de Berne (Suisse). — 1864.

Racine, Pierre-Joseph, ancien avoué; Oiselay (Haute-Saône). — 1856.

de Rattier de Susvalon, littérateur, rue de la Paix, 10, Bordeaux. — 1867.

Rebillard, pasteur; Trémoins (Haute-Saône). — 1856.

* Renaud, Alphonse, officier principal d'administration de l'hôpital militaire de Vincennes. — 1855.

Renaud, docteur en médec; Goux-lez-Usiers (Doubs).—1854.

Revon, Pierre, banquier; Gray (Haute-Saône). — 1858.

MM.

RICHARD, Ch., docteur en médecine; Autrey-lez-Gray (Haute-Saône). — 1861.

ROBERT, Ulysse, professeur au collége de Tonnerre (Yonne). — 1866.

ROBINET, Paul, peintre-paysagiste, rue du Vieux-Colombier, 4, Paris. — 1867.

DE ROCHAS D'AIGLUN, capitaine du génie; Chambéry (Haute-Savoie). — 1866.

ROUGET, docteur en médecine; Arbois (Jura). — 1856.

ROUXEL, professeur de physique au lycée de La Rochelle (Charente-Inférieure). — 1864.

ROY, Jules, professeur à l'Ecole des Carmes, rue de Vaugirard, Paris. — 1867.

RUFFEY, Jules, docteur en médecine, rue des Moulins, 20, Paris. — 1863.

* SARRETTE, colonel du 34e régiment de ligne; Alger.— 1864.

* DE SAUSSURE, Henri, naturaliste; Annemasse (Haute-Savoie). — 1854.

SAUTIER, chef de bataillon du génie; Langres (Haute-Marne). — 1848.

* THÉNARD (le baron), membre de l'Institut (Académie des sciences); Talmay (Côte-d'Or). — 1851.

TISSOT, doyen de la Faculté des lettres de Dijon (Côte-d'Or). — 1859.

TOUBIN, Charles, professeur au collége arabe d'Alger.— 1856.

TOURET, Félix, percepteur; Nans-sous-Sainte-Anne (Doubs). — 1854.

* TOURNIER, Ed., docteur ès-lettres, rue de Vaugirard, 92, Paris. — 1854.

TRAVELET, Nicolas, adjoint au maire de Bourguignon-lez-Morey (Haute-Saône). — 1857.

TRUCHELUT, photographe, rue Richelieu, 98, Paris. — 1854.

TUETEY, Alexandre, archiviste aux archives de l'Empire, rue Bertholet, 4, Paris. — 1863.

MM.

VALFREY, Jules, rédacteur en chef du *Mémorial diplomatique,* boulevard Malesherbes, 36, Paris. — 1860.

VENDRELY, pharmacien; Champagney (Haute-Saône).— 1863.

VIEILLE, Emile, libraire, maison Victor Masson, rue de l'Ecole-de-Médecine, 17, Paris. — 1862.

VIEILLE, Eugène, fabricant de meules; La Ferté-sous-Jouarre (Seine-et-Marne). — 1860.

VIVIEN DE SAINT-MARTIN, vice-président de la Société de géographie, quai Bourbon, 15, Paris. — 1863.

WETZEL, architecte de la ville et président de la Société d'Emulation de Montbéliard (Doubs). — 1864.

WEY, Francis, inspecteur général des archives de France; Paris, rue du Hâvre, 11. — 1860.

SOCIÉTÉS CORRESPONDANTES.

Le millésime indique l'année dans laquelle ont commencé les relations

Calvados.

Société Linnéenne de Normandie ; Caen 1857
Société française d'archéologie ; Caen 1861

Charente-Inférieure.

Société d'agriculture de Rochefort 1861

Côte-d'Or.

Académie des sciences, arts et belles-lettres de Dijon. . 1856
Société d'agriculture et d'industrie agricole du département de la Côte-d'Or ; Dijon 1861

Doubs.

Académie des sciences, belles-lettres et arts de Besançon. 1841
Société d'agriculture, sciences naturelles et arts du dé-
partement du Doubs ; Besançon 1841
Commission archéologique de Besançon 1853
Société d'Emulation de Montbéliard 1854
Société de médecine de Besançon 1861
Société de lecture de Besançon 1865

Eure-et-Loir.

Société Dunoise ; Châteaudun 1867

Gard.

Académie du Gard ; Nîmes. 1866

Gironde.

Commission des monuments de la Gironde ; Bordeaux. 1866
Société des sciences physiques et naturelles de Bordeaux. 1867

Isère.

Société de statistique et d'histoire naturelle du département de l'Isère ; Grenoble 1857

Jura.

Société d'Emulation du département du Jura ; Lons-
le-Saunier 1844
Société d'agriculture, sciences et arts de Poligny. . . . 1860

Société royale physico – économique de Kœnigsberg
(Kœnigliche physikalisch-œkonomische Gesellschaft
zu Kœnigsberg); Prusse 1861

AMÉRIQUE.

Société d'histoire naturelle de Boston, représentée par
MM. Gustave Bossange et Cᵉ, libraires, quai Vol-
taire, 25, Paris 1865

ANGLETERRE.

Société littéraire et philosophique de Manchester (Literary and philosophical Society of Manchester) . . . 1859

SUISSE.

Société des curieux de la nature de Bâle (Naturfor-
schenden Gesellschaft in Basel) 1866
Société d'histoire naturelle de Berne (Bernerische Na-
turforschenden Gesellschaft) 1859
Société jurassienne d'Emulation de Porrentruy, canton
de Berne 1861
Société d'histoire et d'archéologie de Genève 1863
Institut national de Genève 1866
Société vaudoise des sciences naturelles; Lausanne . . 1847
Société neuchâteloise des sciences naturelles; Neuchâtel. 1862
Société d'histoire et d'archéologie de Neuchâtel 1865
Société helvétique des sciences naturelles (Allgemeine
schweizerische Gesellschaft für die gesammten Na-
turwissenschaften); Zurich 1857
Société de physique et des sciences naturelles de Zurich
(Naturforschenden Gesellschaft in Zurich) 1859
Société des antiquaires de Zurich 1864

BIBLIOTHÈQUES PUBLIQUES

Ayant droit à un exemplaire des Mémoires.

Bibliothèque de la ville de Besançon.
      Id.   de l'Ecole impériale d'artillerie de Besançon.
      Id.   de la ville de Montbéliard.
      Id.   de la ville de Pontarlier.
      Id.   de la ville de Baume-les-Dames.
      Id.   de la ville de Vesoul.
      Id.   de la ville de Gray.
      Id.   de la ville de Lure.
      Id.   de la ville de Lons-le-Saunier.
      Id.   de la ville de Dole.
      Id.   de la ville de Poligny.
      Id.   de la ville de Salins.
      Id.   de la ville d'Arbois.
      Id.   du musée impérial de Saint-Germain.

TABLE DES MATIÈRES DU VOLUME

MÉMOIRES.

OBJETS DIVERS.

Besançon, imp. Dodivers et Ce, Grande-Rue, 42.

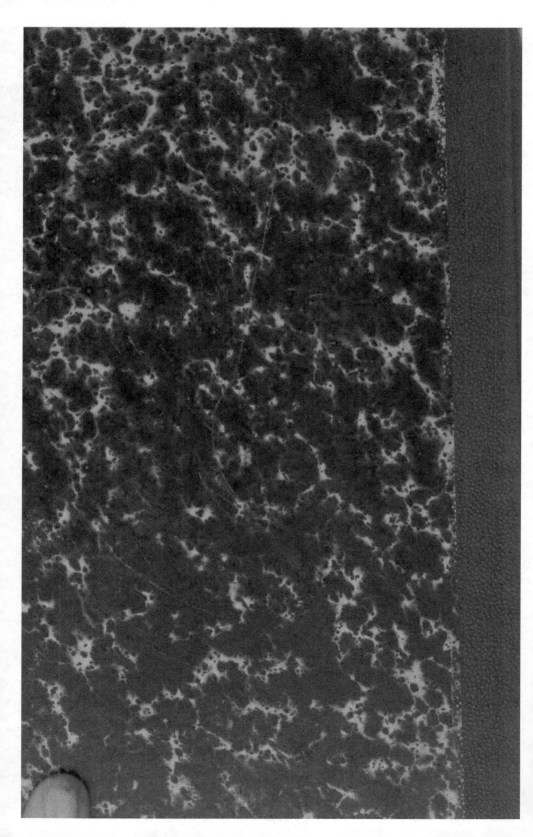

Check Out More Titles From HardPress Classics Series In this collection we are offering thousands of classic and hard to find books. This series spans a vast array of subjects — so you are bound to find something of interest to enjoy reading and learning about.

Subjects:
Architecture
Art
Biography & Autobiography
Body, Mind &Spirit
Children & Young Adult
Dramas
Education
Fiction
History
Language Arts & Disciplines
Law
Literary Collections
Music
Poetry
Psychology
Science
...and many more.

Visit us at www.hardpress.net

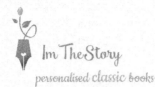